▶ **第2章** 掌握 Photoshop 的基本操作
实战案例：使用"裁剪工具"调整画面构图

▶ **第3章** 抠图
实战案例：利用"边缘检测"抠取美女头发

第5章 图像修饰
实战案例：去除面部瑕疵

第7章 矢量绘图
实战案例：使用"钢笔工具"为建筑照片换背景

第7章 矢量绘图
实战案例：使用"圆角矩形工具"制作 LOMO 照片

第10章 特效
视频陪练：使用混合模式制作水果色嘴唇

第8章 调色
综合案例：金秋炫彩色调

▶ **第 11 章** 视频编辑与动画制作
　实战案例：创建帧动画

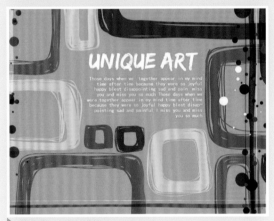

▶ **第 6 章** 文字与排版
　实战案例：创建段落文字

▶ **第 8 章** 调色
　实战案例：唯美童话色调

▶ **第 10 章** 特效
　实战案例：烹饪用具网站

▶ **第 10 章** 特效
　实战案例：使用"图层样式"制作立体字母

本书精彩案例欣赏

▶ **第12章** Photoshop 综合应用
标志设计：图文结合的多彩标志设计

▶ **第12章** Photoshop 综合应用
网页设计：音乐主题网页界面

▶ **第12章** Photoshop 综合应用
照片处理：古典水墨风情

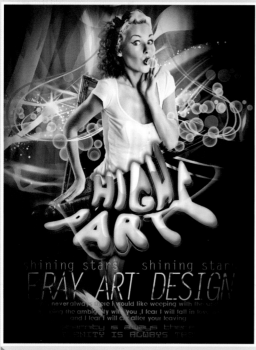

▶ **第9章** 蒙版与合成
视频陪练：光效奇幻秀

▶ **第12章** Photoshop 综合应用
创意设计：欧美风格混合插画

Photoshop CC
中文版基础培训教程

（第 2 版）

瞿颖健　编著

清华大学出版社

北　京

内 容 简 介

本书全面、系统地介绍了 Photoshop CC 的基本操作方法和图形图像处理技巧，全书共 12 章，具体包括初识 Photoshop、掌握 Photoshop 的基本操作、抠图、绘画、图像修饰、文字与排版、矢量绘图、调色、蒙版与合成、特效、视频编辑与动画制作，以及 Photoshop 综合应用等。

本书内容均以课堂案例为主线，通过对各案例的实际操作，使读者可以快速上手，熟悉软件功能和艺术设计思路。书中的软件功能解析部分能够使读者深入学习软件的使用方法；视频陪练和实战案例可以拓展学生的实际应用能力，提高软件操作技能；综合案例可以帮助读者快速掌握商业图形图像的设计理念和设计元素，顺利达到实战水平。

本书适合 Photoshop 的初学者阅读，同时可作为相关教育培训机构的教学用书。

图书在版编目（CIP）数据

Photoshop CC 中文版基础培训教程 / 瞿颖健编著. —2 版. —北京：清华大学出版社，2020.6
（2025.1 重印）

　　ISBN 978-7-302-55059-4

　　Ⅰ. ①P…　Ⅱ. ①瞿…　Ⅲ. ①图像处理软件—教材　Ⅳ. ① TP391.413

　　中国版本图书馆 CIP 数据核字（2020）第 042155 号

责任编辑：贾小红
封面设计：闰江文化
版式设计：文森时代
责任校对：马军令
责任印制：沈　露

出版发行：清华大学出版社
　　　　　网　　　址：https://www.tup.com.cn，https://www.wqxuetang.com
　　　　　地　　　址：北京清华大学学研大厦 A 座　　　　　邮　　编：100084
　　　　　社 总 机：010-83470000　　　　　　　　　　　　邮　　购：010-62786544
　　　　　投稿与读者服务：010-62776969，c-service@tup.tsinghua.edu.cn
　　　　　质量反馈：010-62772015，zhiliang@tup.tsinghua.edu.cn
印 装 者：小森印刷霸州有限公司
经　　销：全国新华书店
开　　本：185mm×260mm　　印　　张：25　　插　　页：2　　字　　数：608 千字
版　　次：2018 年 1 月第 1 版　　2020 年 6 月第 2 版　　印　　次：2025 年 1 月第 10 次印刷
定　　价：79.80 元

产品编号：085209-02

前　言
Preface

Photoshop 作为 Adobe 公司旗下著名的图像处理软件，其应用范围覆盖数码照片处理、平面设计、视觉创意合成、数字插画创作、网页设计、交互界面设计等几乎所有设计方向，深受广大艺术设计人员和电脑美术爱好者喜爱。

本书内容编写特点

1. 零起点、入门快

本书以入门者为主要读者对象，通过对基础知识细致入微的讲解，辅以对比图示效果，结合中小实例，对常用工具、命令、参数等做了详细的介绍，同时给出了技巧提示，确保读者零起点、轻松快速入门。

2. 内容细致、全面

本书内容涵盖了 Photoshop CC 最为常用的工具、命令的相关功能，可以说是入门者的百科全书、基础者的参考手册。除此之外，针对急需在短时间内掌握 Photoshop 使用方法的读者，本书提供了一种超快速入门的方式。在本书目录中标注重点的小节为 Photoshop 的核心主干功能，通过学习这些知识能够基本满足日常绘图的工作需要，急于使用的读者可以优先学习这些内容。

3. 实例精美、实用

本书的实例均经过精心挑选，确保在实用的基础上精美、漂亮，一方面能够熏陶读者朋友的美感，另一方面能够让读者在学习中享受美的世界。

4. 编写思路符合学习规律

本书在讲解过程中采用了"知识点 + 实战案例 + 课后练习 + 视频陪练 + 技巧提示"的模式，符合轻松易学的学习规律。

本书显著特色

1. 同步视频讲解，让学习更轻松、高效

112 节大型高清同步视频讲解，涵盖全书几乎所有实例，让学习更轻松、更高效。

2. 资深讲师编著，让图书质量更有保障

作者系经验丰富的专业设计师和资深讲师，确保图书"实用"和"好学"。

3．大量中小实例，通过多动手加深理解

讲解极为详细，中小型实例达到 112 个，为的是能让读者深入理解、灵活应用。

4．多种商业案例，让实战成为终极目的

书中给出的各种不同类型的综合商业案例，有助于读者积累实战经验，为工作就业搭桥。

5．超值学习套餐，让学习更方便、快捷

为帮助读者真正融会贯通，本书额外附赠 104 集 Photoshop 新手学精讲视频，21 类经常用到的设计素材，以及滤镜、构图、色彩搭配等实用电子书。

本书配套资源

读者可以扫描封底"文泉云盘"二维码获取配套资源的下载方式，资源主要包括以下内容：

（1）本书实例的教学视频、源文件、素材文件，读者可在观看视频的同时，调用资源包中的素材，完全按照书中的操作步骤进行练习。

（2）6 种不同类型的笔刷、图案、样式等库文件，以及 21 类经常用到的设计素材，共 1000 个以上，方便读者使用。

（3）104 集 Photoshop 新手学视频精讲课堂，囊括有关 Photoshop 基础操作的所有命令。

（4）滤镜使用手册、构图技巧手册、色彩设计搭配手册等 4 本电子书以及常用颜色色谱表，使色彩搭配不再烦恼。

本书服务

1．Photoshop CC 软件获取方式

本书提供的配套资源包括教学视频和素材等，不包括进行图像处理的 Photoshop CC 软件，读者朋友须获取 Photoshop CC 软件并安装后，才可以进行图像处理等操作，可通过如下方式获取 Photoshop CC 简体中文版。

（1）登录 http://www.adobe.com/cn/ 购买正版软件或下载试用版。

（2）可到当地电脑城咨询，一般软件专卖店有售。

（3）可到网上咨询、搜索购买方式。

2．交流答疑

读者朋友遇到有关本书的技术问题，可以扫描封底"文泉云盘"二维码查看是否已发布相关勘误/解疑文档，如果没有，可在下方寻找作者联系方式，或单击"读者反馈"留下问题，我们会及时回复。

3．扫码在线学习

扫描书中二维码，可在手机中观看对应的教学视频，随时随地学习；扫描图书封底的二维码，可下载各类学习资源。

关于我们

本书由亿瑞设计工作室组织编写，瞿颖健和曹茂鹏参与了本书的主要编写工作。另外，由于本书工作量巨大，以下人员也参与了本书的编写及资料整理工作，他们是：瞿玉珍、张吉太、唐玉明、朱于凤、瞿学严、杨力、曹元钢、张玉华等，在此一并表示感谢。

由于时间仓促，加之水平有限，书中难免存在错误和不妥之处，敬请广大读者批评和指正。

编者

目 录
Contents

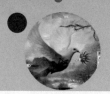

Photoshop CC中文版
基础培训教程（第2版）

目 录

Photoshop CC中文版
基础培训教程（第2版）

目录

Chapter 01
第1章

初识 Photoshop

　　首次接触 Adobe Photoshop 可以从软件的安装与启动开始学习，逐渐熟悉 Photoshop 界面，掌握软件界面的操作方式，学习 Photoshop 文档的基本操作，如新建、打开、置入、保存等，为进一步学习使用 Photoshop 的编辑功能做准备。

本章学习要点：

- 熟悉 Photoshop 的工作界面
- 掌握文件的基本操作方法
- 掌握图像文档的查看方式

1.1　认识 Photoshop

Photoshop 是 Adobe 公司旗下最为著名的图像处理软件之一，自 1990 年 2 月诞生了只能在苹果机（Mac）上运行的 Photoshop 1.0，直至 2013 年 Photoshop CC 面世，Photoshop 早已成为图像处理行业中的绝对霸主。Photoshop 是集图像扫描、编辑修改、图像制作、广告创意、图像输入与输出于一体的图形图像处理软件，深受广大平面设计人员和电脑美术爱好者的喜爱。Photoshop 版本较多，如 Photoshop CS6、Photoshop CC、Photoshop CC 2015、Photoshop CC 2017、Photoshop CC 2018、Photoshop CC 2019 等，几乎每个版本都有大量的用户群。不同的版本之间可能会有些许功能上的差异，新版本在功能上会有一定的更新，性能方面也会有所提升。图 1-1 和图 1-2 所示是使用 Photoshop 创作的优秀艺术作品。

图 1-1　　　　　　　　　　　　　　　　图 1-2

1.1.1　Photoshop 核心应用领域

作为 Adobe 公司旗下最著名的图像处理软件之一，Photoshop 的应用领域非常广泛，覆盖平面设计、数字出版、网络传媒、视觉媒体、数字绘画、先锋艺术创作等领域。

➥ 平面设计：平面设计师应用最多的软件莫过于 Photoshop 了。在平面设计中，Photoshop 可应用的领域非常广泛，无论是书籍装帧、招贴海报、杂志封面，还是 LOGO 设计、VI 设计、包装设计都可以使用 Photoshop 制作或辅助处理，如图 1-3 和图 1-4 所示。

图 1-3　　　　　　　　　　　　　　　　图 1-4

➥ 数码照片处理：在数字时代，Photoshop 的功能不仅局限于对照片进行简单的图像修复，更多时候用于商业片的编辑、创意广告的合成、婚纱写真的制作等。毫无疑问，Photoshop 是数码照片处理必备的"利器"，它具有强大的图像修补、润饰、调色、合成等功能，通过这些功能可以快速修复数码照片上的瑕疵或者制作艺术效果，如图 1-5 和图 1-6 所示。

图 1-5　　　　　　　　　　　　　　　图 1-6

↘　网页设计：在网页设计中，除了著名的"网页三剑客"（Dreamweaver、Flash 和 Fireworks）之外，网页中的很多元素需要在 Photoshop 中进行制作，因此，Photoshop 也是美化网页必不可少的工具，如图 1-7 和图 1-8 所示。

图 1-7　　　　　　　　　　　　　　　图 1-8

↘　数字绘画：Photoshop 不仅可以针对已有图像进行处理，还可以帮助艺术家创作新的图像。Photoshop 中包含众多优秀的绘画工具，可以绘制各种风格的数字艺术作品，如图 1-9 和图 1-10 所示。

图 1-9　　　　　　　　　　　　　　　图 1-10

↘　界面设计：界面设计也就是通常所说的 UI（User Interface，用户界面）。界面设计虽然是设计中的新兴领域，但也越来越受到重视。使用 Photoshop 进行界面设计是非常好的选择，如图 1-11 和图 1-12 所示。

图 1-11   图 1-12

↘ 三维设计：三维设计比较常见的几种形态有室内外效果图、三维动画电影、广告包装、游戏制作、CG 插画设计等。Photoshop 主要用来绘制和编辑三维模型表面的贴图。另外，还可以对静态的效果图或 CG 插画进行后期修饰，如图 1-13 和图 1-14 所示。

图 1-13   图 1-14

↘ 文字设计：文字设计也是当今新锐设计师比较青睐的一种表现形态，利用 Photoshop 中强大的合成功能可以制作各种质感、各种效果的文字，如图 1-15 和图 1-16 所示。

↘ 新锐视觉艺术：这里所说的视觉艺术是近年来比较流行的一种创意表现形态，可以作为设计艺术的一个分支。此类设计通常没有非常明显的商业目的，但由于它为广大设计爱好者提供了无限的设计空间，因此越来越多的设计爱好者都开始注重视觉创意，并逐渐形成属于自己的一套创作风格，如图 1-17 和图 1-18 所示。

图 1-15   图 1-16

图 1-17

图 1-18

1.1.2　熟悉 Photoshop 的工作流程

Photoshop 的用途很多，例如，数码照片的后期美化修饰，平面设计、网页设计、界面设计等设计制图等领域。不同的领域有着不同的工作流程，下面介绍两种比较常见的工作流程。

1. 当需要对数码照片进行处理时（如图 1-19 所示）

图 1-19

（1）在 Photoshop 中打开该照片文件。

（2）对照片中多余的元素进行去除，例如环境中多余的人和物体，背景中的污迹等。

（3）如果画面颜色存在较大的偏差，那么需要简单校正画面的明暗以及偏色问题，使图像呈现基本正常的色调。

（4）如果照片以人物元素为主，那么就需要对人物进行修饰。对人物的修饰包括对形体、面部结构的调整（主要为液化操作），对人物面部瑕疵的去除，对皮肤色调及质感的调整（也常被称为磨皮），对五官的精修，对妆面的修饰等。（以上步骤根据实际情况而定，并非需要全部执行。）

（5）如果照片以风光为主，那么操作主要集中于去除画面多余物体，对画面进行色调的美化等。

（6）照片处理完毕后需要对文档进行存储，执行"文件"→"存储"命令即可。

（7）如果需要打印，则可执行"文件"→"打印"命令。

（8）完成操作后可以在 Photoshop 中关闭文档。

2. 当需要进行设计方案的制作时（如图 1-20 所示）

图 1-20

（1）如果需要对已有的设计方案（如海报设计、UI 设计、画册排版等）进行进一步的编辑处理，那么首先需要在 Photoshop 中打开该文档。

（2）如果是完全从零开始设计项目，那么首先需要创建合适尺寸的空白文档。

（3）不同类型的设计方案，需要使用的功能也不相同，如果需要在画面中添加其他图片元素，则需要使用"置入"功能。

（4）如果添加到画面中的图像效果不理想，可能还需要进行进一步的图像编辑，如去除瑕疵、调整大小范围、调色等。

（5）如果需要在画面中添加文字内容，则需要使用文字工具组、"字符"面板以及"段落"面板。

（6）如果需要在画面中添加一些图形或者简单色块，则可以使用钢笔工具、形状工具进行绘制。

（7）设计方案制作完成后，需要对文档进行存储，执行"文件"→"存储"命令。（建议将设计方案类文档储存为 PSD 格式文件以便于后期修改。另外还要储存一份方便预览、传输、打印的格式，如 JPG、TIFF 等。）

（8）如果需要打印，则可执行"文件"→"打印"命令。

（9）完成操作后可以在 Photoshop 中关闭文档。

✍ 技巧提示：学好 Photoshop 小贴士

Photoshop 可以说是一个功能强大的集图像处理、制图绘图工具于一身的大合集。而对于每个用户而言，并不一定要对全部功能完全精通，因为大多数时候，我们每个人的工作性质或学习方向可能都比较单一。例如，从事照片处理相关工作的用户几乎不会进行过多的图形绘制、文字编排的操作，而从事 UI 设计工作的用户同样很少进行人像照片精修。所以在进行软件学习的时候要有侧重性，结合自己专业方向或工作类型的特点去学习。而其他的功能可以作为次重点去学习。

1.1.3 启动 Photoshop

成功安装 Photoshop 之后可以单击桌面左下角的"开始"按钮，打开程序菜单并单击 Adobe Photoshop CC 2019 选项即可启动 Photoshop，如图 1-21 所示。为了便于操作也可以将该程序的快捷方式发送到桌面，然后双击桌面的 Adobe Photoshop 快捷方式启动软件，如图 1-22 所示。

图 1-21　　　　　　图 1-22

1.1.4 退出 Photoshop

若要退出 Photoshop，可以像其他应用程序一样单击右上角的"关闭"按钮，或执行"文件"→"退出"命令；另外使用 Ctrl+Q 快捷键同样可以快速退出，如图 1-23 所示。

1.1.5 熟悉 Photoshop 的工作界面

随着版本的不断升级，Photoshop 的工作界面布局也更加合理、更加人性化。Photoshop 的工作界面主要由菜单栏、选项栏、标题栏、工具箱、状态栏、文档窗口以及各式各样的面板组成，如图 1-24 所示。

图 1-23

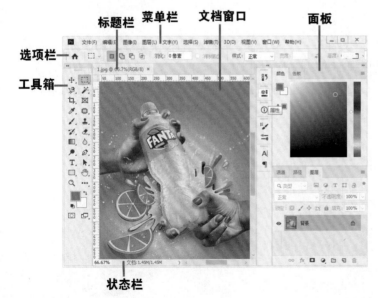

图 1-24

↘ 菜单栏：Photoshop 的菜单栏包含多组主菜单，单击相应的主菜单，即可打开子菜单。

↘ 标题栏：打开一个文件以后，Photoshop 会自动创建一个标题栏。在标题栏中会显示这个文件的名称、格式、窗口缩放比例以及颜色模式等信息。

↘ 文档窗口：文档窗口是显示打开图像的地方。

➥ 工具箱：工具箱中包含多个工具与工具组。单击工具箱中的某一个工具图标，即可选择该工具。如果工具图标右下角带有三角形图标，则表示这是一个工具组，每个工具组中又包含多个工具，在工具组上单击鼠标右键即可弹出隐藏的工具。

➥ 选项栏：选项栏主要用来设置工具的参数选项，不同工具，其选项栏也不同。

➥ 状态栏：状态栏位于工作界面的最底部，可以显示当前文档的大小、文档尺寸、当前工具和窗口缩放比例等信息，单击状态栏中的三角形图标▶，可以设置要显示的内容。

➥ 面板：面板主要用来配合图像的编辑、对操作进行控制以及设置参数等。如果需要打开某一个面板，可以单击菜单栏中的"窗口"主菜单，在展开的菜单中单击即可打开该面板。

1.1.6 选择不同的工作区

Photoshop 提供了适合于不同类型设计任务的预设工作区，并且可以储存适合于个人的工作区布局。Photoshop 中的工作区包括文档窗口、工具箱、菜单栏和各种面板。执行"窗口"→"工作区"命令，在子菜单中可以切换工作区类型，如图 1-25 所示。

图 1-25

1.2 文件的基本操作

本节将开始学习文件的基本操作。初次在 Photoshop 进行操作时必须要创建新文件，而如果需要对已有的文件进行处理则需要打开文件，这就涉及"新建"与"打开"功能。在文件的编辑过程中可能会出现需要添加外部文件的情况，这时就需要使用"置入嵌入对象"命令。当文件制作完成后，就需要进行"存储"与"关闭"操作。这些命令大都集中在"文件"菜单中，下面就跟我一起学习吧。

1.2.1 新建文件

制作一个新的文件可以执行"文件"→"新建"命令或按 Ctrl+N 快捷键，打开"新建文档"对话框。在"新建文档"对话框顶部可以选择一种文档预设的类型，然后在列表中选择一个合适的预设。也可以直接在右侧设置新建文件的名称、尺寸、分辨率、颜色模式等，如图 1-26 和图 1-27 所示。

图 1-26

图 1-27

> 预设：预设类型选项位于窗口的最顶端，可以用来选择一些内置的常用尺寸。单击相应的按钮，即可看到多个预设的尺寸，单击选择即可。

> 名称：设置文件的名称，默认情况下的文件名为"未标题-1"。如果在新建文件时没有对文件进行命名，可以通过执行"文件"→"存储为"命令对文件进行名称的修改。

> 宽度/高度：设置文件的宽度和高度，设置数值之前首先要在后方选定合适的单位。

> 分辨率：用来设置文件的分辨率大小，其单位有"像素/英寸"和"像素/厘米"两种。一般情况下，图像的分辨率越高，印刷出来的质量就越好。

> 颜色模式：设置文件的颜色模式以及相应的颜色深度。

> 背景内容：在下拉列表中可以设置文件的背景内容。

1.2.2　打开文件

执行"打开"命令，可以在 Photoshop 中打开需要处理的文件。

（1）执行"文件"→"打开"命令，在弹出的对话框中选择需要打开的图像文件，接着单击"打开"按钮，如图 1-28 所示。所选文件就会在 Photoshop 中打开，如图 1-29 所示。

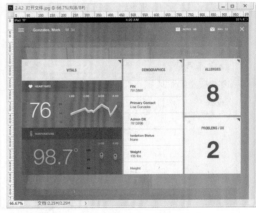

图 1-28

图 1-29

✍技巧提示：同时打开多个文件的方法

如果需要同时打开多个文件，可以在选择一个文件之后，按住 Ctrl 键依次单击选中其他文件。

（2）如果已经运行了 Photoshop，这时直接将要打开的图片文件拖曳到菜单栏的位置，即可快速打开所需文件，如图 1-30 所示。（注意不要将图片拖到已打开的文档中，否则将被置入其他文档中，而非单独打开。）

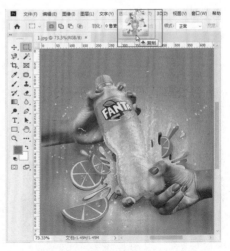

图 1-30

✏ 技巧提示："最近打开文档"命令的使用方法

Photoshop 可以记录最近使用过的 10 个文件，执行"文件"→"最近打开文件"命令，在其下拉菜单中单击文件名即可将其在 **Photoshop** 中打开，执行底部的"清除最近"命令可以删除历史打开记录。

1.2.3 置入文件

使用"置入嵌入对象"命令可以将照片、图片或任何 Photoshop 支持的文件作为智能对象添加到当前操作的文档中。

（1）打开一个文件，若要向当前文件中添加其他图片元素，可以执行"文件"→"置入嵌入对象"命令，如图 1-31 所示。接着在弹出的对话框中选择需要置入的图片，然后单击"置入"按钮，如图 1-32 所示。

（2）在置入文件时，置入的文件将被自动放置在画布的中间，同时会保持其原始长宽比。将光标定位到一角处，按住鼠标左键并拖动，即可调整置入的图像的大小，如图 1-33 所示。按键盘上的 Enter 键完成置入，如图 1-34 所示。但是如果置入的文件比当前编辑的图像大，那么该文件将被重新调整到与画布相同大小的尺寸。

图 1-31

图 1-32

图 1-33

图 1-34

✏ 技巧提示：认识"智能对象"

当向文件中置入图片时，置入的图片会作为智能对象存在。那么什么是智能对象呢？智能对象可以理解为嵌入当前文件的一个独立文件，在对智能对象进行编辑的过程中不会破坏智能对象的原始数据，只能进行缩放、旋转等简单的变换操作，因此对智能对象图层所执行的操作都是非破坏性操作。

（1）如果要将文件中的背景图层或普通图层转换为"智能对象"，需要对该图层执行"图层"→"智能对象"→"转换为智能对象"命令。

（2）由于无法直接对智能对象进行图像内容细节的编辑，所以如果想要对细节进行处理，就需要将矢量对象进行栅格化操作。选择智能对象，执行"图层"→"栅格化"→"智能对象"命令，可以将所选图层转换为普通图层。

视频陪练：置入图像并制作混合插画

[PSD] 案例文件 / 第 1 章 / 置入图像并制作混合插画
🖥 视频教学 / 第 1 章 / 置入图像并制作混合插画 .mp4

案例概述：

首先打开人物素材，然后执行"文件"→"置入嵌入对象"命令，将花纹素材置入文档内，按 Enter 键确定置入操作，如图 1-35 所示。

图 1-35

1.2.4　保存文件

与 Word 等软件相同，Photoshop 文档编辑完成后需要对文件进行保存并关闭。当然在编辑过程中也需要经常保存，当 Photoshop 出现程序错误、计算机出现程序错误以及发生断电等情况时，所有的操作都将丢失，如果在编辑过程中及时保存则会避免很多不必要的损失。

存储时将保留所做的更改，并且会替换上一次保存的文件，同时会按照当前格式和名称进行保存。执行"文件"→"存储"命令或按 Ctrl+S 快捷键可以对文件进行保存，如图 1-36 所示。执行"文件"→"存储为"命令或按 Shift+Ctrl+S 组合键可以将文件保存到另一个位置或使用另一文件名进行保存，如图 1-37 所示。

图 1-36　　　　　　　　图 1-37

技巧提示："存储为"命令的使用方法

使用"存储为"命令可以将文件保存到另一个位置或使用另一文件名进行保存。执行"文件"→"存储为"命令或按 Shift+Ctrl+S 组合键即可打开"另存为"对话框。

1.2.5　复制文件

对已经打开的文档执行"图像"→"复制"命令，接着在弹出的对话框中设置文件名称，然后单击"确定"按钮，如图 1-38 所示。使用"复制"命令可以将当前文件复制一份，复制的文件将作为一个副本文件单独存在，如图 1-39 所示。

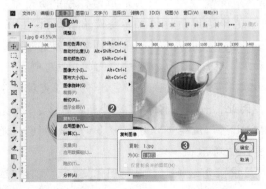

图 1-38

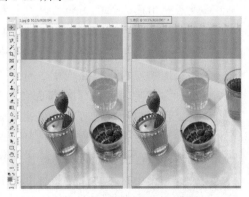

图 1-39

1.2.6 关闭文件

图像编辑完成后，可以将该文件进行保存并关闭。执行"文件"→"关闭"命令或者单击文档对话框右上角的"关闭"按钮，即可关闭当前处于激活状态的文件。使用这种方法关闭文件时，其他文件将不受任何影响，如图 1-40 所示。执行"文件"→"关闭全部"命令或按 Ctrl+Alt+W 组合键可以关闭所有文件。

图 1-40

1.2.7 打印图像文件

大部分平面设计作品的最终效果都要被打印输出，在进行批量印刷之前往往需要打印一张来看效果。为了能够有一个完美的打印效果，掌握正确的打印设置也是非常重要的。在打印文件之前需要对其印刷参数进行设置。

执行"文件"→"打印"命令，打开"Photoshop 打印设置"对话框，在"打印机设置"选项组中可以对"打印机""份数""打印设置""版面"进行设置，如图 1-41 所示。

图 1-41

- ➷ 打印机：在下拉列表中可以选择打印机。
- ➷ 份数：设置要打印的份数。
- ➷ 打印设置：单击该按钮，可以在打开的对话框中设置纸张的方向、页面的打印顺序和打印页数。
- ➷ 版面：单击"横向打印纸张"按钮或"纵向打印纸张"按钮可将纸张方向设置为横向或纵向。
- ➷ 色彩管理：通过该选项组可以对打印颜色进行设置。"颜色处理"选项用于设置是否使用色彩管理。如果使用色彩管理，则需要确定将其应用于程序中还是打印设备中。"打印机配置文件"选项用于选择适用于打印机和要使用的纸张类型的配置文件。在"渲染方法"列表中可以指定颜色从图像色彩空间转换到打印机色彩空间的方式，共有"可感知""饱和度""相对比色""绝对比色"4 个选项。"可感知"渲染将尝试保留颜色之间的视觉关系，当色域外颜色转变为可重现颜色时，色域内的颜色可能会发生变化，因此，如果图像的色域外颜色较多，"可感知"渲染方法是最理想的选择。"相对比色"渲染可以保留较多的原始颜色，是色域外颜色较少时的理想选择，如图 1-42 所示。
- ➷ 位置和大小：在"位置"组中选中"居中"复选框，可以将图像定位于可打印区域的中心；取消选中"居中"复选框，可以在"顶"和"左"文本框中输入数值来定位图像，也可以在预览区域移动图像进行自由定位，从而打印部分图像。"缩放后的打印尺寸"组用于将图像缩放打印，如果选中"缩放以适合介质"复选框，可以自动缩放图像到适合纸张的可打印区域，尽量能打印最大的图片。如果取消选中"缩放以适合介质"复选框，可以在"缩放"选项中输入图像的缩放比例，或在"高度"和"宽度"文本框中设置图像的尺寸，如图 1-43 所示。

图 1-42   图 1-43

↘ 打印标记：展开"打印标记"选项组，在这里可以指定页面标记和其他输出内容，如图 1-44 所示。

↘ 函数："函数"选项组用来控制打印图像外观的其他选项，如图 1-45 所示。

图 1-44   图 1-45

1.3   文件显示的设置

1.3.1   调整图像显示比例

使用"缩放工具"🔍可以将图像放大和缩小在屏幕上的显示比例，但并没有改变图像的真实大小。打开一张图片，单击选项栏中的"放大"按钮🔍可以切换到放大模式，在画布中单击鼠标左键可以放大图像。单击选项栏中的"缩小"按钮🔍可以切换到缩小模式，在画布中单击鼠标左键可以缩小图像，效果如图 1-46 所示。

缩小   正常   放大

图 1-46

如果当前使用的是放大模式，那么按住 Alt 键可以切换到缩小模式；如果当前使用的是缩小模式，那么按住 Alt 键可以切换到放大模式。在选项栏中还包含多个设置选项，如图 1-47 所示。

图 1-47

- ↳ 调整窗口大小以满屏显示：在缩放窗口的同时自动调整窗口的大小。
- ↳ 缩放所有窗口：同时缩放所有打开的文档窗口。
- ↳ 细微缩放：选中该复选框后，在画面中单击并向左侧或右侧拖曳鼠标，能够以平滑的方式快速放大或缩小窗口。
- ↳ 100%：单击该按钮，图像将以实际像素的比例进行显示。也可以双击"缩放工具"来实现相同的操作。
- ↳ 适合屏幕：单击该按钮，可以在窗口中最大化显示完整的图像。
- ↳ 填充屏幕：单击该按钮，可以在整个屏幕范围最大化显示完整的图像。

✍ 技巧提示：显示窗口缩放比例的快捷键

按 Ctrl++ 快捷键可以放大窗口的显示比例；按 Ctrl+- 快捷键可以缩小窗口的显示比例。

1.3.2　查看图像特定区域

当画面显示比例较大时，画面的部分区域可能无法展示在窗口中，这时就可以使用"抓手工具"🖐将图像移动到特定的区域内进行查看。在工具箱中单击"抓手工具"按钮🖐，在画面中按住鼠标左键并拖动即可调整画面显示的区域，如图 1-48 和图 1-49 所示。

图 1-48

图 1-49

1.3.3　更改图像窗口排列方式

在 Photoshop 中打开多个文件时，用户可以在"窗口"→"排列"菜单下的子命令中选择文件的排列方式。执行"窗口"→"排列"菜单命令，在子菜单中可以对多个文件的排布方式进行设置，如图 1-50 所示。如图 1-51 所示为双联垂直，如图 1-52 所示为六联排列。

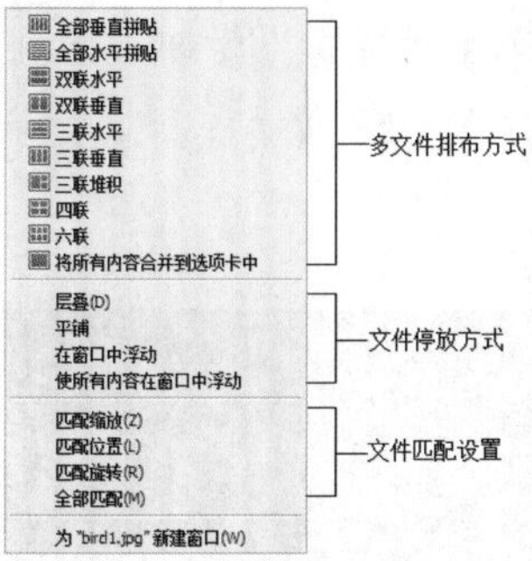

图 1-50

图 1-51

图 1-52

选择“层叠”方式是从屏幕的左上角到右下角以堆叠和层叠的方式显示未停放的窗口，如图 1-53 所示。当选择“平铺”方式时，窗口会自动调整大小，并以平铺的方式填满可用的空间，如图 1-54 所示；当选择“在窗口中浮动”方式时，图像可以自由浮动，并且可以任意拖曳标题栏来移动窗口，如图 1-55 所示；当选择“使所有内容在窗口中浮动”方式时，所有文件窗口都将变成浮动窗口。

图 1-53

图 1-54

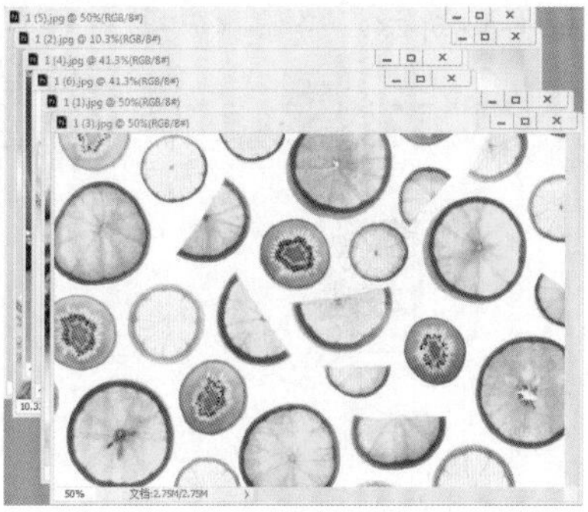

图 1-55

综合案例：完成文件处理的整个流程

视频讲解

案例文件 / 第 1 章 / 完成文件处理的整个流程

视频教学 / 第 1 章 / 完成文件处理的整个流程 .mp4

案例概述：

本案例首先使用“新建”命令创建空白文档，然后使用“置入嵌入对象”命令向文档中添加人物照片和艺术字元素，最后使用“存储”命令将文档存储为合适的格式，如图 1-56 所示。

图 1-56

操作步骤：

（1）执行"文件"→"新建"命令，在弹出的对话框中设置文件"宽度"为 3000 像素，"高度"为 2000 像素，"分辨率"为 300 像素 / 英寸，"颜色模式"为"RGB 颜色"，单击背景色块，在弹出的"拾色器"对话框中选择一种紫色，单击"确定"按钮。回到"新建文档"对话框，单击"创建"按钮，如图 1-57 所示，效果如图 1-58 所示。

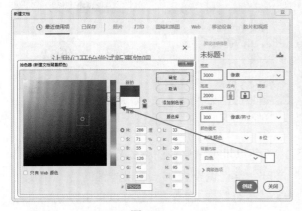

图 1-57 图 1-58

（2）执行"文件"→"置入嵌入对象"命令，选择人像素材，单击"置入"按钮，如图 1-59 所示。将素材放置在画布的右侧，然后按 Enter 键确定图像的置入，如图 1-60 所示。

图 1-59 图 1-60

（3）再次置入文字素材并放在版面的左下角，同样按 Enter 键确定置入，如图 1-61 所示。

（4）制作完成后，执行"文件"→"存储为"命令或按 Shift+Ctrl+S 组合键，打开"另存为"对话框，在其中设置文件存储位置、名称以及格式。首先设置格式为可保存分层文件信息的 .psd 格式，如图 1-62 所示。再次执行"文件"→"存储为"命令或按 Shift+Ctrl+S 组合键，打开"另存为"对话框，选择格式为方便预览和上传至网络的 .jpg 格式，如图 1-63 所示。最后执行"文件"→"关闭"命令，关闭当前文件，如图 1-64 所示。

图 1-61

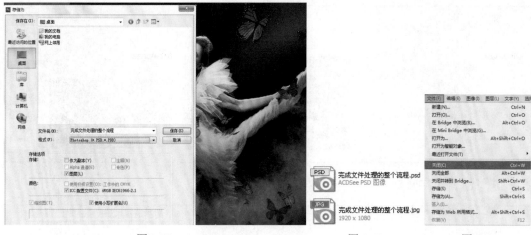

图 1-62　　　　　　　　　　图 1-63　　　　图 1-64

1.4　课后练习

初级练习：风景杂志排版

案例效果	可用素材

技术要点

"打开""置入嵌入对象"命令。

案例概述

本案例主要通过执行"置入嵌入对象"命令，在画面中置入多个素材来制作风景杂志的版面。

思路解析

1．执行"文件"→"打开"命令，将背景素材 1.jpg 打开。

2．执行"文件"→"置入嵌入对象"命令，将素材 2.jpg 置入，将光标放在定界框一角，按住鼠标左键拖动，调整图片大小，调整完成后按 Enter 键完成操作。

3．使用同样的方式将其他素材置入，调整大小后放在画面中合适的位置。

制作流程

视频讲解

进阶练习：制作一个完整文档

案例效果	可用素材
	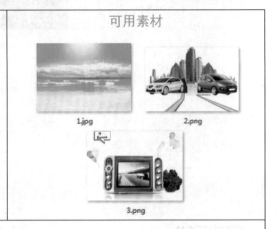

技术要点

"新建""置入嵌入对象""存储为""关闭"命令。

案例概述

本案例通过新建空白文档，到操作过程，再到最后的存储，来展现一个完整文档的制作流程。

思路解析

1. 执行"文件"→"新建"命令，新建一个大小合适的横版文档。

2. 执行"文件"→"置入嵌入对象"命令，将素材 1.jpg 置入，使其充满整个画布，操作完成后按 Enter 键完成置入。

3. 执行"文件"→"置入嵌入对象"命令，将素材 2.png 置入，调整大小后放在画面中间位置。

4. 使用同样的方式将素材 3.png 置入，调整大小后放在画面中间位置。

5. 文档操作完成后，执行"文件"→"存储为"命令，将文档进行保存，最后关闭文档。

制作流程

1.5 结课作业

制作一张用于电商网站产品详情页的化妆品产品主图。

要求:

⬎ 化妆品素材可在网上搜寻。

⬎ 图像成品尺寸为 800 像素×800 像素。

⬎ 无须添加文字说明,采用简约风格即可。

⬎ 保存为 .psd 格式文件和 .jpg 格式文件各一份。

Chapter 02
└ 第 2 章 ┘

掌握 Photoshop 的基本操作

　　在认识了 Photoshop 的操作界面，并且学习了文件的新建、打开、保存、关闭等基本命令后，本章开始学习 Photoshop 处理图像的最基础的操作，主要包括利用命令和工具对图像的尺寸以及显示区域进行修改、对图像局部或整体进行变换变形、对错误操作的撤销与恢复等。

本章学习要点：

- 学会调整图像大小与画布大小的方法
- 掌握图层的基本操作
- 熟练掌握图像的变换操作
- 熟练掌握错误操作的撤销方法

2.1　调整图像大小

2.1.1　修改图像尺寸

通常情况下，对于图像最关注的属性主要是尺寸、大小及分辨率。执行"图像"→"图像大小"命令或按 Ctrl+Alt+I 组合键，即可打开"图像大小"对话框，首先设置单位，然后在"宽度"和"高度"后方输入数值，单击"确定"按钮即可更改图像大小，如图 2-1所示。

图 2-1

↘ 缩放样式：单击 ⚙ 按钮，可以选中"缩放样式"选项。当文件中的图层包含图层样式时，选中该选项，可以在调整图像大小时自动缩放样式效果。
↘ 调整为：在下拉列表中包含预设的像素比例供用户快速选择。
↘ 高度 / 宽度：输入数值以设置调整后的图像的宽度和高度。
↘ ⑧ 约束比例：当启用了"约束比例"选项时，可以在修改图像的宽度或高度时，保持宽度和高度的比例不变；当关闭"约束比例"选项时，修改图像的宽度或高度就会导致图像变形。
↘ 分辨率：该选项可以改变图像的分辨率大小。分辨率是指位图图像中的细节精细度，测量单位是像素 / 英寸（ppi），每英寸的像素越多，分辨率越高。
↘ 重新采样：选中该复选框后，在其后的下拉列表中可以选择重新取样的方式。

2.1.2　修改画布大小

新建文档后，也可以通过"画布大小"对话框更改画布的大小。使用"画布大小"命令可以修改画布的宽度、高度、定位和画布扩展颜色。

（1）打开一张图片，执行"图像"→"画布大小"命令打开"画布大小"对话框。当输入的"宽度"和"高度"值大于原始画布尺寸时，如图 2-2 所示，就会增加画布的大小，效果如图 2-3 所示。反之当数值小于原始画布尺寸时，Photoshop 会裁切超出画布区域的图像，如图 2-4 所示。

（2）选中"相对"复选框时，"宽度"和"高度"数值将代表实际增加或减少的区域的大小，而不再代表整个文档的大小。输入正值表示增加画布，如设置"宽度"为 10 厘米，设置完成后单击"确定"按钮，此时画布就在宽度方向上增加了 10 厘米。如果输入负值，就表示减小画布。

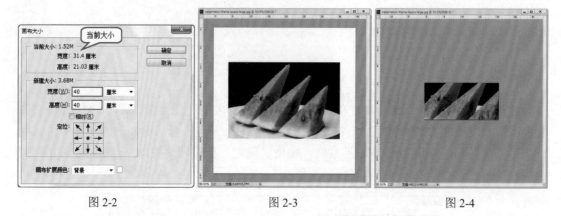

图 2-2 图 2-3 图 2-4

（3）"定位"选项主要用来设置当前图像在新画布上的位置。若要扩展画布左边和下边的大小，在定位选项的右上角处单击，然后输入相应的数值，就可以只扩展画布左侧和下面，如图 2-5 所示。如图 2-6 所示为定位点在左下角的效果（白色背景为画布的扩展颜色）。

图 2-5 图 2-6

（4）"画布扩展颜色"选项用来设置超出原始画布区域的颜色，可以在其下拉列表框中选择"前景色""背景色""白色""黑色"或"灰色"作为扩展后画布的颜色。若执行"其他"选项或单击后方的"色块"则会弹出"拾色器"对话框，然后设置相应的颜色，如图 2-7 所示，效果如图 2-8 所示。

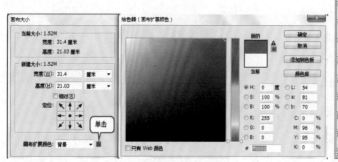

图 2-7 图 2-8

✎技巧提示

如果图像的背景是透明的，那么"画布扩展颜色"选项将不可用，新增加的画布也是透明的。

2.1.3　裁剪图像

使用"裁剪工具"可以裁剪掉多余的图像，并重新定义画布的大小。打开一张图片，单击工具箱中的"裁剪工具"按钮 ，或使用快捷键 C，画面中会显示裁切框，如图 2-9 所示。拖动裁切框确定需要保留的部分，如图 2-10 所示，或在画面中使用"裁剪工具"按住鼠标左键拖曳出一个新的裁切区域，然后按 Enter 键或双击鼠标左键即可完成裁剪，如图 2-11 所示。

 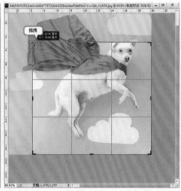 

图 2-9　　　　　　　　　　图 2-10　　　　　　　　　　图 2-11

在"裁剪工具"的选项栏中可以设置裁剪工具的约束比例、旋转、拉直、视图显示等，如图 2-12 所示。

图 2-12

↘　比例：在下拉列表中可以选择多种裁切的约束比例。

↘　约束比例：在这里可以输入自定的约束比例数值。

↘　清除：清除长宽比值。

↘　拉直：通过在图像上画一条直线来拉直图像。

↘　视图：在下拉列表中可以选择裁剪的参考线的方式，如"三等分""网格""对角""三角形""黄金比例"或"金色螺线"，也可以设置参考线的叠加显示方式。

↘　设置其他裁切选项：在这里可以对裁切的其他参数进行设置，例如，可以使用经典模式，或设置裁剪屏蔽的颜色、不透明度等参数。

↘　删除裁剪的像素：确定是否保留或删除裁剪框外部的像素数据。如果不选中该复选框，多余的区域可以处于隐藏状态，如果想要还原裁切之前的画面，只需再次选择"裁剪工具"，然后随意操作即可看到原文档。

↘　内容识别：选中该复选框后，当放大画布后会自动补全由于裁剪造成的画面局部空缺，调整完成后按 Enter 键后即可看到内容识别填充的效果。

实战案例：使用"裁剪工具"调整画面构图

图 2-13

[PSD]案例文件 / 第 2 章 / 使用"裁剪工具"调整
画面构图

📺 视频教学 / 第 2 章 / 使用"裁剪工具"调整
画面构图 .mp4

案例概述：

主体物居中的构图虽然不会有什么问题，但是
很容易使画面缺少想象空间。在本案例中将图片进
行裁剪，重新调整构图，让画面的主体更加突出，
如图 2-13 所示。

操作步骤：

（1）打开素材文件 1.jpg，单击工具箱中的"裁
剪工具"按钮 ，在画布的边缘出现了一圈带有虚
线和角点的边框，该边框为裁剪框，在选项栏中设
置视图为"三等分"，如图 2-14 所示。将光标移动
至裁剪框的一角处，单击并拖动即可调整裁剪区域。
在调整过程中可以参考三分法构图法则，使主体人
像的面部位于分割线交叉处，如图 2-15 所示。

（2）确定保留的区域后，按 Enter 键或双击鼠
标左键即可完成裁剪，如图 2-16 所示。此时在画布
四周还有裁剪框，单击工具箱中的其他工具就可以
将其隐藏。执行"文件"→"置入嵌入对象"命令，

图 2-14

将素材 2.png 置入文件中，使用"移动工具"将其移动到合适位置，按 Enter 键结束操作，
效果如图 2-17 所示。

图 2-15

图 2-16

图 2-17

2.1.4　透视裁剪

使用"透视裁剪工具" 可以在需要裁剪的图像上制作带有透视感的裁剪框，在应
用裁剪后可以使图像带有明显的透视感。

打开一张图片，单击工具箱中的"透视裁剪工具"按钮 ，在画面中按住鼠标左键
拖曳绘制一个裁剪框，如图 2-18 所示。接着选择控制点并按住鼠标左键拖曳，调整控制

点的位置，如图 2-19 所示。按 Enter 键或单击控制栏中的"提交当前裁剪操作"按钮☑，即可得到带有透视感的画面效果，如图 2-20 所示。

图 2-18　　　　　　　　　　图 2-19　　　　　　　　　　图 2-20

✍技巧提示："裁剪"命令

当画面中包含选区时，执行"图像"→"裁剪"命令，可以将选区以外的图像裁剪掉，只保留选区内的图像。如果在图像上创建的是圆形选区或多边形选区，则裁剪后的图像仍为矩形。

2.1.5　旋转图像

打开一张图片，执行"图像"→"图像旋转"命令，"图像旋转"菜单下有 6 种旋转画布的命令，包含"180 度""90 度（顺时针）""90 度（逆时针）""任意角度""水平翻转画布""垂直翻转画布"，如图 2-21 所示。执行"图像"→"图像旋转"→"任

意角度"命令，系统会弹出"旋转画布"对话框，在该对话框中可以设置旋转的角度和旋转的方式（顺时针或逆时针），可以根据需要输入数值，图 2-22 所示是将图像顺时针旋转 15°后的效果。

 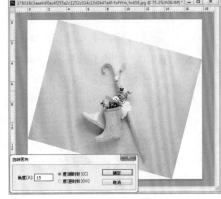

图 2-21　　　　　　　　　　图 2-22

2.2　图层的基本操作

图层的基本操作不仅是对 Photoshop 核心技术进行了解的第一步，同时也是学习如何使用 Photoshop 处理多重效果图像的第一步。作为一个图像数字化处理软件，Photoshop 中所有的操作都是基于"图层"进行的。下面就来了解图层的基本使用方法。

2.2.1　认识"图层"面板

执行"窗口"→"图层"命令，打开"图层"面板。"图层"面板是用于创建、编辑和管理图层以及图层样式的一种直观的"控制器"。在"图层"面板中，图层名称的左侧

是图层的缩览图，它显示了图层中包含
的图像内容，缩览图中的棋盘格代表图
像的透明区域。图层缩览图右侧是名称。
在编辑图层之前，首先需要在"图层"
面板中单击该图层将其选中，如图 2-23
所示。

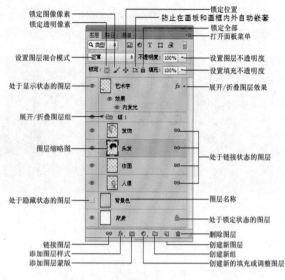

图 2-23

↳ 📄创建新图层：单击该按钮
可以新建一个图层，也可以使
用 Shift+Ctrl+N 组合键创建新
图层。

↳ 📁创建新组：单击该按钮可
以新建一个图层组。在多个图
层选中的状态下，使用 Ctrl+G
快捷键可以将多个图层放置在
一个图层组中，方便"图层"面板的整理。

↳ 🗑删除图层：选择一个图层，单击该按钮可以删除当前选择的图层或图层组。
也可以直接在选中图层或图层组的状态下按 Delete 键进行删除。

↳ 处于 👁显示 / ⬜隐藏状态的图层：当该图标显示为眼睛形状时，表示当前图层处
于可见状态；而显示为空白状态时，则处于不可见状态。单击该图标可以在显示
与隐藏之间进行切换。

↳ 🖼图层缩略图：显示图层中所包含的图像内容。其中棋盘格区域表示图像的透明
区域，非棋盘格表示像素区域（即具有图像的区域）。

↳ 🔒锁定：用于锁定图层属性，包含多种方式。锁定透明像素是将编辑范围限制为
只针对图层的不透明部分。锁定图像像素是防止使用绘画工具修改图层的像素。
锁定位置是防止图层的像素被移动。锁定全部即锁定透明像素、图像像素和位
置，处于这种状态下的图层将不能进行任何操作。防止在画板和画框内外自动嵌
套是指在文档中包含多个画板时，锁定该选项可以避免图层被移动到其他画板
中。当图层缩略图右侧显示"处于锁定状态的图层"图标🔒时，表示该图层处于
锁定状态。

↳ 🔗链接图层：用来链接当前选择的两个或两个以上的图层。当图层处于链接状
态时，链接好的图层名称右侧就会显示链接标志。被链接的图层可以在选中其中
某一图层的情况下进行共同移动或变换等操作。

↳ fx.添加图层样式：单击该按钮，在弹出的菜单中选择一种样式，可以为当前图
层添加一种图层样式。

↳ 📷添加图层蒙版：单击该按钮，可以为当前图层添加一个蒙版。在没有选区的
状态下，单击该按钮为图层添加空白蒙版；在有选区的情况下单击此按钮，则选
区内的部分在蒙版中显示为白色，选区以外的区域则显示为黑色。

↳ ⬤.创建新的填充或调整图层：单击该按钮，在弹出的菜单中选择相应的命令即
可创建填充图层或调整图层。

- 正常 设置图层混合模式：用来设置当前图层的混合模式，使之与下面的图像产生混合。
- 不透明度: 100% 设置图层不透明度：用来设置当前图层的不透明度。
- 填充: 100% 设置填充不透明度：用来设置当前图层的填充不透明度。该选项与"不透明度"选项类似，但是不会影响图层样式效果。

2.2.2 图层基本操作

（1）单击"图层"面板底部的"创建新图层"按钮，即可在当前图层的上方新建一个图层，如图 2-24 所示。

（2）在 Photoshop 中如果要对某个图层进行操作，就必须先选中该图层。在"图层"面板中单击该图层即可将其选中，如图 2-25 所示。如需选择多个不连续的图层，可以先选择其中一个图层，然后按住 Ctrl 键单击其他图层的名称（不要单击图层的缩览图，否则会载入图层选区），即可选择多个非连续的图层，如图 2-26 所示。在"图层"面板中最下面的空白处单击鼠标左键，即可取消选择的所有图层。

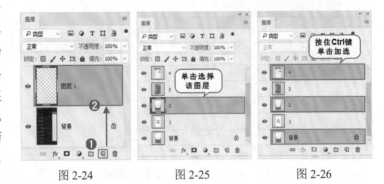

图 2-24   图 2-25   图 2-26

（3）图层缩略图左侧的方块区域用来控制图层的可见性。出现👁图标时该图层则为可见，如图 2-27 所示。出现图标时该图层为隐藏，如图 2-28 所示。单击方块区域可以在图层的显示与隐藏之间进行自由切换。

（4）如果要快速删除图层，可以将其拖曳到"删除图层"按钮上，如图 2-29 所示。也可以直接按 Delete 键，将选中的图层进行删除。执行"图层"→"删除"→"隐藏图层"命令，可以删除所有隐藏的图层。

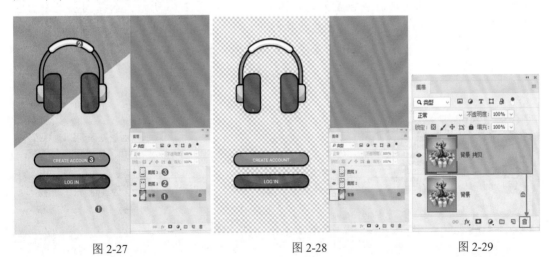

图 2-27   图 2-28   图 2-29

（5）如想要在当前文档中复制图层，可以选中图层，使用快捷键 Ctrl+J 即可复制该图层的副本。

（6）当一个文档包含多个图层时，如图 2-30 所示，选择需要调整顺序的图层，按住鼠标左键向上或向下拖曳，拖曳到另外一个图层的上面或下面，如图 2-31 所示。松开鼠标后即可完成图层顺序的调整，如图 2-32 所示。

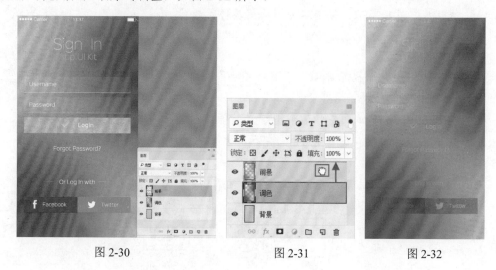

图 2-30　　　　　　　　　图 2-31　　　　　　　　　图 2-32

（7）按 Ctrl 键选择需要链接的多个图层，单击"图层"面板底部的"链接图层"按钮，就可以将这些图层链接起来。再次单击该按钮可以取消链接。

（8）文字图层、形状图层、矢量蒙版图层或智能对象等包含矢量数据的图层是不能直接进行编辑的，需要先将其栅格化，然后才能进行相应的编辑。选择需要栅格化的图层，单击鼠标右键，在弹出的快捷菜单中执行"栅格化图层"命令，即可将其栅格化为普通图层，如图 2-33 所示。还可以执行"图层"→"栅格化"菜单下的子命令，也可以将所选图层转换为相应的图层，如图 2-34 所示。

（9）单击"图层"面板底部的"创建新组"按钮，即可在"图层"面板中出现新的图层组，如图 2-35 所示。选择需要编组的图层，将其拖曳至"创建新组"按钮上，松开鼠标即可将所选图层放置在新创建的图层组中，如图 2-36 所示。选择图层组中的图层，将其拖曳到组外，即可将其从图层组中移出。在图层组名称上单击鼠标右键，在弹出的快捷菜单中执行"取消图层编组"命令可以取消对图层的编组。

图 2-33　　　　　图 2-34　　　　　图 2-35　　　　　图 2-36

（10）当"图层"面板中有很多图层时，可以将部分相关图层进行合并、拼合或盖印。

在"图层"面板中选择要合并的图层，执行"图层"→"合并图层"命令或按 Ctrl+E 快捷键，即可将多个图层合并为一个图层，合并后的图层使用上面图层的名称。

（11）若想将所有可见图层盖印到一个新的图层中，可以按 Shift+Ctrl+Alt+E 组合键。

（12）默认情况下，打开一张 JPG 格式图像，"图层"面板中只包含一个"背景"图层，单击"背景"图层右侧的小锁头按钮，如图 2-37 所示。即可将背景图层转换为普通图层，如图 2-38 所示。

图 2-37   图 2-38

实战案例：使用对齐与分布调整网页版式

PSD 案例文件 / 第 2 章 / 使用对齐与分布调整网页版式

📺 视频教学 / 第 2 章 / 使用对齐与分布调整网页版式 .mp4

案例概述：

本案例主要使用"对齐"和"分布"命令将网页中的不同区域工整地排列在页面中，效果如图 2-39 所示。

视频讲解

图 2-39

操作步骤：

（1）打开 PSD 格式的分层素材文件 1，可以看到网页左侧和右下方的区域模块分布非常不美观，如图 2-40 和图 2-41 所示。

（2）首先处理底部的模块，在"图层"面板中按住 Shift 键单击选择"图层 1""图层 2""图层 3"，如图 2-42 所示。执行"图层"→"对齐"→"垂直居中"命令，此时 3 个模块处于同一水平线上，如图 2-43 所示。

图 2-40

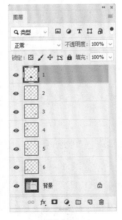

图 2-41

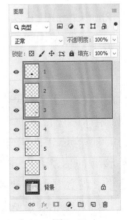

图 2-42

（3）在当前 3 个图层加选状态下，继续执行"图层"→"分布"→"水平居中"命令，使 3 个模块之间的间距相等，如图 2-44 所示。然后使用"移动工具"适当调整图片位置，如图 2-45 所示。

图 2-43

图 2-44

（4）使用同样的方法选择左侧 3 个模块所在的图层，并执行"图层"→"对齐"→"左边"命令以及"图层"→"分布"→"垂直居中"命令，调整图片的对齐与分布，然后使用"移动工具"将图片摆放在合适位置。此时本案例制作完成，最终效果如图 2-46 所示。

图 2-45

图 2-46

2.3 移动与变换

在 Photoshop 中可以对图像进行移动、缩放、旋转、斜切、变形等变换操作，想要进行这些操作可以使用"编辑"菜单下的"变换""自由变换""操控变形"等命令。

2.3.1 移动图像

使用"移动工具"可以在文档中移动图层、选区中的图像，也可以将其他文档中的图像拖曳到当前文档。

（1）"移动工具"位于工具箱的最顶端，是最常用的工具之一。在"图层"面板中选择需要移动的图层，如图 2-47 所示。单击工具箱中的"移动工具"按钮 ✛，将光标移动到画面中，按住鼠标左键并拖动，即可移动图层的位置，如图 2-48 所示。

（2）如果需要移动选区中的内容，可以在包含选区的状态下将光标放置在选区内，此时光标会变为 ▶ 形状，如图 2-49 所示。接着按住鼠标左键并拖曳即可移动选区内的像素，如图 2-50 所示。

| 图 2-47 | 图 2-48 | 图 2-49 | 图 2-50 |

技巧提示："移动工具"参数详解

自动选择：如果文档中包含多个图层或图层组，可以在后面的下拉列表中选择要移动的对象。

显示变换控件：选择该选项后，当选择一个图层时，就会在图层内容的周围显示定界框。用户可以拖曳控制点来对图像进行变换操作。

对齐图层：当同时选择了两个或两个以上的图层时，单击相应的按钮可以将所选图层进行对齐。

分布图层：如果选择 3 个或 3 个以上的图层，单击相应的按钮可以将所选图层按一定规则进行均匀分布排列。

分布间距 / 选区：当同时选中 3 个或 3 个以上图形大小、形状不一的图层时，单击相应的按钮可以让所选图层之间的间距相等。

2.3.2　自由变换

使用"变换"与"自由变换"命令可以对图层、路径、矢量图形，以及选区中的图像进行变换操作。Photoshop 可以对图像进行非常强大的变换操作，如缩放、旋转、斜切、扭曲、透视、变形、翻转等。选中需要变换的图层，执行"编辑"→"自由变换"命令（快捷键为 Ctrl+T），此时对象四周出现了界定框，四角处以及界定框四边的中间都有控制点。

在选项栏中勾选"切换参考点"选项 ，在界定框中心会出现变换的参考点（也称为中心点）。在选项栏中还可以进行精确的位置、缩放比例、旋转角度、倾斜角度的设置，如图 2-51 所示。

在画面中单击鼠标右键可以看到用于自由变换的子命令，此处的命令与执行"编辑"→"变换"子菜单中的命令的使用方法是相同的，如图 2-52 所示。

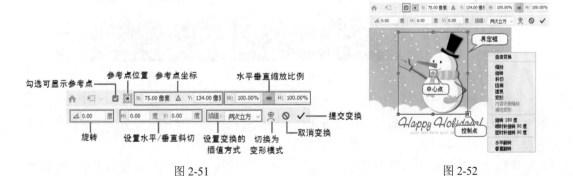

| 图 2-51 | | 图 2-52 |

将鼠标放在控制点上，按住鼠标左键并拖动控制框即可进行等比例缩放。调整完成后按 Enter 键确认变换，如果需要在变换过程中取消变换，则可以按键盘上的 Esc 键，如图 2-53 所示。缩放时按住 Shift 键，可以进行非等比缩放，如图 2-54 所示。

将光标定位到界定框以外，光标变为弧形的双箭头，此时按住鼠标左键并拖动即可以任意角度旋转图像。旋转时按住 Shift 键，可以以 15°为增量进行旋转，如图 2-55所示。

图 2-53

图 2-54   图 2-55

在自由变换状态下，在画面中单击鼠标右键可以看到更多的变换方式，如图 2-56 所示。使用"斜切"可以使图像倾斜，从而制作透视感。按住鼠标左键并拖动控制点即可沿控制点的单一方向实现倾斜，如图 2-57 所示。

在自由变换状态下单击鼠标右键，在弹出的快捷菜单中执行"扭曲"命令，可以任意调整控制点的位置，如图 2-58 所示。使用"透视"命令可以矫正图像的透视变形，可以对图像应用单点透视制作透视效果。

图 2-56   图 2-57   图 2-58

在自由变换状态下单击鼠标右键，在弹出的快捷菜单中执行"透视"命令，然后随意拖曳定界框上的控制点，其他的控制点会自动发生变化，在水平或垂直方向上对图像应用透视，如图 2-59 所示。

使用"变形"命令可以对图像内容进行自由变形扭曲。在自由变换状态下单击鼠标右

键，在弹出的快捷菜单中执行"变形"命令，图像上将出现网格状的控制框。此时在选项
栏中可以选择一种形状来确定图像变形的方式，如图 2-60 所示。还可以直接在网格上按
住鼠标左键并拖动，调整网格形态，实现对图像的变形，如图 2-61 所示。

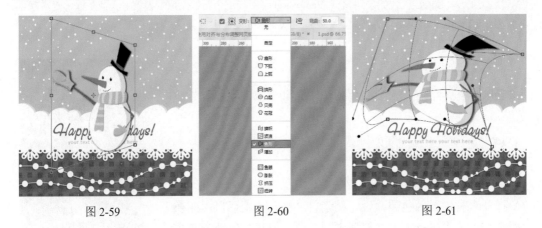

图 2-59　　　　　　　　　　图 2-60　　　　　　　　　　图 2-61

　　在自由变换状态下单击鼠标右键，还可以看到另外 3 个命令："旋转 180 度""旋转
90 度（顺时针）""旋转 90 度（逆时针）"，使用这 3 个命令可以使图像按照角度旋转。
直接选择这 3 个命令之一，就可以应用旋转，如图 2-62 ～图 2-64 所示。

图 2-62　　　　　　　　　　图 2-63　　　　　　　　　　图 2-64

　　"水平翻转"与"垂直翻转"命令非常常用，可以使图像进行水平方向和垂直方向的
翻转，如图 2-65 和图 2-66 所示。

图 2-65　　　　　　　　　　图 2-66

✎ 技巧提示：复制并变换图像

在 Photoshop 中可以复制并变换图像。选择一个图层，按 Ctrl+Alt+T 组合键进入自由变换并复制状态，适当变换后，按 Enter 键完成变换操作，Photoshop 会生成一个新的图层。设定好变换规律，以后就可以使用 Shift+Ctrl+Alt+T 组合键按照这个规律继续变换并复制图像。

视频陪练：利用"缩放"和"扭曲"制作饮料包装

📄 案例文件 / 第 2 章 / 利用"缩放"和"扭曲"制作饮料包装

📺 视频教学 / 第 2 章 / 利用"缩放"和"扭曲"制作饮料包装 .mp4

案例概述：

打开素材，置入包装盒设计稿素材。接着使用"自由变换"快捷键 Ctrl+T 先进行缩放，然后进行扭曲，使其与包装的透视关系相符。调整完成后按 Enter 键确定变换操作，如图 2-67 所示。

图 2-67

2.3.3　内容识别缩放

使用"内容识别缩放"可以在不更改重要可视内容（如人物、建筑、动物等）的情况下缩放图像大小。常规缩放在调整图像大小时会统一影响所有像素，而"内容识别缩放"命令主要影响没有重要可视内容区域中的像素。

单击选择需要变换的图层，执行"编辑"→"内容识别缩放"命令，在画布的四周出现了定界框，如图 2-68 所示。将光标移动至定界框的一侧，按住鼠标左键并拖动即可进行智能化的缩放操作，如图 2-69 所示。最后按 Enter 键完成变换操作。

图 2-68

图 2-69

2.3.4　操控变形

"操控变形"是一种可视网格，借助该网格可以随意地扭曲特定图像区域，并保持其他区域不变。

选择需要处理的图层，执行"编辑"→"操控变形"命令，文字上将会布满网格，如图 2-70 所示。接着在网格交汇的位置单击添加"控制点"，也称之为"图钉"，如图 2-71

所示。"图钉"添加完成后，按
住鼠标左键并拖曳"图钉"位置，
图像就会产生变形效果，变形完
成后按 Enter 键确定变形操作，
效果如图 2-72 所示。

图 2-70　　　　图 2-71　　　　图 2-72

2.3.5　自动对齐图层

使用"自动对齐图层"命令
可以根据不同图层中的相似内容
（如角和边）进行匹配，从而使
图层自动对齐为一张连续的图像。

将拍摄的多张图像置入同一
文件中，并摆放在合适位置，在
"图层"面板中选择两个或两个
以上的图层，如图 2-73 所示。

图 2-73

执行"编辑"→"自动对齐图层"命令，打开"自动对齐图层"对话框，设置合适的
选项，如图 2-74 所示，即可将图像进行自动对齐，效果如图 2-75 所示。

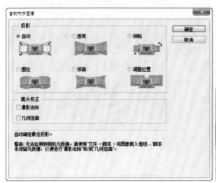

图 2-74

图 2-75

2.3.6　自动混合图层

使用"自动混合图层"命令可以缝合或者组合图像，从而在最终图像中获得平滑的过
渡效果。"自动混合图层"功能是根据需
要对每个图层应用图层蒙版，以遮盖过渡
曝光或曝光不足的区域或内容差异。选择
两个或两个以上的图层，如图 2-76 所示。
执行"编辑"→"自动混合图层"命令，
打开"自动混合图层"对话框，设置合适
的混合方式，即可将多个图层进行混合，
如图 2-77 所示。图 2-78 所示为自动混合
图层后的效果。

图 2-76

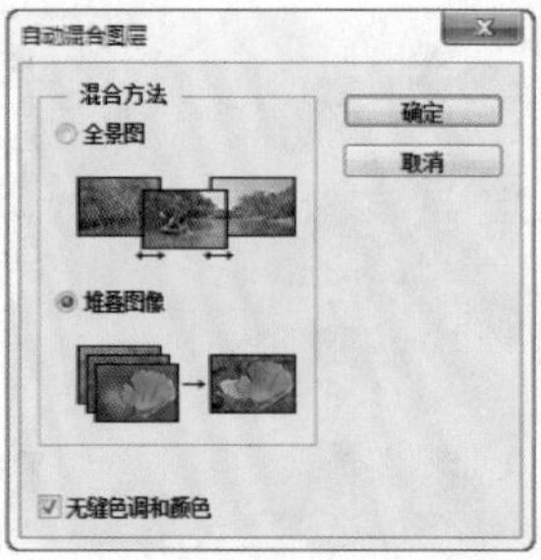

图 2-77

图 2-78

- 全景图：将重叠的图层混合成全景图。
- 堆叠图像：混合每个相应区域的最佳细节，该选项最适合用于已对齐的图层。

视频讲解

视频陪练：相似背景照片的快速融合法

案例文件 / 第 2 章 / 相似背景照片的快速融合法

视频教学 / 第 2 章 / 相似背景照片的快速融合法 .mp4

案例概述：

本案例首先需要创建一个大小合适的文档，接着置入素材并栅格化，然后使用“自动混合图层”命令将两张图像融合，最后为画面添加装饰文字，如图 2-79 和图 2-80 所示。

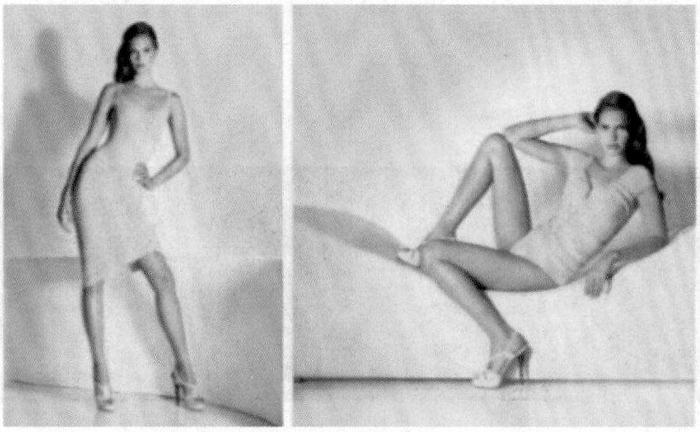

图 2-79

图 2-80

2.4 撤销错误操作

在传统的绘画过程中，出现错误的操作时只能选择擦除或覆盖，而在 Photoshop 中进行数字化编辑时，出现错误操作则可以撤销或返回所做的步骤，然后重新编辑图像，这也是数字化编辑的优势之一。

2.4.1 撤销操作与返回操作

（1）执行“编辑”→“还原”命令或使用 Ctrl+Z 快捷键，可以撤销最近的一次操作，将其还原到上一步操作状态。多次使用该操作，可撤销多步。

（2）如果想取消还原操作，可以执行“编辑”→“重做”命令，快捷键为 Shift+Ctrl+Z。

（3）执行"文件"→"恢复"命令，可以直接将文件恢复到最后一次保存时的状态，或返回刚打开文件时的状态。

📎技巧提示

"恢复"命令只能针对已有图像的操作进行恢复，如果是新建的空白文件，"恢复"命令将不可用。

2.4.2 使用"历史记录"面板

（1）执行"窗口"→"历史记录"命令，打开"历史记录"面板。"历史记录"面板用于记录编辑图像过程中所执行的操作步骤，如图 2-81 所示。最近进行过的操作都会被记录在"历史记录"面板中，在"历史记录"面板中单击某一步骤即可返回该步骤时的状态，如图 2-82 所示。

（2）在"历史记录"面板中，默认状态下可以记录 20 步操作，超过限定数量的

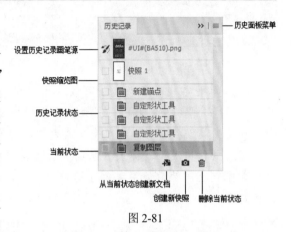

图 2-81

操作将不能返回。但是通过创建"快照"可以在图像编辑的任何状态创建副本，也就是说可以随时返回到快照所记录的状态。在"历史记录"面板中选择需要创建快照的状态，单击"创建新快照"按钮 📷，此时 Photoshop 会自动为其命名，产生新的快照。随时想要还原到快照效果只需单击该快照即可，如图 2-83 所示。

图 2-82   图 2-83

2.5 辅助工具的使用

2.5.1 标尺与参考线

"标尺"常用于辅助用户绘制精确尺寸的对象。"参考线"是以浮动的状态显示在图像上方，常与"标尺"共同使用，可以帮助用户精确地定位图像或元素。

（1）打开一张图片，执行"视图"→"标尺"命令或按 Ctrl+R 快捷键，此时看到窗口顶部和左侧会出现标尺，如图 2-84 所示。将光标放置在标尺上，然后使用鼠标左键向窗口中拖曳，如图 2-85 所示，松开鼠标即可创建参考线，如图 2-86 所示。

图 2-84   图 2-85   图 2-86

（2）如果要移动参考线，可以使用"移动工具" ，然后将光标放置在参考线上，当光标变成分隔符 形状时，按住鼠标左键拖曳即可移动参考线，如图 2-87 所示。如果使用"移动工具"将参考线拖曳出画布之外，那么可以删除这条参考线，如图 2-88 所示。

（3）默认情况下，标尺的原点位于窗口的左上方，用户可以修改原点的位置。将光标放置在原点上，然后使用鼠标左键拖曳原点，画面中会显示十字线，释放鼠标左键以后，释放处便成了原点的新位置，并且此时的原点数值也会发生变化，如图 2-89 和图 2-90 所示。

图 2-87   图 2-88   图 2-89

（4）执行"视图"→"显示"→"智能参考线"命令，可以启用智能参考线。智能参考线可以帮助对齐形状、切片和选区。启用智能参考线后，当绘制形状、创建选区或切片时，智能参考线会自动出现在画布中，粉色线条为智能参考线，如图 2-91 所示。

 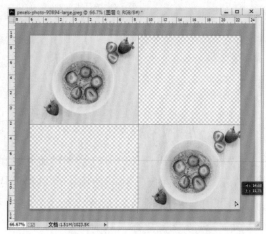

图 2-90   图 2-91

✎技巧提示：隐藏与删除参考线的方法

如果要隐藏参考线，可以执行"视图"→"显示额外内容"命令。如果需要删除画布中的所有参考线，可以执行"视图"→"清除参考线"命令。

2.5.2 使用网格

"网格"主要用来对齐对象，网格在默认情况下显示为不能打印的线条，但也可以显示为点。

打开一张图片，执行"视图"→"显示"→"网格"命令，就可以在画布中显示网格，如图 2-92 所示。显示网格后，可以执行"视图"→"对齐到"→"网格"命令，启用对齐功能，此后在执行创建选区或移动图像等操作时，对象将自动对齐到网格上，如图 2-93 所示。

图 2-92   图 2-93

综合案例：增大画面制作网站广告

[PSD] 案例文件 / 第 2 章 / 增大画面制作网站广告

🖥 视频教学 / 第 2 章 / 增大画面制作网站广告 .mp4

案例概述：

本案例主要利用"内容识别缩放"可以很好地保护图像中的重要内容这一特点，将背景素材进行放大，并置入前景素材，完成网站广告的制作，如图 2-94 和图 2-95 所示。

图 2-94   图 2-95

操作步骤：

（1）按 Ctrl+O 快捷键，打开本书配套资源包中的素材 1。接着按住 Alt 键并双击背景图层，将其转换为普通图层，如图 2-96 所示。执行"图像"→"画布大小"命令，在弹出的"画布大小"对话框中设置"宽度"为 25.4 厘米，"高度"为 10.5 厘米，定位到左下角，设置完成后单击"确定"按钮，如图 2-97 所示。然后在弹出的对话框中单击"继续"按钮，如图 2-98 所示。此时画面增大，效果如图 2-99 所示。

图 2-96 图 2-97 图 2-98

（2）在右侧增大画布位置并填充和人物素材相同的背景。执行"编辑"→"内容识别缩放"命令或按 Shift+Ctrl+Alt+C 组合键，进入内容识别缩放状态。在选项栏中单击"保护肤色"按钮，将光标放在定界框右侧中间的控制点上，按住 Shift 键的同时按住鼠标左键并拖动，如图 2-100 所示。此时可以观察到，在将背景放大的同时，人物几乎没有发生变形，调整完成后按 Enter 键确定变换操作，如图 2-101 所示。

图 2-99 图 2-100

（3）执行"文件"→"置入嵌入对象"命令，置入前景素材，摆放在画面右侧位置，此时本案例制作完成，最终效果如图 2-102 所示。

图 2-101 图 2-102

2.6　课 后 练 习

初级练习：使用"自由变换"制作旧照片效果

案例效果	可用素材
	 1.jpg　　　　　2.jpg

技术要点

"打开""自由变换""图层蒙版""画笔工具"命令。

案例概述

本案例是在背景素材空白位置置入素材，并对置入的素材进行调整，让其与背景较好地融为一体，从而制作旧照片效果。

思路解析

1. 将背景素材打开，置入人物，并适当旋转与缩小。
2. 设置人物素材图层的"混合模式"为"正片叠底"，将其与背景进行融合。
3. 选择人物素材图层，适当隐藏边缘多余部分。

制作流程

进阶练习：证件照排版

案例效果	可用素材
	 1.jpg

技术要点
"对齐"与"分布"。
案例概述
本案例制作的是非常常见的人物证件照的排版。操作的关键是对复制得到的照片进行整齐有序的排列。
思路解析
1.　新建一个大小合适的横版文档，并将人物素材置入。 2.　复制 3 份人物图层，并进行对齐与均匀分布的操作。 3.　对调整完成的人物图像再次复制，放在画面下方位置。
制作流程
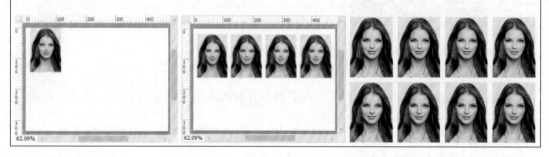

2.7　结 课 作 业

以"母亲节"为主题，进行主体画册内页版式的设计与制作。

要求：

↘　画册内页尺寸宽度为 21 厘米，高度为 15 厘米。

↘　版面内要求包含 3 张以上插图，且插图内容与主题相关。

↘　插图可从网络获取，要保证插图清晰度。

↘　画面色调统一，主题突出。

Chapter 03
第3章

抠图

在学习抠图的操作之前首先需要了解选区的含义，明白选区与抠图之间的关系，在此基础上学习如何制作简单的选区，以及如何基于画面颜色差异得到特定范围的选区。除此之外，还需要学习通道抠图的技法，以便抠出半透明对象。

本章学习要点：

- 熟练掌握常见选区的绘制方式
- 掌握基于色彩差异的抠图操作
- 掌握通道抠图的操作方法

3.1 选区基础知识

在 Photoshop 中，"抠图"是离不开"选区"的，所以进行抠图技法学习之前，首先需要对"选区"有一个简单的认识。

3.1.1 选区与抠图

"抠图"也叫"去背景"，是指将主体物（需要保留的部分）从画面中分离出来的过程。那么为什么要进行"抠图"呢？打个比方，进行平面设计或者图像处理时，经常要向当前操作的文档中添加一些漂亮的元素。例如，要制作一个化妆品广告，需要加上产品代言人，通常拍摄都是在影棚中完成，那么就需要为人像去除背景，或者将人物从背景中分离出来，那么，这时就需要进行"抠图"操作，如图 3-1 所示。

图 3-1

"抠图"是 Photoshop 的核心功能之一，从字面意义上来说，"抠图"可以理解为从图像中"抠"出部分内容，也就是将需要保留与需要删除的图形区分开。但是"抠图"的意义却不仅仅在于提取图像内容，更多的是服务于图像的修饰、调色、特效制作、影像合成等，如图 3-2 所示。

图 3-2

✎ 技巧提示

"抠图"作为 Photoshop 最常使用的操作之一，并非是单一的工具或命令。想要进行抠图几乎可以使用 Photoshop 的大部分工具命令，如擦除工具、修饰绘制工具、选区工具、选区编辑命令、蒙版技术、通道技术、图层操作、调色技术、滤镜等。抠图操作虽然看起来复杂，实际上大部分工具命令都是用于辅助用户进行更快捷、更容易的抠图，而制作"选区"才是抠图真正的核心所在。

可以通过两种方法进行抠图："去除背景"与"提取主体"。"去除背景"很好理解，在 Photoshop 中想要轻松随意地擦除背景部分可以使用"橡皮擦工具"。但是，一旦想要进行精确地去除背景或提取部分主体物，就需要制作一个"特定的区域"，这个区域就是

"选区"，如图 3-3 所示。

技巧提示

为什么删除选区中的像素时会弹出"填充"对话框？
这是由于当前选中的图层为背景图层，可以先按住 Alt 键双击背景图层，将其转换为普通图层，然后进行删除操作。

　　"选区"是一个用于限定操作范围的区域。有了选区就可以将选区中的内容抠出，或者限制当前编辑操作范围为选区中的内容。在 Photoshop 中可以使用多种工具及命令制作或编辑选区，画面中的以黑白间隔的闪烁边框即为"选区"的边界，边界以内的区域为选择范围，如图 3-4 所示。

图 3-3　　　　　　　　　　　　　　　　　　图 3-4

技巧提示

选区边界也被形象地称为"蚂蚁线"或"蚁行线"。

　　相对于图像中的可以被打印到画面中的"像素"而言，"选区"更像是"虚拟的辅助对象"。因为"选区"本身并不具备实体像素，所以也就不具有像素可打印的属性。但是由于"选区"具有"限定性"，所以在操作中又是必不可少的。以图 3-5 为例，需要改变画面局部的颜色，这时就可以使用选区工具绘制需要调色的选区，然后就可以对这些区域进行单独调色。

图 3-5

技巧提示

"选区"是具有共享性的，当文档中包含一个选区时，所有图层都可以使用该选区进行编辑。

3.1.2　绘制简单选区

（1）"选框工具组"是 Photoshop 中最常用的选区工具。其中包含"矩形选框工具""椭圆选框工具""单行选框工具""单列选框工具"，适合于创建形状比较规则的选区（如圆形选区、椭圆形选区、正方形选区、长方形选区），如图 3-6 所示为典型的矩形选区和圆形选区。"选框工具组" 在工具箱顶部，而且在工具按钮的右下角可以看到一个小三角符号，说明这个工具组包含多个工具。右击工具箱中的"矩形选框工具"按钮，便可出现 4 个隐藏的工具，如图 3-7 所示。下面我们一一了解各个工具的功能。

（2）"矩形选框工具"主要用于创建矩形选区与正方形选区。单击工具箱中的"矩形选框工具"按钮 ，在页面中按住鼠标左键向右下角拖曳，即可绘制选区，如图 3-8 所示。按住 Shift 键的同时按住鼠标左键向右下角拖曳可以创建正方形选区，如图 3-9 所示。

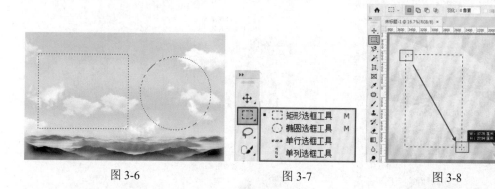

图 3-6　　　　　　　　　　图 3-7　　　　　　　　　　图 3-8

➥　羽化：主要用来设置选区边缘的虚化程度。羽化值越大，虚化范围越宽；羽化值越小，虚化范围越窄。所以，通过羽化常常可以做出美丽的边缘效果，如图 3-10 和图 3-11 所示分别是羽化为 0 像素和 20 像素的对比效果图。

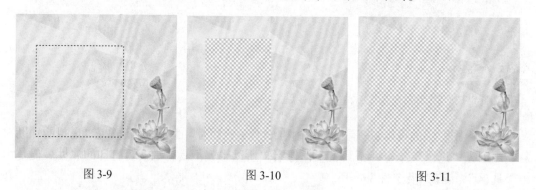

图 3-9　　　　　　　　　　图 3-10　　　　　　　　　　图 3-11

技巧提示：当"羽化"数值过大时会出现什么状况？

当设置的"羽化"数值过大，其像素不大于 50% 选择时，Photoshop 会弹出一个警告对话框，提醒用户羽化后的选区将不可见（选区仍然存在），如图 3-12 所示。

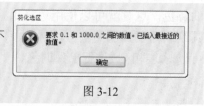

图 3-12

➥ 消除锯齿："矩形选框工具"的"消除锯齿"选项是不可用的，因为矩形选框没有不平滑效果，只有在使用"椭圆选框工具"时，"消除锯齿"选项才可用。

➥ 样式：用来设置矩形选区的创建方法。当选择"正常"选项时，可以创建任意大小的矩形选区；当选择"固定比例"选项时，可以在右侧的"宽度"和"高度"输入框中输入数值，以创建固定比例的选区，例如，设置"宽度"为 1，"高度"为 2，那么创建出来的矩形选区的高度就是宽度的两倍；当选择"固定大小"选项时，可以在右侧的"宽度"和"高度"输入框中输入数值，然后单击鼠标左键即可创建一个固定大小的选区（单击"高度和宽度互换"按钮 ⇄ 可以切换"宽度"和"高度"的数值）。

（3）使用"椭圆选框工具"可以制作椭圆或正圆选区。"椭圆选框工具"与"矩形选框工具"的操作方法基本相同。单击工具箱中的"椭圆选框工具"按钮 ⬭，在页面中按住左键向右下角拖曳，即可绘制选区，如图 3-13 所示。按住 Shift 键的同时按住鼠标左键向右下角拖曳即可创建正圆选区，如图 3-14 所示。

（4）使用"单行 / 单列选框工具"可以快速绘制高度或宽度为 1 像素的选区，常用于制作网格。单击工具箱中的"单行选框工具"按钮 ▦，将光标移动至画面中并单击，即可绘制高度为 1 像素、宽度为整个页面宽度的选区，如图 3-15 所示。单击工具箱中的"单列选框工具"按钮 ▥，将光标移动至画面中并单击，即可绘制宽度为 1 像素、高度为整个画布高度的选区，如图 3-16 所示。

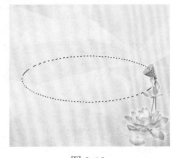  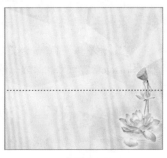

图 3-13　　　　　　　　图 3-14　　　　　　　　图 3-15

（5）使用"套索工具"可以非常自由地绘制形状不规则的选区。单击工具箱中的"套索工具"按钮，然后在画面中按住鼠标左键并拖曳，如图 3-17 所示。结束绘制时松开鼠标左键，线条会自动闭合并变为选区，如图 3-18 所示。如果在绘制中途松开鼠标左键，Photoshop 会在该点与起点之间建立一条直线以封闭选区。

图 3-16　　　　　　　　图 3-17　　　　　　　　图 3-18

✎技巧提示：在"套索工具"的状态下切换到"多边形套索工具"

当使用"套索工具"绘制选区时，如果在绘制过程中按住 Alt 键，松开鼠标左键后（不松开 Alt 键），Photoshop 会自动切换到"多边形套索工具"。

（6）"多边形套索工具"适合于创建一些转角比较强烈的选区。单击工具箱中的"多边形套索工具"按钮，在画面中单击确定起点，然后将光标移动到下一个位置并单击，如图 3-19 所示。继续拖曳光标并进行单击，确定转折的位置，当光标移动到起始点处时变为形状，如图 3-20 所示。此时单击鼠标左键即可得到选区，如图 3-21 所示。

图 3-19   图 3-20   图 3-21

✎技巧提示："多边形套索工具"的使用技巧

在使用"多边形套索工具"绘制选区时，按住 Shift 键，可以在水平方向、垂直方向或 45°方向绘制直线。另外，按 Delete 键可以删除最近绘制的直线。

视频陪练：利用"多边形套索工具"选择照片

📄案例文件 / 第 3 章 / 利用"多边形套索工具"选择照片

📺视频教学 / 第 3 章 / 利用"多边形套索工具"选择照片 .mp4

案例概述：

打开背景素材后，置入图片素材并栅格化。接着使用"多边形套索工具"绘制相框的选区，将选区反选后删除选区中的内容，如图 3-22 所示。

图 3-22

3.1.3 剪切、复制、粘贴、清除

在 Photoshop 中可以对图像进行剪切、复制、粘贴、原位置粘贴、合并复制等操作。

（1）单击工具箱中的"矩形选框工具"，在画面中按住鼠标左键并拖动，绘制一个矩形选区，如图 3-23 所示。执行"编辑"→"剪切"命令或按 Ctrl+X 快捷键，可以将选区中的内容剪切到剪贴板上，原位置的内容消失，如图 3-24 所示。

（2）执行"编辑"→"粘贴"命令或按 Ctrl+V 快捷键，可以将剪切的图像粘贴到画布中，如图 3-25 所示，并生成一个新的图层，如图 3-26 所示。

图 3-23

图 3-24

图 3-25

（3）在保留选区的情况下，执行"编辑"→"拷贝"命令或按 Ctrl+C 快捷键，可以将选区中的图像复制到剪贴板中，然后执行"编辑"→"粘贴"命令或按 Ctrl+V 快捷键，可以将复制的图像粘贴到画布中，如图 3-27 所示，并生成一个新的图层，如图 3-28 所示。

图 3-26

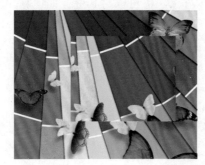
图 3-27

图 3-28

（4）当文档中包含很多图层时，执行"选择"→"全选"命令或按 Ctrl+A 快捷键全选当前图像，然后执行"编辑"→"合并拷贝"命令或按 Shift+Ctrl+C 组合键，将所有可见图层复制并合并到剪贴板中，最后按 Ctrl+V 快捷键可以将合并复制的图像粘贴到当前文档中。

✍技巧提示：本章常用的快捷键

在本节中要牢记的快捷键有 Ctrl+A（全选）、Ctrl+X（剪切）、Ctrl+V（粘贴）、Ctrl+C（复制）和 Shift+Ctrl+C（合并复制）。应用好这些快捷键会大大加快制作的进度。

（5）选择一个普通图层，然后绘制一个选区，如图 3-29 所示。执行"编辑"→"清除"命令或按键盘上的 Delete 键，如果是普通图层则直接清除所选区域中的内容，被清除的区域变为透明，如图 3-30 所示。

图 3-29

图 3-30

技巧提示：删除"背景"图层中的像素会遇到的状况

如果删除"背景"图层中选区中的像素，会弹出"填充"对话框，在该对话框中可以选择填充使用的内容，如图 3-31 所示。如图 3-32 和图 3-33 所示为使用背景色和图案填充的效果。

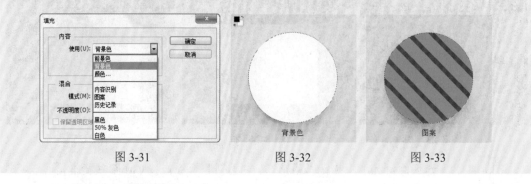

图 3-31   图 3-32   图 3-33

3.1.4 选区的基本操作

"选区"作为一个非实体对象，也可以对其进行如运算（新选区、添加到选区、从选区减去与选区交叉）、全选与反选、取消选择与重新选择、移动与变换、储存与载入等操作。

（1）创建一个选区，如图 3-34 所示。执行"选择"→"反向选择"命令，或者使用组合键 Shift+Ctrl+I 可以得到反向的选区，如图 3-35 所示。

图 3-34   图 3-35

（2）执行"选择"→"取消选择"命令或按 Ctrl+D 快捷键，可以取消选区状态。如果要恢复被取消的选区，可以执行"选择"→"重新选择"命令。

（3）当画面中包含选区时，将光标放置在选区内，当光标变为▷形状时，按住鼠标左键并拖曳光标即可移动选区，如图 3-36 和图 3-37 所示。在包含选区的状态下，按键盘上的→、←、↑、↓键可以 1 像素的距离移动选区。

图 3-36   图 3-37

（4）对选区执行"选择"→"变换选区"命令或按 Alt+S+T 组合键，此时选区处于"自由变换"的状态，在画布中单击鼠标右键，还可以选择其他变换方式，如图 3-38 所示。变换完成之后，按键盘上的 Enter 键即可，如图 3-39 所示。

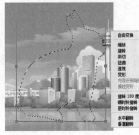

图 3-38   图 3-39

（5）通过选区的运算可以将多个选区进行"相加""相减""交叉""排除"等操作，从而获得新的选区。在利用"套索工具""快速选择工具"等进行抠图的过程中，不可避免会造成选区的多选或少选，这时就需要通过选区的"运算"来进行补充和修剪。使用选区工具绘制选区时，选项栏中会出现选区运算的按钮，如图 3-40 所示。

➥ ▣新选区：激活该按钮以后，可以创建一个新选区，如果已经存在选区，那么新创建的选区将替代原来的选区。

➥ ▣添加到选区：激活该按钮以后，可以将当前创建的选区添加到原来的选区中（按住 Shift 键也可以实现相同的操作），如图 3-41 所示。

➥ ▣从选区减去：激活该按钮以后，可以将当前创建的选区从原来的选区中减去（按住 Alt 键也可以实现相同的操作），如图 3-42 所示。

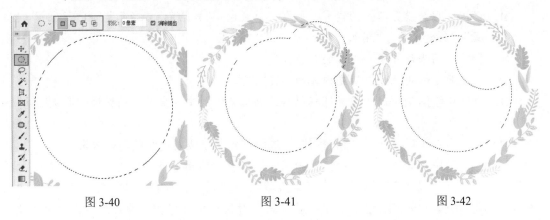

图 3-40   图 3-41   图 3-42

➥ ▣与选区交叉：激活该按钮以后，再次创建选区时只保留原有选区与新创建的选区相交的部分（按住 Shift+Alt 快捷键也可以实现相同的操作），如图 3-43 所示。

（6）想要载入某一图层的选区，可以将光标移动到图层缩览图的上方，然后按住 Ctrl 键并单击，即可载入图层的选区，如图 3-44 所示，选区如图 3-45 所示。

图 3-43   图 3-44   图 3-45

3.1.5 填充与描边

"填充"与"描边"命令是 Photoshop 制图过程中非常常用的两个命令，"填充"命令可以为整个画面或局部填充纯色、图案，而使用"描边"命令可以增强图形的可视性，从而丰富作品的视觉效果。

（1）利用"填充"命令可以在当前图层或选区内填充颜色或图案，同时也可以不同的透明度和混合模式进行图案和颜色的填充。选择需要填充的图层或创建选区，如图 3-46 所示。执行"编辑"→"填充"命令或按 Shift+F5 快捷键，打开"填充"对话框，设置合适的填充内容、混合模式和不透明度等参数，如图 3-47 所示。接着单击"确定"按钮，被选中的图层的选区部分已经被填充了内容，如图 3-48 所示。需要注意的是，文字图层和被隐藏的图层不能使用"填充"命令。

图 3-46　　　　　　　　　　图 3-47　　　　　　　　　　图 3-48

- 使用：用来设置填充的内容，包含"前景色""背景色""颜色""内容识别""图案""历史记录""黑色""50% 灰色""白色"。
- 模式：用来设置填充内容的混合模式。
- 不透明度：用来设置填充内容的不透明度。
- 保留透明区域：选中该复选框以后，只填充图层中包含像素的区域，而透明区域不会被填充。

"描边"命令可以在选区、路径或图层周围创建彩色或者花纹的边框效果。

（2）当画面中包含选区时，如图 3-49 所示，执行"编辑"→"描边"命令，打开"描边"对话框。在"描边"选项组中，可以设置描边的宽度和颜色，如设置"宽度"为 10 像素，单击"颜色"选项，在弹出的"拾色器"对话框中设置颜色为白色，设置"位置"为"居外"，设置混合"模式"为"正常"，"不透明度"为 100%，如图 3-50 所示。此时选区以外的部分产生了白色的描边，效果如图 3-51 所示。

图 3-49　　　　　　　　　　图 3-50　　　　　　　　　　图 3-51

- 描边：该选项组主要用来设置描边的宽度和颜色。

➡ 　位置：设置描边相对于选区的位置，包括"内部""居中""居外"3 个选项。

➡ 　混合：用来设置描边颜色的混合模式和不透明度。如果选中"保留透明区域"复
选框，则只对包含像素的区域进行描边。

实战案例：使用"自由变换"将照片放到合适位置

📁案例文件 / 第 3 章 / 使用"自由变换"将照片放到合适
位置

📺视频教学 / 第 3 章 / 使用"自由变换"将照片放到合适
位置 .mp4

案例概述：

本案例通过使用"自由变换"命令将照片形状进行变换并
放到合适位置，再使用"多边形套索工具"绘制多余区域并删除，
如图 3-52 所示。

图 3-52

操作步骤：

（1）打开背景素材 1.jpg，如图 3-53 所示。接着将素材 2.jpg 置入，调整好摆放位置后
按 Enter 键完成置入。然后单击鼠标右键，在弹出的快捷菜单中执行"栅格化图层"命令，
将该图层进行栅格化处理，如图 3-54 所示。

（2）选择照片素材图层，使用"自由变换"快捷键 Ctrl+T 调出定界框，将光标放在
定界框一角，按住鼠标左键拖动，将图片进行等比例缩小，如图 3-55 所示。然后将光标
移动到定界框以外的区域，此时光标呈现旋转的状态，按住鼠标左键并拖动，将图片进行
适当的旋转，如图 3-56 所示。

　　　　图 3-53

　　　　图 3-54

　　　　图 3-55

　　　　图 3-56

（3）对该图片进行变形。为了便于观察，可以在"图层"面板中选中该图层，并适当
降低照片的"不透明度"，如图 3-57 所示。在画面中单击鼠标右键，在弹出的快捷菜单中

执行"扭曲"命令，然后拖曳照片四
周的控制点，将其拖曳到与底片背景
相吻合的位置，如图 3-58 所示。调
整完成后按 Enter 键完成"自由变换"
操作，并将照片的"不透明度"恢复
到 100%，效果如图 3-59 所示。

　　　　图 3-57

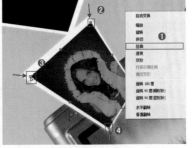
　　　　图 3-58

（4）用同样的方法继续导入其他照片素材并进行自由变换操作，此时可以看到照片产生重叠的效果，如图3-60所示。

（5）去除重叠的部分。单击工具箱中的"多边形套索工具"按钮 ，在照片重叠的部分绘制选区，然后按 Delete 键删除选区内的部分，如图3-61所示。操作完成后使用快捷键 Ctrl+D 取消选区，此时本案例制作完成，最终效果如图3-62所示。

图 3-59　　　　　图 3-60　　　　　图 3-61　　　　　图 3-62

3.2　基于颜色差异抠图

本节主要介绍几种基于图像色彩差别创建选区的工具，这几种工具常用于抠图操作。基于颜色差别也就是基于图像中主体与背景之间的色相、明度的差异来获得主体物的选区。这类对象的选区通常很容易创建，只需要使用特定工具即可，如图3-63和图3-64所示。Photoshop 提供了多种基于色彩差异制作选区的工具，如"快速选择工具""魔棒工具""磁性钢笔工具""磁性套索工具""色彩范围"等。

图 3-63　　　　　　　　　　　　图 3-64

3.2.1　快速选择工具

使用"快速选择工具"可以利用颜色的差异迅速绘制选区。单击工具箱中的"快速选择工具"按钮 ，在画面中按住鼠标左键并拖曳，画面中会出现颜色接近区域的选区，如图3-65所示。按住鼠标左键并拖曳笔尖时，选取范围不但会向外扩张，而且还可以自动寻找并沿着图像的边缘来描绘边界，如图3-66所示。

图 3-65　　　　　　　　　　　　图 3-66

- 选区运算按钮：激活"新选区"按钮 ⬚，可以创建一个新的选区；激活"添加到选区"按钮 ⬚，可以在原有选区的基础上添加新创建的选区；激活"从选区减去"按钮 ⬚，可以在原有选区的基础上减去当前绘制的选区。
- "画笔"选择器：单击倒三角按钮，可以在弹出的"画笔"选择器中设置画笔的大小、硬度、间距、角度以及圆度。在绘制选区的过程中，可以按] 键和 [键增大或减小画笔的大小。
- 对所有图层取样：如果选中该复选框，Photoshop 会根据所有的图层建立选取范围，而不仅针对当前图层。
- 自动增强：降低选取范围边界的粗糙度与区块感。

3.2.2 魔棒工具

使用"魔棒工具"在图像中单击就能选取颜色差别在容差值范围之内的区域。

单击工具箱中的"魔棒工具"按钮 ⬚，在选项栏中可以设置选区运算方式、取样大小、容差值等参数，如图 3-67 所示。接着在需要选取的位置单击，即可基于颜色的范围创建选区，如图 3-68 所示。

图 3-67　　　　　　　图 3-68

- 取样大小：用来设置"魔棒工具"的取样范围。选择"取样点"可以只对光标所在位置的像素进行取样；选择"3×3 平均"可以对光标所在位置 3 个像素区域内的平均颜色进行取样，其他选项以此类推。
- 容差：决定所选像素之间的相似性或差异性，其取值范围为 0～255。数值越小，对像素的相似程度的要求越高，所选的颜色范围就越小；数值越大，对像素的相似程度的要求越低，所选的颜色范围就越广。
- 消除锯齿：该选项可以让选区边缘更加圆滑。
- 连续：选中该复选框时，只选择颜色连接的区域；当不选中该复选框时，可以选择与所选像素颜色接近的所有区域，当然也包含没有连接的区域。
- 对所有图层取样：如果文档中包含多个图层，当选中该复选框时，可以选择所有可见图层上颜色相近的区域；当不选中该复选框时，仅选择当前图层上颜色相近的区域。

3.2.3 磁性套索工具

"磁性套索工具"能够以颜色上的差异自动识别对象的边界，特别适合快速选择与背景对比强烈且边缘复杂的对象。

单击工具箱中的"磁性套索工具"按钮 ⬚，在需要选取对象的边缘单击，然后拖曳鼠标，套索边界会自动对齐图像的边缘，如图 3-69 所示。当绘制到起点时，光标会变为 形状，然后单击，如图 3-70 所示。随即可以得到选区，如图 3-71 所示。

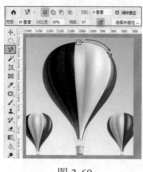
图 3-69

图 3-70

图 3-71

➥ 宽度："宽度"值决定了以光标中心为基准，光标周围有多少个像素能够被"磁性套索工具" 检测到，如果对象的边缘比较清晰，可以设置较大的值；如果对象的边缘比较模糊，可以设置较小的值。

➥ 对比度：该选项主要用来设置"磁性套索工具"感应图像边缘的灵敏度。如果对象的边缘比较清晰，可以将该值设置得高一些；如果对象的边缘比较模糊，可以将该值设置得低一些。

➥ 频率：在使用"磁性套索工具"勾画选区时，Photoshop 会生成很多锚点，"频率"选项就是用来设置锚点的数量。数值越高，生成的锚点越多，捕捉到的边缘越准确，但是可能会造成选区不够平滑。

➥ "钢笔压力"按钮 ：如果计算机配有数位板和压感笔，可以激活该按钮，Photoshop 会根据压感笔的压力自动调节"磁性套索工具"的检测范围。

技巧提示："磁性套索工具"的使用技巧

在使用"磁性套索工具"勾画选区时，按住 Caps Lock 键，光标会变成 形状，圆形的大小就是该工具能够检测到的边缘宽度。另外，按↑键和↓键可以调整检测宽度。

视频讲解

实战案例：使用"磁性套索工具"换背景

📄 案例文件 / 第 3 章 / 使用"磁性套索工具"换背景
🎬 视频教学 / 第 3 章 / 使用"磁性套索工具"换背景 .mp4

案例概述：

抠图与合成总是密不可分，本案例中使用"磁性套索工具"沿着人物边缘拖曳得到人物的选区，然后将选区反选并删除多余部分，完成抠图操作。最后更改背景，制作一个简单的合成效果，对比效果如图 3-72 和图 3-73 所示。

图 3-72

图 3-73

操作步骤：

（1）打开素材文件，按住 Alt 键并双击"背景"图层将其转换为普通图层，如图 3-74 所示。接着选择工具箱中的"磁性套索工具" ，在肩膀的边缘单击鼠标左键确定起点，

如图 3-75 所示。接着沿着人像边缘移动
光标，随着光标的移动生成很多锚点，如
图 3-76 所示。

（2）当移动至起点位置时单击即可得
到人物的选区，如图 3-77 所示。由于当前的
选区中还包含了小腿和皮箱中间的区域，所
以需要继续使用"磁性套索工具"，在选项
栏中单击"从选区中减去"按钮，在多余
的区域拖动添加锚点，如图 3-78 所示。然
后回到起点位置得到选区，如图 3-79 所示。

图 3-74

图 3-75

图 3-76

图 3-77

图 3-78

✎技巧提示：如何删除锚点？

如果在勾画过程中生成的锚点位置远离了人像，可以按 Delete 键删除最近生成的一个锚点，然后继续
绘制。

（3）使用组合键 Shift+Ctrl+I 将选区反选，按 Delete 键删除背景部分，操作完成后使
用 Ctrl+D 快捷键取消选择，效果如图 3-80 所示。然后执行"文件"→"置入嵌入对象"
命令，置入背景素材，调整图层顺序，放在"图层"面板最底层，同时将该素材图层进行
栅格化处理。最后使用同样的方式将前景素材置入，放在画面的右下角位置，此时本案例
制作完成，最终效果如图 3-81 所示。

图 3-79

图 3-80

图 3-81

3.2.4 色彩范围

"色彩范围"命令与"魔棒工具"相似，可根据图像的颜色范围创建选区，但是该命令提供了更多的控制选项，因此该命令的选择精度也要高一些。

打开一张图片，从图中可以看出中间花瓣文字部分为红色，而且选区比较复杂。背景为相似的粉色，这两种颜色色相基本相同，只是明度有差异。如果使用前面讲到的工具很容易造成错误选择。

（1）执行"选择"→"色彩范围"命令，在弹出的"色彩范围"对话框中设置"选择"为"取样颜色"，接着在文字上单击进行取样，如图 3-82 和图 3-83 所示。

（2）适当增大"颜色容差"，随着"颜色容差"数值的增大，可以看到"选取范围"缩览图的文字部分呈现大面积白色的效果，而其他区域为黑色。白色表示被选中的区域，黑色表示未被选中的区域，灰色则为羽化选区，如图 3-84 所示。

图 3-82　　　　　　　图 3-83

（3）为了使文字区域中的灰色部分变为白色，单击"添加到取样"按钮，继续在未被选择的区域单击，直到缩览图中文字部分全变为白色。然后单击"确定"按钮即可得到选区，如图 3-85 和图 3-86 所示。

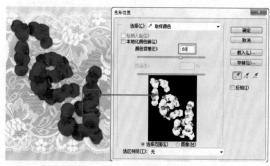

图 3-84　　　　　　　图 3-85　　　　　　　图 3-86

技巧提示："色彩范围"参数详解

选择：用来设置选区的创建方式。选择"取样颜色"选项时，光标会变成形状，将光标放置在画布中的图像上，或在"色彩范围"对话框中的预览图像上单击，可以对颜色进行取样；选择"红色""黄色""绿色""青色"等选项时，可以选择图像中特定的颜色；选择"高光""中间调""阴影"选项时，可以选择图像中特定的色调；选择"肤色"时，会自动检测皮肤区域；选择"溢色"选项时，可以选择图像中出现的溢色。

本地化颜色簇：选中该复选框后，拖曳"范围"滑块可以控制要包含在蒙版中的颜色与取样点的最大和最小距离。

颜色容差：用来控制颜色的选择范围。数值越高，包含的颜色越广；数值越低，包含的颜色越窄。

选区预览图：选区预览图下面包含"选择范围"和"图像"两个选项。选中"选择范围"单选按钮时，预览区域中的白色代表被选择的区域，黑色代表未选择的区域，灰色代表被部分选择的区域（即有羽化效果的区域）；选中"图像"单选按钮时，预览区内会显示彩色图像。

选区预览：用来设置文档窗口中选区的预览方式。

存储 / 载入：单击"存储"按钮，可以将当前的设置状态保存为选区预设；单击"载入"按钮，可以载入存储的选区预设文件。

添加到取样✔ / 从取样中减去✎：当选择"取样颜色"选项时，可以对取样颜色进行添加或减去。如果要添加取样颜色，可以单击"添加到取样"按钮✔，然后在预览图像上单击，以取样其他颜色。如果要减去取样颜色，可以单击"从取样中减去"按钮✎，然后在预览图像上单击，以减去其他取样颜色。

反相：将选区进行反转，也就是说创建选区以后，相当于执行了"选择"→"反向"命令。

3.2.5 编辑选区

执行"选择"→"修改"命令，在子菜单中可以看到使用的选区编辑命令。选区的编辑包括创建边界选区、平滑选区、扩展选区、收缩选区、羽化选区、扩大选取和选取相似等。

（1）通过"边界"命令可以将选区的边界向内或向外进行扩展，扩展后的选区边界将与原来的选区边界形成新的选区。首先创建选区，如图 3-87 所示。接着执行"选择"→"修改"→"边界"命令，在弹出的"边界选区"对话框中输入数值，如图 3-88 所示。单击"确定"按钮结束操作，即可得到边界选区，如图 3-89 所示。

图 3-87　　　　　　　　　　图 3-88　　　　　　　　　　图 3-89

（2）通过"平滑选区"命令可以将选区进行平滑处理。对选区执行"选择"→"修改"→"平滑"命令，可以在弹出的"平滑选区"对话框中设置"取样半径"数值，如图 3-90 所示，平滑选区效果如图 3-91 所示。

图 3-90

（3）通过"扩展选区"命令可以将选区向外进行扩展。对选区执行"选择"→"修改"→"扩展"命令，可以在弹出的"扩展选区"对话框中设置"扩展量"数值，如图 3-92 所示。如图 3-93 所示为设置"扩展量"为 100 像素的效果。

图 3-91　　　　　　　　　　图 3-92　　　　　　　　　　图 3-93

（4）通过"收缩选区"命令可以向内收缩选区。执行"选择"→"修改"→"收缩"命令，可以在弹出的"收缩选区"对话框中设置"收缩量"数值，如图 3-94 所示，效果如图 3-95 所示。

（5）"羽化选区"命令是通过建立选区和选区周围像素之间的转换边界来模糊边缘，这种模糊方式将丢失选区边缘的一些细节。对选区执行"选择"→"修改"→"羽化"命令或按 Shift+F6 快捷键，在弹出的"羽化选区"对话框中定义选区的"羽化半径"，如图 3-96 所示。如图 3-97 所示为设置"羽化半径"为 20 像素后反向选区删除背景的效果。

图 3-94　　　　　　　图 3-95　　　　　　　图 3-96

✎ 技巧提示："羽化半径"过大会遇到的问题

如果选区较小，而"羽化半径"又设置得很大时，Photoshop 会弹出一个警告对话框。单击"确定"按钮以后，确认当前设置的"羽化半径"，此时选区可能会变得非常模糊，以至于在画面中观察不到，但是选区仍然存在。

（6）"扩大选取"命令是基于"魔棒工具"选项栏中指定的"容差"范围来决定选区的扩展范围的。首先确定选区，接着执行"选择"→"扩大选取"命令，Photoshop 会查找并选择那些与当前选区中像素色调相近的像素，从而扩大选择区域，如图 3-98 所示。

（7）"选取相似"命令与"扩大选取"命令相似，都是基于"魔棒工具"选项栏中指定的"容差"范围来决定选区的扩展范围。首先确定选区，对选区执行"选择"→"选取相似"命令，Photoshop 同样会查找并选择那些与当前选区中像素色调相近的像素，从而扩大选择区域，如图 3-99 所示。

图 3-97　　　　　　　图 3-98　　　　　　　图 3-99

3.2.6　选择并遮住

使用"选择并遮住"命令可以对已有选区进行进一步编辑，还可以重新创建选区。常用于长发、动物、细密的植物等的抠图。

（1）使用"快速选择工具"在图形上拖动得到图形的大致选区，然后单击选项栏中的

"选择并遮住"按钮或者执行"选择"→"选择并遮住"命令，如图 3-100 所示。接着进入"选择并遮住"界面，在界面左侧出现一些用于调整选区以及视图的工具，左上方为所选工具的选项，右侧为选区编辑选项，如图 3-101 所示。

图 3-100　　　　　　　　　　　　　　　　　　　图 3-101

- ➘ 　📌快速选择工具：通过按住鼠标左键并拖曳进行涂抹，软件会自动查找和跟随图像颜色的边缘创建选区。
- ➘ 　🖌️调整边缘画笔工具：精确调整图像边界区域。制作头发或毛皮选区时可以使用"调整边缘画笔工具"柔化区域以增加选区内的细节。
- ➘ 　🖌️画笔工具：通过涂抹的方式添加或减去选区。
- ➘ 　🔗套索工具组：在该工具组中有"套索工具"和"多边形套索工具"两种。使用该工具可以在选项栏中设置选区运算的方式。

（2）在界面右侧的"视图模式"选项组中可以进行视图显示方式的设置。单击视图列表，在下拉列表中选择一个合适的视图模式，如图 3-102 所示。

（3）此时图像对象边缘仍然有黑色的像素，可以对"边缘检测"的"半径"选项进行调节。"半径"选项确定发生边缘调整的选区边界大小。对于锐边，可以使用较小的半径；对于较柔和的边缘，可以使用较大的半径。图 3-103 和图 3-104 所示为不同参数的对比效果。"智能半径"选项可用于自动调整在边界区域发现的硬边缘和柔化边缘的半径。

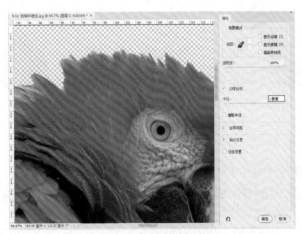

图 3-102　　　　　　　　　　　　　　　　　　　图 3-103

（4）"全局调整"选项组主要用来对选区进行平滑、羽化和扩展等处理，如图 3-105 所示。因为羽毛边缘柔和，所以适当调节"平滑"和"羽化"选项即可，如图 3-106 所示。

图 3-104　　　　　　　　　　　　　　　　　　图 3-105

- ↘ 平滑：减少选区边界中的不规则区域，以创建较平滑的轮廓。
- ↘ 羽化：模糊选区与周围像素之间的过渡效果。
- ↘ 对比度：锐化选区边缘并消除模糊的不协调感。在通常情况下，配合"智能半径"选项调整出来的选区效果会更好。
- ↘ 移动边缘：当设置为负值时，可以向内收缩选区边界；当设置为正值时，可以向外扩展选区边界。
- ↘ 清除选区：单击该按钮可以取消当前选区。
- ↘ 反相：单击该按钮，即可得到反向的选区。

（5）此时选区调整完成，接下来需要进行"输出"。在"输出"选项组中可设置选区边缘的杂色以及选区的输出方式。设置"输出到"为"选区"，单击"确定"按钮，如图 3-107 所示。接着即可得到选区，如图 3-108 所示。最后使用快捷键 Ctrl+J 将选区复制到独立图层，然后为其更换背景，效果如图 3-109 所示。

图 3-106　　　　　　图 3-107　　　　　　图 3-108　　　　　　图 3-109

视频讲解

实战案例：利用"边缘检测"抠取美女头发

📄 案例文件 / 第 3 章 / 利用"边缘检测"抠取美女头发
🎬 视频教学 / 第 3 章 / 利用"边缘检测"抠取美女头发 .mp4

案例概述：

抠图中难度最大的就是抠取毛发、头发等对象，遇到这种情况，可以使用"魔棒工具"

"快速选择工具"等创建
头发大致的选区，并配合
"选择并遮住"命令调整选
区边缘，以快速得到精确的
头发选区。抠图对比效果如
图 3-110 和图 3-111 所示。

图 3-110   图 3-111

    操作步骤：

（1）打开素材文件，
按住 Alt 键并双击背景图层，将其转换为普通图层，如图 3-112 所示。接着单击工具箱中
的"魔棒工具"按钮，在选项栏中设置"绘制模式"为"添加到选区"，"容差"为 30，
并选中"连续"复选框，接着在背景上多次单击，选中整个背景区域，如图 3-113 所示。

图 3-112   图 3-113

    （2）通过操作在将背景选中的同时，人物头发边缘部位也被选中。所以执行"选
择"→"选择并遮住"命令，打开"选择并遮住"对话框。在该对话框中使用"调整边缘画
笔工具"在头发边缘处涂抹，随着涂抹可以看到发丝的细节逐渐呈现出来，效果如图 3-114
所示。继续涂抹其他部位的发丝边缘，涂抹完成后单击"确定"按钮，如图 3-115 所示。
此时得到背景部分的选区，如图 3-116 所示。

图 3-114   图 3-115

    （3）选中人物图层，按键盘上的 Delete 键删除背景，再按 Ctrl+D 快捷键取消选择，
如图 3-117 所示。然后执行"文件"→"置入嵌入对象"命令，置入背景素材，将其放在

人物图层的下方，同时将该素材图层进行栅格化处理。此时本案例制作完成，最终效果如图 3-118 所示。

图 3-116　　　　　　　　　　图 3-117　　　　　　　　　　图 3-118

3.3　通　道　抠　图

3.3.1　认识通道

通道是用于存储图像颜色信息和选区信息等不同类型信息的灰度图像。所有的新通道都具有与原始图像相同的尺寸和像素数目。Photoshop 包含 3 种类型的通道，分别是颜色通道、Alpha 通道和专色通道。打开一张图像，如图 3-119 所示。执行"窗口"→"通道"命令，即可调出"通道"面板，如图 3-120 所示。

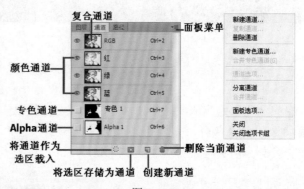

图 3-119　　　　　　　　　　　　　　　图 3-120

- ➥ 颜色通道：用来记录图像颜色信息。颜色通道是将构成整体图像的颜色信息整理并表现为单色图像的工具。根据图像颜色模式的不同，颜色通道的数量也不同，例如，RGB 模式的图像有 RGB、红、绿、蓝 4 个通道；CMYK 颜色模式的图像有 CMYK、青色、洋红、黄色、黑色 5 个通道。
- ➥ 复合通道：该通道用来记录图像的所有颜色信息。
- ➥ Alpha 通道：Alpha 通道主要用于选区的储存、编辑与调用，常用于通道抠图。Alpha 通道是一个 8 位的灰度通道，该通道用 256 级灰度来记录图像中的透明度信息，定义透明、不透明和半透明区域。其中，黑色处于未选中的状态，白色处于完全选择状态，灰色则表示部分被选择状态（即羽化区域）。
- ➥ ▨将通道作为选区载入：单击该按钮，可以载入所选通道图像的选区。

> ➤ ▣ 将选区存储为通道：如果图像中有选区，单击该按钮，可以将选区中的内容存储到通道中。
> ➤ ▢ 创建新通道：单击该按钮可以新建一个 Alpha 通道。
> ➤ ▥ 删除当前通道：将通道拖曳到该按钮上，可以删除选择的通道。

✍提示：

只要是支持图像颜色模式的格式，都可以保留颜色通道。如果要保存 Alpha 通道，可以将文件存储为 PDF、TIFF、PSB 或 RAW 格式；如果要保存专色通道，可以将文件存储为 DCS2.0 格式。

3.3.2 通道抠图技法

在抠图时遇到简单对象可以使用"套索工具"，遇到主体与背景颜色差异较大的情况可以使用"快速选择工具"，遇到轮廓非常复杂的对象时可以用"钢笔工具"。但是遇到透明对象、半透明对象、毛发对象、植物对象时就需要使用"通道"抠图。本节以一张带有细密发丝的照片为例进行讲解。

（1）按住 Alt 键双击背景图层，将其转换为普通图层，如图 3-121 所示。接下来利用通道制作"人物"选区。进入"通道"面板，观察"红""绿""蓝" 3 个通道的特点，可以看出"蓝"通道人像颜色与背景颜色差异最大，所以右击"蓝"通道，在弹出的快捷菜单中执行"复制通道"命令，如图 3-122 所示。得到"蓝 副本"通道，后面的操作都会针对该通道进行，如图 3-123 所示。

图 3-121　　　　　图 3-122

（2）使用"通道"将人物头发及身体从通道中提取出来。首先增强画面的黑白对比度，使用快捷键 Ctrl+L 打开"色阶"对话框，拖动滑块增强图像的对比度，如图 3-124 和图 3-125 所示。此时人像的头发和衣服部分基本变为全黑色，但是皮肤部分仍然为灰色。为了得到完整的人物选区，可以使用工具箱中的"画笔工具"，将前景色更改为黑色，使用大小合适的"柔边圆"画笔将人物涂黑，如图 3-126 所示。

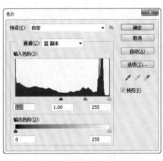

图 3-123　　　　　　　　图 3-124　　　　　　　　图 3-125　　　　图 3-126

（3）在通道中，白色为选区，黑色为非选区，而此时人物为黑色，所以可以使用反相快捷键 Ctrl+I 将当前画面的黑白关系反相，如图 3-127 所示。按住 Ctrl 键的同时单击通道中的通道缩略图，得到人像选区，如图 3-128 所示。使用快捷键 Ctrl+2 显示复合通道，如图 3-129 所示。

（4）利用"图层蒙版"将人物以外的背景图层隐藏。选中人物图层，单击"图层"面板下方的"添加图层蒙版"按钮，为其添加蒙版，此时人像背景被隐藏了，如图 3-130 所示。下面置入背景素材 2.jpg 以及前景素材 3.png，摆放在合适位置。此时本案例制作完成，效果如图 3-131 所示。

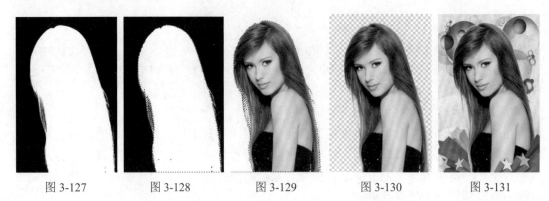

| 图 3-127 | 图 3-128 | 图 3-129 | 图 3-130 | 图 3-131 |

视频讲解

综合案例：打造唯美梦幻感婚纱照

📁 案例文件 / 第 3 章 / 打造唯美梦幻感婚纱照
🎬 视频教学 / 第 3 章 / 打造唯美梦幻感婚纱照 .mp4

案例概述：

对于抠取半透明对象，使用通道抠图法是最合适不过的。本案例就是利用通道的黑白关系抠取半透明的白纱，这样抠取的白纱既保留了原来的形状，也保留了半透明的效果，合成效果非常自然，如图 3-132 所示。

图 3-132

操作步骤：

（1）打开背景素材，如图 3-133 所示。置入人像素材并栅格化，本案例重点在于将半透明的白纱从背景中提取出来。首先需要使用"钢笔工具"绘制人像外轮廓选区，并将其复制，如图 3-134 所示。

图 3-133

图 3-134

（2）对人像主体进行调整。进入"通道"面板，复制"绿"通道，如图 3-135 所示。使用快捷键 Ctrl+M 打开"曲线"对话框，调整曲线形状，使暗的部分更暗，亮的部分更亮，如图 3-136 所示，效果如图 3-137 所示。

图 3-135

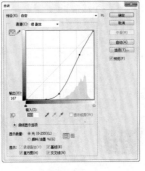
图 3-136

图 3-137

📎技巧提示：抠取半透明薄纱的技巧

为了制作薄纱的半透明效果，在通道中，透明度较高的区域需要体现出较深的灰色，而透明度较低的区域则需要体现出较浅的灰色，白色的区域为完全不透明，黑色的区域为完全透明。

（3）按 Ctrl 键的同时，单击"绿"通道副本，载入选区。然后进入"图层"面板，单击"图层"面板中的"添加图层蒙版"按钮，为该图层添加图层蒙版，隐藏人像的部分区域，如图 3-138 所示。此时可以看到身体两侧的薄纱效果非常好，但是人像部分却变为透明了，如图 3-139 所示。下面需要还原人像身上不透明的部分，这里可以使用"钢笔工具"绘制精确选区，并在蒙版中填充白色，使人像部分显示出来且保持薄纱部分半透明的效果，如图 3-140 所示。

（4）对人像进行适当调色。首先提高人物肤色的亮度。执行"图层"→"新建调整图层"→"曲线"命令，创建一个"曲线"调整图层。在"属性"面板中调整曲线形状，然后单击该面板底部的"此调整剪切到此图层"按钮，使调整效果只针对下方图层，如图 3-141 所示，效果如图 3-142 所示。

图 3-138

图 3-139

图 3-140

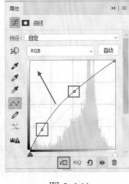
图 3-141

（5）通过操作在将皮肤肤色提亮的同时，也将人物的其他部位提亮。选择该调整图层的图层蒙版，将其填充为黑色，隐藏曲线调整效果。接着使用大小合适的"柔边圆"画笔，设置前景色为白色，设置完成后在人物皮肤部位涂抹，将调整效果显示出来，如图 3-143 所示，效果如图 3-144 所示。

（6）对婚纱的颜色色调进行调整。创建一个"可选颜色"调整图层，在"属性"面板中设置"颜色"为"白色"，同时设置"洋红"为 -100%，"黄色"为 -100%。设置完成后单击"此调整剪切到此图层"按钮，使调整效果只针对下方图层，如图 3-145 所示，效果如图 3-146 所示。

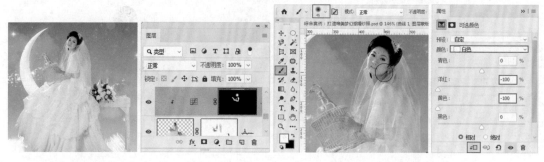

图 3-142　　　　　图 3-143　　　　　图 3-144　　　　　图 3-145

（7）由于只是为了调整婚纱的颜色，所以选择该调整图层的图层蒙版，将其填充为黑色，隐藏调整效果。然后使用大小合适的"柔边圆"画笔，设置前景色为白色，设置完成后在婚纱部位涂抹，将调整效果显示出来，如图 3-147 所示，效果如图 3-148 所示。

（8）对人物整体的自然饱和度进行调整。创建一个"自然饱和度"调整图层。在"属性"面板中设置"自然饱和度"为 100。设置完成后单击"此调整剪切到此图层"按钮，使调整效果只针对下方的人物图层，如图 3-149 所示，效果如图 3-150 所示。

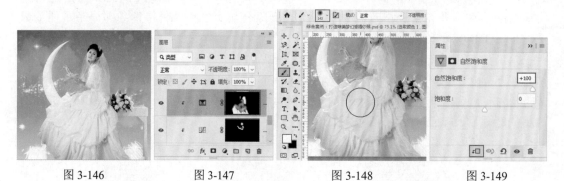

图 3-146　　　　　图 3-147　　　　　图 3-148　　　　　图 3-149

（9）使用同样的方法单独对桌子上的白纱进行通道抠图，如图 3-151 所示。同时创建"可选颜色"调整图层，在"属性"面板的"颜色"中选择"白色"，设置"黑色"为 -40，提高白纱的颜色的亮度。最后置入前景素材，并将其栅格化处理，此时本案例制作完成，最终效果如图 3-152 所示。

图 3-150　　　　　　　图 3-151　　　　　　　图 3-152

视频陪练：为毛茸茸的小动物换背景

📀 案例文件 / 第 3 章 / 为毛茸茸的小动物换背景

📺 视频教学 / 第 3 章 / 为毛茸茸的小动物换背景 .mp4

案例概述：

本案例将把毛茸茸的小动物从原图中分离出来，并为其更换室外的草地背景。这种边缘复杂并且具有半透明属性的对象抠图与人像长发抠图的思路较像，都可以使用边缘检测命令、色彩范围命令、通道抠图等方法，但是动物毛皮与人类头发相比边缘更加柔和一些，所以在抠图的过程中可以保留大量半透明的区域，对比效果如图 3-153 和图 3-154 所示。

图 3-153

图 3-154

综合案例：制作婚纱照版式

📀 案例文件 / 第 3 章 / 制作婚纱照版式

📺 视频教学 / 第 3 章 / 制作婚纱照版式 .mp4

案例概述：

本例主要通过使用"矩形选框工具""填充""描边"制作婚纱照版面中的背景图案以及装饰元素，如图 3-155 所示。

图 3-155

操作步骤：

（1）执行"文件"→"新建"命令，在弹出的对话框中设置"宽度"为 3300 像素，"高度"为 2550 像素。设置前景色为淡绿色，然后使用快捷键 Alt+Delete 进行前景色的填充，如图 3-156 所示。

（2）为背景添加图案效果。执行"编辑"→"填充"命令，在弹出的对话框中设置填充内容为"图案"，在"自定图案"下拉列表中选择一个合适的图案，设置"模式"为"叠加"，"不透明度"为 20%。设置完成后单击"确定"按钮，如图 3-157 所示，效果如图 3-158 所示。

图 3-156

图 3-157

图 3-158

技巧提示：载入图案的方式

执行"编辑"→"预设"→"预设管理器"命令，在弹出的对话框中选择类型为"图案"，单击"载入"按钮，在弹出的对话框中选择素材文件中的 1.pat 图案素材并载入。载入完成后即可在图案下拉面板中找到所需图案。

（3）将人像照片素材 2.jpg 置入，同时将该素材图层进行栅格化处理。接着选择工具箱中的"矩形选框工具"，在画面中绘制一个矩形选框，如图 3-159 所示。单击鼠标右键，在弹出的快捷菜单中执行"选择反向"命令，将选区反选。然后按键盘上的 Delete 键删除多余部分，如图 3-160 所示。

（4）为人物素材添加描边效果。将该图层选中，执行"编辑"→"描边"命令，在弹出的"描边"对话框中设置描边"宽度"为 20，"颜色"为深绿色，"位置"为"内部"，设置完成后单击"确定"按钮，如图 3-161 所示。此时照片边缘出现了设置的描边效果，如图 3-162 所示。

图 3-159　　　　　　　　图 3-160　　　　　　　　图 3-161

（5）新建图层，使用"矩形选框工具"在画面右侧绘制矩形选区。接着设置前景色为草绿色，设置完成后使用快捷键 Alt+Delete 在选区内填充颜色，如图 3-163 所示。然后使用快捷键 Ctrl+D 取消选区。再次置入照片素材 3.jpg，并将其进行栅格化处理，如图 3-164 所示。

图 3-162　　　　　　　　图 3-163　　　　　　　　图 3-164

（6）按住 Ctrl 键的同时单击 3.jpg 图层的缩览图，得到图层选区。然后为其进行 10 像素的描边操作，如图 3-165 所示。最后置入前景装饰素材 4.png，将其摆放在合适的位置，同时执行"图层"→"栅格化"→"智能对象"命令，将其进行栅格化，本案例制作完成，最终效果如图 3-166 所示。

图 3-165　　　　　　　　　　　　图 3-166

3.4　课 后 练 习

初级练习：使用"磁性套索工具"换背景

案例效果	可用素材
	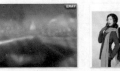

技术要点

"磁性套索工具"命令。

案例概述

本案例主要使用"磁性套索工具"将人物从原有背景中提取出来，放置在新的背景中。

思路解析

1．将背景素材打开，同时将人物素材置入，并将该图层进行栅格化处理。

2．使用"磁性套索工具"建立人物选区。

3．在选区反选状态下，为该图层添加图层蒙版，将背景隐藏。

4．将前景素材置入，丰富画面效果。

制作流程

进阶练习：制作古典中式版式

案例效果	可用素材

技术要点

"椭圆选框工具"和"图层蒙版"。

案例概述

　　本案例主要使用"椭圆选框工具"绘制需要保留部分的选区，并以当前选区为照片图层添加图层蒙版，使多余的部分隐藏，以此实现只显示特定内容的目的，从而制作古典的中式宣传广告版面。

思路解析

1. 将背景素材打开，同时将人物素材置入，并将该图层进行栅格化处理。
2. 隐藏人物照片，接着使用"椭圆选框工具"按照背景中的圆形区域绘制圆形选区。
3. 显示人物照片，并为该选区添加图层蒙版，选区以外的部分被隐藏。
4. 用同样的方式制作另外一个圆形照片，以丰富画面效果。

制作流程

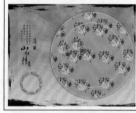   

3.5　结课作业

　　以"双十一"为主题，设计一组数码产品的网页广告（不少于 3 张），主要应用于各大电商平台。

　　要求：

➥　成品尺寸为 520 像素×280 像素。

➥　每张作品有一个独立主题，整组广告风格鲜明、统一。

➥　图文结合，图片可从网络获取并完成抠图。

➥　文案自拟，可从优秀作品中借鉴。

Chapter 04
第4章

绘画

　　Photoshop 提供了强大的绘图工具，其中"画笔工具"是最常用的绘图工具之一，利用绘图工具可以绘制各种具有艺术笔刷效果的图像，增加作品的艺术表现力。而想要擦除画面中的局部内容，则需要使用"橡皮擦工具"。如果需要为大面积区域添加纯色、渐变或者图案，则需要使用"油漆桶工具"和"渐变工具"。

本章学习要点：

- 掌握颜色的设置方法
- 熟练掌握画笔工具与擦除工具的使用方法
- 熟练掌握渐变工具的使用方法

4.1 设置颜色

任何图像都离不开颜色，使用 Photoshop 的画笔、文字、渐变、填充、蒙版、描边等工具进行操作时，都需要设置相应的颜色。Photoshop 提供了很多种选取颜色的方法。现在跟我一探究竟吧！

4.1.1 设置前景色与背景色

前景色通常用于绘制图像、填充和描边选区等；背景色常用于生成渐变填充和填充图像中已抹除的区域。

在 Photoshop 工具箱的底部有一组前景色和背景色的设置按钮，如图 4-1 所示。在默认情况下，前景色为黑色，背景色为白色。双击"前景色"或"背景色"按钮，会弹出"拾色器"对话框，在该对话框中，拖曳色条上的三角滑块先确定一个色调，然后拖曳色域中的圆形滑块，选定一种颜色，接着单击"确定"按钮完成颜色的设置，如图 4-2 所示。

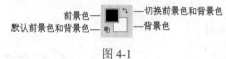

图 4-1

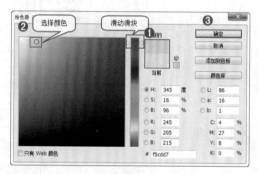

图 4-2

↘ 切换前景色和背景色：单击 图标可以切换所设置的前景色和背景色，使用快捷键 X 也可以得到相同的效果。

↘ 默认前景色和背景色：单击 图标可以恢复默认的前景色和背景色，使用快捷键 D 也可以得到相同的效果。

✍ 技巧提示：填充前景色和背景色的快捷键

填充前景色的快捷键为 Alt+Delete。
填充背景色的快捷键为 Ctrl+Delete。

4.1.2 使用"吸管工具"选取颜色

使用"吸管工具"可以在打开图像的任何位置采集色样来作为前景色或背景色。单击工具箱中的"吸管工具"按钮 ，将光标移动到画面中，单击鼠标左键进行取样，此时前景色按钮变为刚刚拾取的颜色，如图 4-3 所示。按住 Alt 键并单击左键可以将当前拾取的颜色设置为背景色，如图 4-4 所示。

图 4-3

图 4-4

1．如果在使用绘画工具时需要暂时使用"吸管工具"拾取前景色，可以按住 Alt 键将当前工具切换到"吸管工具"，松开 Alt 键后即可恢复到之前使用的工具。
2．使用"吸管工具"采集颜色时，按住鼠标左键并将光标拖曳出画布之外，可以采集 Photoshop 的界面和界面以外的颜色信息。

4.2 使用"画笔工具"绘图

用鼠标右键单击工具箱中的"画笔工具"按钮，可以看到该工具组中的其他工具，如图 4-5 所示。

	画笔工具	B
	铅笔工具	B
	颜色替换工具	B
	混合器画笔工具	B

4.2.1 画笔工具

"画笔工具" ✎是使用频率最高的工具之一，通过它可以绘制各种线条，同时也可以利用它修改通道和蒙版。首先设置合适的前景色，然后选中工具箱中的"画笔工具"，单击选项栏中的"画笔预设"选取器按钮，在下拉面板中进行画笔参数的设置，设置完成后在画面中按住鼠标左键并拖动进行绘制，如图 4-6 所示。

图 4-5

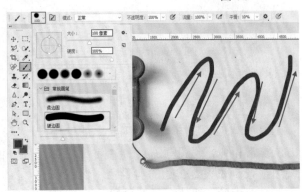

图 4-6

↳ **"画笔预设"选取器**：单击倒三角形图标■，可以打开"画笔预设"选取器，从中可以选择笔尖、设置画笔的大小和硬度。在英文输入法状态下，可以按 [键和] 键来减小或增大画笔笔尖的大小。

↳ **模式**：设置绘画颜色与下面现有像素的混合方法，可用模式将根据当前选定工具的不同而变化。

↳ **不透明度**：设置画笔绘制出的颜色的不透明度。数值越大，笔迹的不透明度越高；数值越小，笔迹的不透明度越低。

↳ **流量**：设置当将光标移到某个区域上方时应用颜色的速率。在某个区域上方进行绘画时，如果一直按住鼠标左键，颜色量将根据流动速率增大，直至达到"不透明度"设置。

↳ **平滑**：用于设置所绘制的线条的流畅程度，数值越大，线条越流畅。

↳ **启用喷枪模式**☁：激活该按钮以后，可以启用喷枪功能，Photoshop 会根据鼠标左键的单击程度来确定画笔笔迹的填充数量。例如，关闭喷枪功能时，每单击一次会绘制一个笔迹；而启用喷枪功能以后，按住鼠标左键不放，即可持续绘制笔迹。

↳ **绘图板压力控制大小**☉：使用压感笔压力可以覆盖"画笔设置"面板中的"不透明度"和"大小"参数。

技巧提示：笔刷库的载入

在制图的过程中，Photoshop 预设的画笔资源可能无法满足制图要求，这时就会选择使用外挂笔刷库素材，将其载入 Photoshop 中以进行使用。载入笔刷是一种非常简单的操作，执行"编辑"→"预设"→"预设管理器"命令，打开"预设管理器"对话框，在其中设置"预设类型"为"画笔"，然后单击"载入"按钮，如图 4-7 所示。接着在弹出的"载入"对话框中选择外挂笔刷（格式为 .abr），单击"载入"按钮完成载入画笔的操作，如图 4-8 所示。

图 4-7

图 4-8

4.2.2 铅笔工具

"铅笔工具"与"画笔工具"的使用方法非常相似，"铅笔工具" ✎ 善于绘制硬边线条。先设置合适的前景色，然后单击工具箱中的"铅笔工具"按钮 ✎ ，在选项栏中设置合适的笔尖和笔尖大小，然后在画面中按住鼠标左键并拖曳即可进行绘制，如图 4-9 所示。

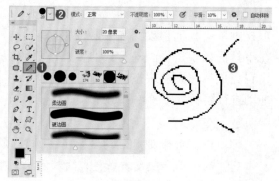

图 4-9

↘ 选中"自动抹除"复选框后，如果将光标中心放置在包含前景色的区域上，可以将该区域涂抹成背景色；如果将光标中心放置在不包含前景色的区域上，则可以将该区域涂抹成前景色。

↘ 注意，"自动抹除"复选框只适用于原始图像，也就是只能在原始图像上绘制设置的前景色和背景色。如果在新建的图层中进行涂抹，则"自动抹除"复选框不起作用。

4.2.3 颜色替换工具

使用"颜色替换工具"可以将选定的颜色替换为其他颜色。单击工具箱中的"颜色替换工具"按钮 ✎ ，如图 4-10 所示。在选项栏中设置合适的画笔大小、模式、取样、限制以及容差数值，然后设置前景色为适合的颜色，在画面中涂抹即可更改该区域的颜色，如图 4-11 所示。

↘ 模式：选择替换颜色的模式，包括"色相""饱和度""颜色""明度"。当选择"颜色"模式时，可以同时替换色相、饱和度和明度。

↘ 取样：用来设置颜色的取样方式。激活"取样：连续"按钮 ✎ 以后，在拖曳光标时，可以对颜色进行取样；激活"取样：一次"按钮以后，只替换包含第一次单击的颜色区域中的目标颜色；激活"取样：背景色板"按钮以后，只替换包含当前背景色的区域。

图 4-10　　　　　　　　　　　　　图 4-11

↳　限制：当选择"不连续"选项时，可以替换出现在光标下任何位置的样本颜色；当选择"连续"选项时，只替换与光标下的颜色接近的颜色；当选择"查找边缘"选项时，可以替换包含样本颜色的连接区域，同时保留形状边缘的锐化程度。

↳　容差：用来设置"颜色替换工具"的容差。

↳　消除锯齿：选中该复选框后，可以消除颜色替换区域的锯齿效果，从而使图像变得平滑。

实战案例：使用"颜色替换工具"改变季节

 视频讲解

📁 案例文件 / 第 4 章 / 使用"颜色替换工具"改变季节

📺 视频教学 / 第 4 章 / 使用"颜色替换工具"改变季节 .mp4

案例概述：

图像的色调决定了它的情感与意境，通过调色能让图像的情感更加丰富。本案例就是通过"颜色替换工具"进行调色，改变图像的色调，打造意境悠远的秋日暖色调，如图 4-12 和图 4-13 所示。

图 4-12　　　　　　　　　　　图 4-13

操作步骤：

（1）执行"文件"→"打开"命令打开风景素材。先设置前景色为黄色，接着单击工具箱中的"颜色替换工具"按钮，在其选项栏中设置画笔的"大小"为 80 像素，"硬度"为 0，"模式"为"颜色"，"限制"为"连续"，"容差"为 50%。然后在图像中的草地部分按住鼠标左键并拖动，进行涂抹，使绿色的草地变为黄色，如图 4-14 所示。

（2）在当前工具使用状态下，继续在其他草地部分进行涂抹，此时本案例制作完成，最终效果如图 4-15 所示。

图 4-14　　　　　　　　　　　　　　　　图 4-15

✍ 技巧提示：在涂抹过程中的注意事项

在替换颜色的同时可适当减小画笔大小以及画笔间距，这样在绘制小范围时，比较准确。

4.2.4　混合器画笔工具

使用"混合器画笔工具"可以轻松模拟绘画的笔触感效果，并且可以混合画布颜色和使用不同的绘画湿度。单击工具箱中的"混合器画笔工具"按钮，其选项栏如图 4-16 所示。在画面中按住鼠标左键并拖动，即可将当前画面中的内容与设置的颜色进行混合绘制，如图 4-17 所示。

图 4-16　　　　　　　　　　　　　　　　图 4-17

↘ 潮湿：控制画笔从画布拾取的油彩量。较高的设置会产生较长的绘画条痕。

↘ 载入：指定储槽中载入的油彩量。载入速率较低时，绘画描边干燥的速度会更快。

↘ 混合：控制画布油彩量与储槽油彩量的比例。当混合比例为 100% 时，所有油彩将从画布中拾取；当混合比例为 0% 时，所有油彩都来自储槽。

↘ 流量：控制混合画笔的流量大小。

↘ 对所有图层取样：拾取所有可见图层中的画布颜色。

视频陪练：使用"颜色替换工具"改变沙发颜色

视频讲解

📄 案例文件 / 第 4 章 / 使用"颜色替换工具"改变沙发颜色

🖥 视频教学 / 第 4 章 / 使用"颜色替换工具"改变沙发颜色 .mp4

案例概述：

对于初学者来说，"颜色替换工具"是非常好用的调色工具。首先打开素材，选择工具箱中的"颜色替换工具",设置前景色为青色。在选项栏中设置合适的笔尖大小,设置"模式"为"颜色","容差"为50%,然后在黄色的沙发上涂抹,进行颜色的调整,如图4-18和图4-19所示。

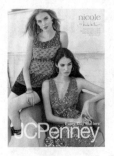

图4-18   图4-19

4.3 设置画笔动态

4.3.1 认识"画笔设置"面板

通过"画笔设置"面板可以对画笔笔尖属性进行更加丰富的设置,如画笔的形状动态、散布、纹理、双重画笔、颜色动态、传递、画笔笔势等。执行"窗口"→"画笔设置"命令,打开"画笔设置"面板,如图4-20所示。在"画笔设置"面板左侧的列表中显示了可供设置的画笔选项,选择所需效果即可启用该设置,然后单击该选项的名称,使其处于高亮显示的状态,即可进行该选项的设置,如图4-21所示。

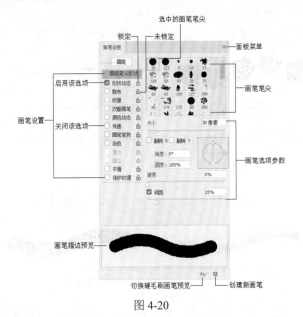

图4-20

图4-21

4.3.2 笔尖形状设置

"画笔笔尖形状"选项是"画笔设置"面板中默认显示的页面,如图4-22所示。在"画笔笔尖形状"中可以设置画笔的形状、大小、硬度和间距等基本属性,如图4-23所示。

- ↘ 大小:控制画笔的大小,可以直接输入像素值,也可以通过拖曳滑块来设置画笔大小,如图4-24所示。
- ↘ 翻转X/Y:将画笔笔尖在其X轴或Y轴上进行翻转,如图4-25和图4-26所示。

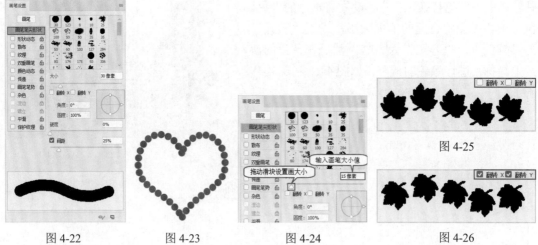

图 4-22   图 4-23   图 4-24   图 4-25

图 4-26

↘ 角度：指定椭圆画笔或样本画笔的长轴在水平方向旋转的角度，如图 4-27 所示。

↘ 圆度：设置画笔短轴和长轴之间的比率。当"圆度"值为 100% 时，表示圆形画笔，如图 4-28 所示；当"圆度"值为 0% 时，表示线性画笔，如图 4-29 所示；介于 0% ～ 100% 的"圆度"值，表示椭圆画笔（呈"压扁"状态），如图 4-30 所示。

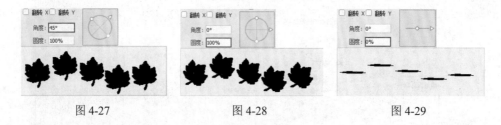

图 4-27   图 4-28   图 4-29

↘ 硬度：控制画笔硬度中心的大小。数值越小，画笔的柔和度越高，如图 4-31 和图 4-32 所示。

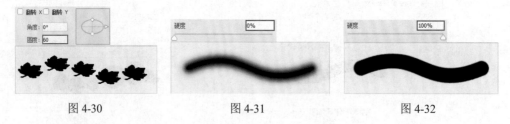

图 4-30   图 4-31   图 4-32

↘ 间距：控制描边中两个画笔笔迹之间的距离。数值越大，笔迹之间的间距越大，如图 4-33 和图 4-34 所示。

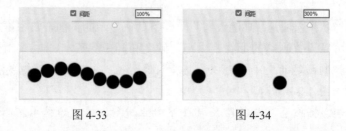

图 4-33   图 4-34

4.3.3 形状动态

"形状动态"可以决定描边中画笔笔迹的变化，它可以使画笔的大小、圆度等产生随机变化的效果。启用"形状动态"选项，并单击"形状动态"进入其设置页面，如图 4-35 所示。如图 4-36 所示为启用"形状动态"制作的效果。

➦ **大小抖动 / 控制**：指定描边中画笔笔迹大小的改变方式。数值越大，图像轮廓越不规则，如图 4-37 所示。在"控制"下拉列表框中可以设置"大小抖动"的方式，其中"关"选项表示不控制画笔笔迹的大小变换。"渐隐"选项是按照指定数量的步长在初始直径和最小直径之间渐隐画笔笔迹的大小，使笔迹产生逐渐淡出的效果。如果计算机配有绘图板，可以选择"钢笔压力""钢笔斜度"或"光笔轮"选项，然后根据钢笔的压力、斜度、钢笔位置或旋转角度来改变初始直径和最小直径之间的画笔笔迹大小，如图 4-38 和图 4-39 所示。

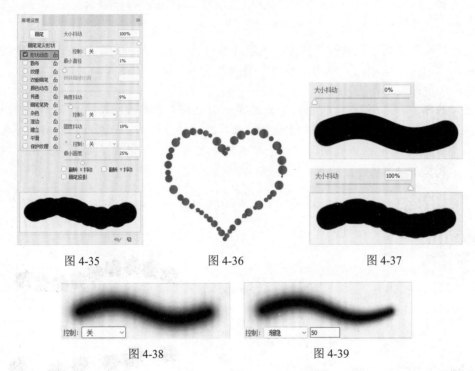

图 4-35   图 4-36   图 4-37

图 4-38   图 4-39

➦ **最小直径**：当启用"大小抖动"选项以后，通过该选项可以设置画笔笔迹缩放的最小缩放百分比。数值越大，笔尖的直径变化越小，如图 4-40 所示。

➦ **倾斜缩放比例**：当设置"大小抖动"为"钢笔斜度"时，该选项用来设置在旋转前应用于画笔高度的比例因子。

➦ **角度抖动 / 控制**：用来设置画笔笔迹的角度，如图 4-41 所示。如果要设置"角度抖动"的方式，可以在下面的"控制"下拉列表框中进行选择，如图 4-42 所示。

图 4-40   图 4-41

↘ **圆度抖动 / 控制 / 最小圆度**：用来设置画笔笔迹的圆度在描边中的变化方式。如果要设置"圆度抖动"的方式，可以在下面的"控制"下拉列表框中进行选择。另外，"最小圆度"选项可以用来设置画笔笔迹的最小圆度，如图 4-43 所示。

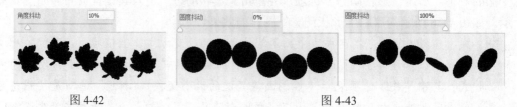

图 4-42   图 4-43

↘ **翻转 X/Y 抖动**：将画笔笔尖在其 X 轴或 Y 轴上进行翻转。

↘ **画笔投影**：可应用光笔倾斜和旋转来产生笔尖形状。使用光笔绘画时，需要将光笔更改为倾斜状态并旋转光笔以改变笔尖形状。

4.3.4 散布

在"散布"选项中可以设置描边中笔迹的数目和位置，使画笔笔迹沿着绘制的线条扩散。启用"散布"选项，并单击"散布"进入其设置页面，如图 4-44 所示。如图 4-45 所示为启用"散布"制作的效果。

↘ **散布 / 两轴 / 控制**：指定画笔笔迹在描边中的分散程度，该值越大，分散的范围越广。当选中"两轴"复选框时，画笔笔迹将以中心点为基准，向两侧分散，如图 4-46 所示。如果要设置画笔笔迹的分散方式，可以在下面的"控制"下拉列表框中进行选择。

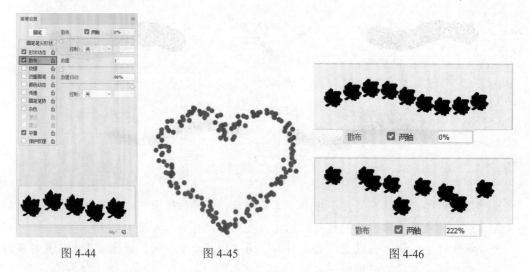

图 4-44   图 4-45   图 4-46

↘ **数量**：指定在每个间距间隔应用的画笔笔迹数量。数值越大，笔迹重复的数量越大，如图 4-47 所示。

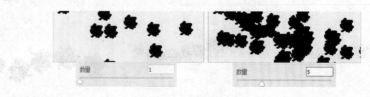

图 4-47

➥ **数量抖动 / 控制**：指定画笔笔迹的数量如何针对各种间距间隔产生变化，如图 4-48 所示。如果要设置"数量抖动"的方式，可以在下面的"控制"下拉列表框中进行选择。

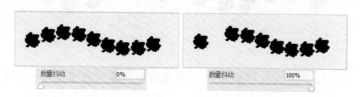

图 4-48

4.3.5　纹理

使用"纹理"选项可以绘制带有纹理质感的笔触，例如，在带纹理的画布上绘制效果等。启用"纹理"选项，并单击"纹理"进入其设置页面，如图 4-49 所示。如图 4-50 所示为启用"纹理"设置制作的效果。

➥ **设置纹理 / 反相**：单击图案缩览图右侧的倒三角图标，可以在弹出的"图案"拾色器中选择一个图案，并将其设置为纹理。如果选中"反相"复选框，可以基于图案中的色调来反转纹理中的亮点和暗点，如图 4-51 所示。

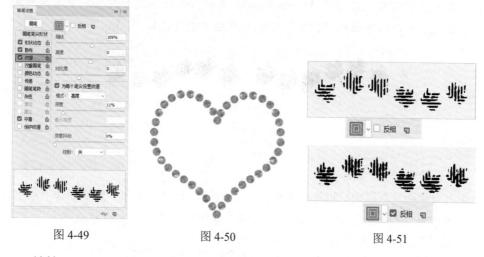

图 4-49　　　　　图 4-50　　　　　图 4-51

➥ **缩放**：设置图案的缩放比例。数值越小，纹理越多，如图 4-52 所示。

图 4-52

➥ **为每个笔尖设置纹理**：将选定的纹理单独应用于画笔描边中的每个画笔笔迹，而不是作为整体应用于画笔描边。如果不选中"为每个笔尖设置纹理"复选框，下面的"深度抖动"选项将不可用。

➥ **模式**：设置用于组合画笔和图案的混合模式，如图 4-53 所示分别是"正片叠底"

和"高度"模式。

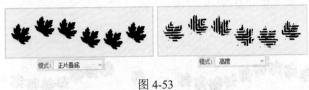

图 4-53

⤵ 深度：设置油彩渗入纹理的深度。数值越大，渗入的深度越大，如图 4-54 所示。

图 4-54

⤵ 最小深度：当设置"深度抖动"下面的"控制"选项为"渐隐""钢笔压力""钢笔斜度"或"光笔轮"选项，并且选中"为每个笔尖设置纹理"复选框时，"最小深度"选项用来设置油彩可渗入纹理的最小深度。

⤵ 深度抖动 / 控制：当选中"为每个笔尖设置纹理"复选框时，"深度抖动"选项用来设置深度的改变方式，如图 4-55 所示。然后指定如何控制画笔笔迹的深度变化，可以从下面的"控制"下拉列表框中进行选择。

图 4-55

4.3.6 双重画笔

启用"双重画笔"选项可以让绘制的线条呈现两种画笔的效果。想要制作"双重画笔"效果，首先需要设置"画笔笔尖形状"主画笔参数属性，然后启用"双重画笔"选项，并从"双重画笔"选项中选择另外一个笔尖（即双重画笔）。其参数非常简单，大多与其他选项中的参数相同，如图 4-56所示。最顶部的"模式"是指选择从主画笔和双重画笔组合画笔笔迹时要使用的混合模式。如图 4-57 所示为启用"双重画笔"制作的效果。

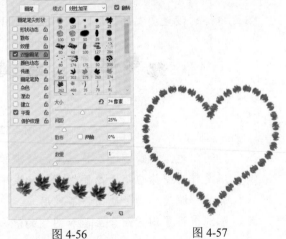

4.3.7 颜色动态

选中"颜色动态"选项，可以通过设置选项绘制颜色变化的效果。启用"颜色动态"选项，并单击"颜色动态"进

图 4-56　　　　　　　　　　图 4-57

入其设置页面，如图 4-58 所示。图 4-59
所示为启用"颜色动态"制作的效果。

- 前景 / 背景抖动 / 控制：用来指
  定前景色和背景色之间的油彩变
  化方式。数值越小，变化后的颜
  色越接近前景色；数值越大，变
  化后的颜色越接近背景色。如果
  要指定如何控制画笔笔迹的颜色
  变化，可以在下面的"控制"下
  拉列表框中进行选择。
- 色相抖动：设置颜色变化范围。
  数值越小，颜色越接近前景色；
  数值越大，色相变化越丰富。

图 4-58　　　　　　　　图 4-59

- 饱和度抖动：设置颜色的饱和度变化范围。数值越小，饱和度越接近前景色；数
  值越大，色彩的饱和度越高。
- 亮度抖动：设置颜色的亮度变化范围。数值越小，亮度越接近前景色；数值越
  大，颜色的亮度值越大。
- 纯度：用来设置颜色的纯度。数值越小，笔迹的颜色越接近于黑白色；数值越
  大，颜色的饱和度越高。

4.3.8　传递

使用"传递"选项可以确定油彩在描边路线中的改变方式。启用"传递"选项，并单
击"传递"进入其设置页面，"传递"选项中包含不透明度、流量、湿度、混合等抖动的
控制，如图 4-60 所示。启用"传递"制作的效果如图 4-61 所示。

- 不透明度抖动 / 控制：指定画
  笔描边中油彩不透明度的变化
  方式，最高值是选项栏中指定
  的不透明度值。如果要指定如
  何控制画笔笔迹的不透明度变
  化，可以从下面的"控制"下
  拉列表框中进行选择。
- 流量抖动 / 控制：用来设置画笔
  笔迹中油彩流量的变化程度。如
  果要指定如何控制画笔笔迹的流
  量变化，可以从下面的"控制"
  下拉列表框中进行选择。

图 4-60　　　　　　　　图 4-61

- 湿度抖动 / 控制：用来控制画笔笔迹中油彩湿度的变化程度。如果要指定如何控
  制画笔笔迹的湿度变化，可以从下面的"控制"下拉列表框中进行选择。
- 混合抖动 / 控制：用来控制画笔笔迹中油彩混合的变化程度。如果要指定如何控
  制画笔笔迹的混合变化，可以从下面的"控制"下拉列表框中进行选择。

4.3.9　画笔笔势

"画笔笔势"选项用于调整毛刷画笔笔尖、侵蚀画笔笔尖的角度。启用"画笔笔势"选项，并单击"画笔笔势"进入其设置页面，如图 4-62 所示。

➹ 倾斜 X/ 倾斜 Y：使笔尖沿 X 轴或 Y 轴倾斜。

➹ 旋转：设置笔尖旋转效果。

➹ 压力：压力数值越高，绘制速度越快，线条越粗犷。

4.3.10　其他选项

"画笔设置"面板中还有"杂色""湿边""建立""平滑""保护纹理"5 个选项，这些选项不能调整参数，如果要启用其中某个选项，将其选中即可，如图 4-63 所示。

➹ 杂色：为个别画笔笔尖增加额外的随机性，当使用柔边画笔时，该选项最能出效果。

图 4-62

➹ 湿边：沿画笔描边的边缘增大油彩量，从而创建水彩效果，如图 4-64 和图 4-65 所示分别为关闭与开启"湿边"项时的笔迹效果。

图 4-63　　　　　图 4-64　　　　　图 4-65

➹ 建立：模拟传统的喷枪技术，根据鼠标按键的单击程度确定画笔线条的填充数量。

➹ 平滑：在画笔描边中生成更加平滑的曲线。当使用压感笔进行快速绘画时，该选项最有效。

➹ 保护纹理：将相同图案和缩放比例应用于具有纹理的所有画笔预设中。选中该复选框后，在使用多个纹理画笔绘画时，可以模拟一致的画布纹理。

视频陪练：使用画笔制作火凤凰

视频讲解

📄 案例文件 / 第 4 章 / 使用画笔制作火凤凰

📹 视频教学 / 第 4 章 / 使用画笔制作火凤凰 .mp4

案例概述：

本案例主要通过外挂笔刷绘制羽毛。打开人物素材，载入外挂羽毛笔刷。选择"画笔工具"，将前景色设置为红色，接着单击绘制羽毛，将羽毛进行自由变换，将其变得狭长。继续进行绘制、变形，并进行组合。在绘制的过程中，要注意"近实远虚"，后侧的羽化需要降低不透明度。羽毛效果制作完成后，为妆容和花朵进行装饰，如图 4-66 所示。

图 4-66

4.4　擦　　除

Photoshop 提供了 3 种擦除工具，分别是"橡皮擦工具""背景橡皮擦工具""魔术橡皮擦工具"。使用"橡皮擦工具"可以对画面的局部进行擦除，"背景橡皮擦工具"和"魔术橡皮擦工具"可以对颜色相近的区域进行快速擦除。如图 4-67 所示为橡皮擦工具组。

图 4-67

4.4.1　橡皮擦工具

使用"橡皮擦工具"可以擦除光标经过位置的像素。单击工具箱中的"橡皮擦工具"按钮，设置合适的笔尖大小，然后在画面中按住鼠标左键并拖曳，光标经过位置的像素会被擦掉，如图 4-68 所示。如果选择了"背景"图层，按住鼠标左键并拖曳进行擦除，那么鼠标经过的位置会被填充背景色，如图 4-69 所示。

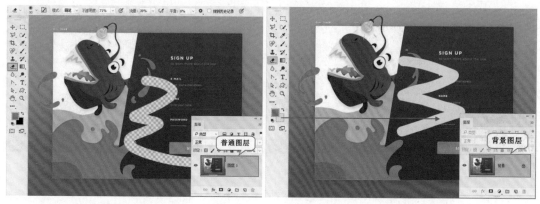

图 4-68　　　　　　　　　　　　　　　　　图 4-69

- **模式**：用于选择橡皮擦的种类。选择"画笔"选项时，可以创建柔边擦除效果；选择"铅笔"选项时，可以创建硬边擦除效果；选择"块"选项时，擦除的效果为块状。

- **不透明度**：用来设置"橡皮擦工具"的擦除强度。设置为 100% 时，可以完全擦除像素。当设置"模式"为"块"时，该选项将不可用。

- **流量**：用来设置"橡皮擦工具"的涂抹速度。

- **抹到历史记录**：选中该复选框后，"橡皮擦工具"的作用相当于"历史记录画笔工具"。

实战案例：粒子文字

视频讲解

PSD 案例文件 / 第 2 章 / 粒子文字
📺 视频教学 / 第 2 章 / 粒子文字 .mp4
案例概述：

本案例通过"画笔工具"在画面中绘制半透明区域，并配合"溶解"模式得到粒子效果。接着使用"横排文字工具"在制作的粒子上方添加文字，然后使用载入的画笔样式为文字擦出裂痕效果，最后为文字添加"斜面与浮雕"的图层样式，增加文字的立体感，案例效果如图 4-70 所示。

操作步骤：

（1）执行"文件"→"打开"命令，打开背景
素材 1.jpg，如图 4-71 所示。

（2）制作粒子效果。新建图层，选择工具箱
中的"画笔工具"，在选项栏中单击打开"画笔预设"
选取器，在"画笔预设"选取器中单击"常规画笔"
组，选择一个"柔边圆"画笔，设置画笔"大小"
为 300 像素，"硬度"为 0%，在选项栏中设置画笔

图 4-70

"不透明度"为 80%，设置前景色为白色，如图 4-72 所示。设置完毕后选中新建的图层，
在画面中间位置按住鼠标左键并拖动进行涂抹，效果如图 4-73 所示。

图 4-71 　　　　　　　　　　图 4-72 　　　　　　　　　　图 4-73

（3）在"图层"面板中选中画笔绘制的图层，设置"混合模式"
为"溶解"，"不透明度"为 30%，如图 4-74 所示，效果如图 4-75 所示。

（4）制作主体文字。单击工具箱中的"横排文字工具"，在选项
栏中设置合适的字体、字号，将文字颜色设置为白色，设置完毕后在
画面中间位置单击鼠标，建立文字输入的起始点，接着输入文字，然
后按 Ctrl+Enter 快捷键，如图 4-76 所示。接着在该文字图层上单击鼠
标右键，在弹出的快捷菜单中执行"栅格化文字"命令，如图 4-77
所示。

图 4-74

图 4-75 　　　　　　　　　　图 4-76 　　　　　　　　　　图 4-77

设置混合模式时通常不会一次成功，需要进行多次尝试。此时可以先选择一个混合模式，然后滚动鼠标中轮即可快速更改混合模式，这样就能非常方便地查看每一个混合模式的效果了。

（5）载入画笔素材。执行"编辑"→"预设"→"预设管理器"命令，在弹出的"预设管理器"对话框中设置"预设类型"为"画笔"，然后单击"载入"按钮，如图 4-78 所示。接着会弹出"载入"对话框，找到素材文件夹位置，单击选择素材 2.abr，再单击"载入"按钮，如图 4-79 所示。

图 4-78   图 4-79

（6）回到"预设管理器"对话框，此时载入的画笔会出现在所有画笔按钮的最后方，单击"完成"按钮，完成载入画笔操作，如图 4-80 所示。

（7）在"图层"面板中选中文字图层，选择工具箱中的"橡皮擦工具"，在选项栏中单击打开"画笔预设"选取器，在"画笔预设"选取器中单击选择刚载入的一个合适的裂痕笔刷，在文字上单击，随即文字出现裂痕效果，如图 4-81 所示。使用同样的方式，选择不同的裂痕笔刷在文字上单击，制作文字破裂的效果，如图 4-82 所示。

图 4-80   图 4-81

（8）在"图层"面板中选择文字图层，执行"图层"→"图层样式"→"斜面和浮雕"命令，在弹出的"图层样式"对话框中设置"斜面和浮雕"的"样式"为"浮雕效果"，"方法"为"雕刻清晰"，"深度"为 90%，"方向"为"上"，"大小"为 3 像素，"软化"为 0 像素，"角度"为 120 度，"高度"为 30 度，"高光模式"为"滤色"，颜色为白色，"不透明度"为 75%，"阴影模式"为"正片叠底"，颜色为黑色，"不透明度"为 75%，参数设置如图 4-83 所示。单击"确定"按钮，最终效果如图 4-84 所示。

图 4-82 　　　　　　　　　　　　图 4-83 　　　　　　　　　　　　图 4-84

4.4.2　背景橡皮擦工具

"背景橡皮擦工具"是一种基于色彩差异的智能化擦除工具。单击工具箱中的"背景橡皮擦工具"按钮，在背景处涂抹，如图 4-85 所示。随着涂抹可以看到背景被擦除了，而前景中的主体物并没有被擦除，如图 4-86 所示。继续擦除背景，抠图效果如图 4-87 所示。

图 4-85 　　　　　　　　　　　　图 4-86 　　　　　　　　　　　　图 4-87

技巧提示： "背景橡皮擦工具"的使用技巧

在"背景橡皮擦工具"的光标中有一个 + 图标，此光标经过的位置是用于涂抹时颜色的取样位置。

- **取样：** 用来设置取样的方式。激活"取样：连续"按钮，在拖曳鼠标时可以连续对颜色进行取样，凡是出现在光标中心十字线以内的图像都将被擦除；激活"取样：一次"按钮，只擦除包含第一次单击处颜色的图像；激活"取样：背景色板"按钮，只擦除包含背景色的图像。

- **限制：** 设置擦除图像时的限制模式。选择"不连续"选项时，可以擦除出现在光标下任何位置的样本颜色；选择"连续"选项时，只擦除包含样本颜色并且相互连接的区域；选择"查找边缘"选项时，可以擦除包含样本颜色的连接区域，同时更好地保留形状边缘的锐化程度。

- **容差：** 用来设置颜色的容差范围。

- **保护前景色：** 选中该复选框后，可以防止擦除与前景色匹配的区域。

4.4.3　魔术橡皮擦工具

使用"魔术橡皮擦工具" 可以将所有相似的像素更改为透明。打开一张图片文件，单击工具箱中的"魔术橡皮擦工具"按钮，然后在选项栏中进行参数的设置，接着在需要擦除的位置单击，随即颜色相近的像素被擦除，如图 4-88 和图 4-89 所示。

图 4-88　　　　　　　　　　　　　图 4-89

- ➥ 容差：用来设置可擦除的颜色范围。
- ➥ 消除锯齿：可以使擦除区域的边缘变得平滑。
- ➥ 连续：选中该复选框时，只擦除与单击点像素邻近的像素；不选中该复选框时，可以擦除图像中所有相似的像素。
- ➥ 不透明度：用来设置擦除的强度。值为 100% 时，将完全擦除像素；较低的值可以擦除部分像素。

✍技巧提示：使用橡皮擦工具抠图的注意事项

以上几种橡皮擦工具的作用都是用来抹除像素，在实际使用中建议读者通过选区和蒙版来达到抹除像素的目的，尽量不要直接使用有破坏作用的橡皮擦工具。

实战案例：使用"魔术橡皮擦工具"轻松为美女更换背景

PSD 案例文件 / 第 4 章 / 使用"魔术橡皮擦工具"轻松为美女更换背景

📺 视频教学 / 第 4 章 / 使用"魔术橡皮擦工具"轻松为美女更换背景 .mp4

案例概述：

对于初学者来说，使用橡皮擦工具组中的工具进行抠图再合适不过了，尤其是那些颜色差异较大的图片。本案例是使用"魔术橡皮擦工具"擦除背景，并为美女换背景，案例效果如图 4-90 所示。

操作步骤：

图 4-90

（1）执行"文件"→"打开"命令，打开背景素材 1.jpg，如图 4-91 所示。执行"文件"→"置入嵌入对象"命令，将人像素材 2.jpg 置入文档中。选择该图层，执行"图层"→"栅格化"→"智能对象"命令，将该图层进行栅格化处理，如图 4-92 所示。

图 4-91 图 4-92

（2）选择工具箱中的"魔术橡皮擦工具"，在选项栏中设置"容差"为 50，选中"消除锯齿"和"连续"复选框，如图 4-93 所示。

图 4-93

（3）设置完成后回到图像中，在美女背景的天空处单击，即可删除大块的背景，如图 4-94 所示。接着使用同样的方法依次在背景处单击即可去除所有背景部分，如图 4-95 所示。

（4）置入前景装饰素材 3.png，将素材摆放到相应位置，同时将该图层进行栅格化处理。此时漂亮的女孩就这样处于另外一个场景中了，效果如图 4-96 所示。

图 4-94 图 4-95 图 4-96

视频讲解

视频陪练：橡皮擦抠图制作水精灵

PSD 案例文件 / 第 4 章 / 橡皮擦抠图制作水精灵
📺 视频教学 / 第 4 章 / 橡皮擦抠图制作水精灵 .mp4

案例概述：

合成是一个创造的过程，可以把一些看似不相关的事物融合在一个画面中，制作成另一番景象。本案例通过使用"魔术橡皮擦工具"抠取水花素材，并使用"混合模式"与背景进行融合。使用"背景橡皮擦工具"配合"魔术橡皮擦工具"将人像提取出来，完成合成操作，如图 4-97 所示。

图 4-97

4.5 渐变与油漆桶

Photoshop 的工具箱提供了两种可用于图像填充的工具,分别是"渐变工具"和"油漆桶工具",如图 4-98 所示。通过这两种填充工具可以为指定区域或整个图像填充纯色、渐变或者图案等内容。

图 4-98

4.5.1 渐变工具

"渐变工具" 的应用非常广泛,它不仅可以填充图像,还可以用来填充图层蒙版、快速蒙版和通道等。选择一个图层或者绘制一个选区,单击工具箱中的"渐变工具"按钮,单击选项栏中的渐变色条,如图 4-99 所示,随即会弹出"渐变编辑器"对话框,可以在窗口上方的"预设"选项中选择一个预设的渐变,单击"确定"按钮,如图 4-100 所示。接着在选项栏中单击选择一种渐变类型,然后按住鼠标左键拖曳,松开鼠标后完成渐变填充操作。这就是填充渐变的基本流程,如图 4-101 所示。

图 4-99

图 4-100

图 4-101

➷ 渐变颜色条 : 显示了当前的渐变颜色,单击右侧的倒三角图标 ,可以打开"渐变"拾色器,如果直接单击渐变颜色条,则会弹出"渐变编辑器"对话框。

➷ 渐变类型:激活"线性渐变"按钮 ,可以以直线方式创建从起点到终点的渐变,如图 4-102 所示;激活"径向渐变"按钮 ,可以以圆形方式创建从起点到终点的渐变,如图 4-103 所示;激活"角度渐变"按钮 ,可以创建围绕起点以逆时针扫描方式的渐变,如图 4-104 所示;激活"对称渐变"按钮 ,可以使用均衡的线性渐变在起点的任意一侧创建渐变,如图 4-105 所示;激活"菱形渐变"按钮 ,可以以菱形方式从起点向外产生渐变,终点定义菱形的一个角,如图 4-106 所示。

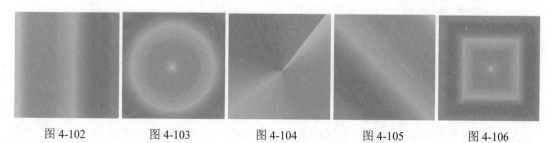

图 4-102   图 4-103   图 4-104   图 4-105   图 4-106

- 模式：用来设置应用渐变时的混合模式。
- 不透明度：用来设置渐变色的不透明度。
- 反向：转换渐变中的颜色顺序，得到反方向的渐变结果。
- 仿色：选中该选项时，可以使渐变效果更加平滑。主要用于防止打印时出现条带化现象，但在计算机屏幕上并不能明显地体现出来。
- 透明区域：选中该选项时，可以创建包含透明像素的渐变。

选择"渐变工具"，单击选项栏中的"渐变色条"，即可打开"渐变编辑器"对话框，在该对话框中可以进行渐变编辑操作，图4-107所示为"渐变编辑器"各项名称。

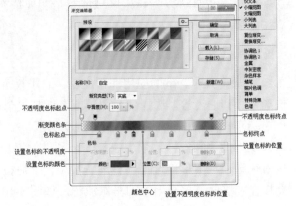

图 4-107

（1）默认情况下渐变色调上的颜色是黑色到白色。如果要编辑渐变，可以双击"渐变色条"下方的色标，即可弹出"拾色器"对话框，然后进行颜色的设置。如果要添加色标，可以将光标移动到"渐变色条"的下方，光标变为小手形状后单击即可添加色标，如图4-108如图4-109所示。

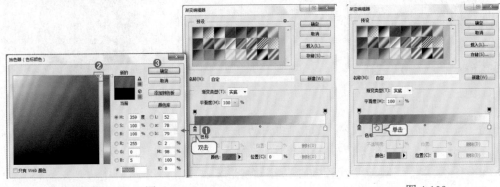

图 4-108   图 4-109

（2）如果要调整两种颜色之间的过渡效果，可以拖曳渐变色条下方的颜色中心点，如图 4-110 如图 4-111 所示。

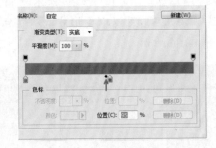

图 4-110   图 4-111

（3）如果要编辑透明渐变，可以单击"渐变色条"上方的色标将其选中，然后在"不

"透明度"选项中更改数值，如图 4-112 所示。如果要删除色标，可以单击需要删除的色标，将其向下拖曳，或者按 Delete 键即可删除，如图 4-113 所示。

 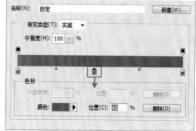

图 4-112 图 4-113

✎ 技巧提示：如何快速编辑由前景色到背景色的渐变颜色？

首先设置好相应的前景色与背景色，然后选择"渐变工具"，打开"渐变编辑器"，在"预设"缩览图中单击第一个"前景色到背景色渐变"即可，如图 4-114 所示。

图 4-114

4.5.2 油漆桶工具

使用"油漆桶工具" 🪣 可以在图像中填充前景色或图案。"油漆桶工具"是基于颜色进行填充的一种方式。首先设置一个合适的前景色，然后单击工具箱中的"油漆桶工具"按钮，在选项栏中设置合适的容差参数，在需要填充颜色的位置单击，如图 4-115 所示。随即颜色相近的区域会被填充前景色，如图 4-116 所示。在画面中存在选区的状态下，使用"油漆桶工具"填充时同时受选区和颜色两方面影响，如图 4-117 所示。

图 4-115 图 4-116 图 4-117

↘ **填充模式**：选择填充的模式，包含"前景"和"图案"两种模式。

↳ 模式：用来设置填充内容的混合模式。

↳ 不透明度：用来设置填充内容的不透明度。

↳ 容差：用来定义必须填充的像素的颜色的相似程度。设置较低的"容差"值会填充颜色范围内与鼠标单击处像素非常相似的像素；设置较高的"容差"值会填充更大范围的像素。

↳ 消除锯齿：平滑填充选区的边缘。

↳ 连续的：选中该复选框时，只填充图像中处于连续范围内的区域；不选中该复选框时，可以填充图像中的所有相似像素。

↳ 所有图层：选中该复选框时，可以对所有可见图层中的合并颜色数据填充像素；不选中该复选框时，仅填充当前选择的图层。

✎ 技巧提示：定义图案的方法

在 Photoshop 中可以将打开的图片定义为可供调用的图案。打开一张图片，执行"编辑"→"定义图案"命令，在弹出的"图案名称"面板中设置一个合适的名称，设置完成后单击"确定"按钮，即可将图片定义为图案。

实战案例：定义图案并制作可爱卡片

PSD 案例文件 / 第 4 章 / 定义图案并制作可爱卡片
📺 视频教学 / 第 4 章 / 定义图案并制作可爱卡片 .mp4

案例概述：

本例主要通过将绘制好的图形定义为图案对象，并借助"油漆桶工具"快速为所选范围填充图案的方式得到带有多种不同图案的可爱卡片，如图 4-118 所示。

图 4-118

操作步骤：

（1）执行"文件"→"新建"命令，创建一个接近正方形的文档。接着在工具箱底部设置前景色为粉色，按 Alt+Delete 快捷键填充前景色，如图 4-119 所示。然后新建图层，选择工具箱中的"矩形选框工具"，在画面中适当的位置按住鼠标左键并拖动，绘制合适的矩形，为其填充较深的粉色，效果如图 4-120 所示。操作完成后使用快捷键 Ctrl+D 取消选区。

（2）在"图层"面板中设置其"不透明度"为 60%，如图 4-121 所示，效果如图 4-122 所示。

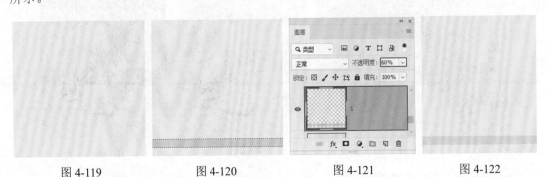

图 4-119　　　　图 4-120　　　　图 4-121　　　　图 4-122

（3）复制矩形图层，并使用快捷键 Ctrl+T 调出定界框，单击鼠标右键，在弹出的快捷菜单中执行"顺时针旋转 90 度"命令，如图 4-123 所示。并将其放置在合适的位置，变换完毕后按 Enter 键完成自由变换，如图 4-124 所示。

（4）使用"矩形选框工具"在画面中框选合适的部分，如图 4-125 所示。然后执行"编辑"→"定义图案"命令，在弹出的"图案名称"对话框中设置合适的"名称"，设置完成后单击"确定"按钮，如图 4-126 所示。操作完成后使用快捷键 Ctrl+D 取消选区。

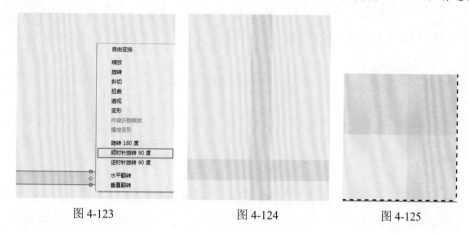

图 4-123 　　　　　　　　图 4-124 　　　　　　　　图 4-125

（5）新建图层，单击工具箱中的"油漆桶工具"按钮，在选项栏中设置填充为"图案"，设置图案为图案 1，如图 4-127 所示。设置完成后在画面中单击进行填充，效果如图 4-128 所示。

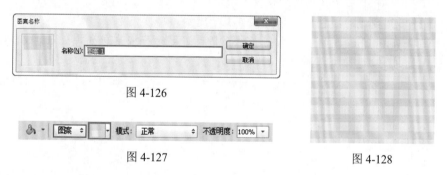

图 4-126

图 4-127 　　　　　　　　　　　图 4-128

（6）再次新建图层，隐藏所有图层，设置前景色为白色。选择工具箱中的"自定形状工具"，在选项栏中设置"绘制模式"为"像素"，选择心形图案，如图 4-129 所示。在画面中按住鼠标左键并拖动，进行绘制，如图 4-130 所示。使用同样的方法定义"图案 2"，如图 4-131 所示。

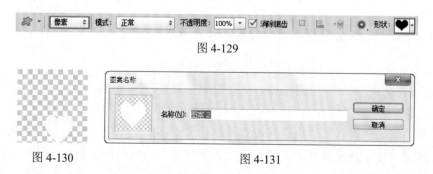

图 4-129

图 4-130 　　　　　　　图 4-131

（7）新建图层，使用"矩形选框工具"绘制合适的矩形选区，为其填充粉色，如图 4-132 所示。再次新建图层，框选合适的矩形选区，选择"油漆桶工具"，在画面中单击，为其选区填充心形图案，如图 4-133 所示。

（8）选择工具箱中的"钢笔工具"，在选项栏中设置"绘制模式"为"形状"，"填充"为无，设置描边颜色为白色，描边粗细为 1.4 点，描边类型为虚线，如图 4-134 所示。在画面中绘制虚线，效果如图 4-135 所示。

图 4-132

图 4-133

图 4-134

图 4-135

（9）新建图层，设置前景色为白色，使用"矩形选框工具"在画面中间位置按住 Shift 键的同时拖动鼠标，绘制一个正方形选区。接着使用快捷键 Alt+Delete 进行前景色填充，如图 4-136 所示。操作完成后使用快捷键 Ctrl+D 取消选区。然后使用同样的方式绘制其他矩形选区，并填充合适的颜色，效果如图 4-137 所示。

（10）置入素材 1.png，将其放在画面中合适位置并进行栅格化处理，如图 4-138 所示。

图 4-136

图 4-137

图 4-138

视频讲解

综合案例：使用多种画笔设置制作散景效果

PSD 案例文件 / 第 4 章 / 使用多种画笔设置制作散景效果

📹 视频教学 / 第 4 章 / 使用多种画笔设置制作散景效果 .mp4

案例概述：

本案例主要通过对画笔笔尖进行设置，制作大小不同、颜色不同、透明效果不同的笔触，模拟散景效果。在设置过程中使用了"画笔设置"面板的形状动态、散布、颜色动态和传递等选项，如图 4-139 所示。

操作步骤：

（1）打开素材文件，设置前景色为蓝色，背景色为洋红色，如图 4-140 所示。

（2）单击工具箱中的"画笔工具"按钮 ，在选项栏中设置"不透明度"为 80%，"流量"为 80%。按 F5 键打开"画笔设置"面板，单击"画笔笔尖形状"按钮，选择一种圆形笔尖，设置"大小"为 240 像素，"硬度"为 100%，"间距"为 240%，如图 4-141

图 4-139

所示。选中"形状动态"，设置"大小抖动"为 4%，如图 4-142 所示。选中"散布"选项，设置数值为 340%，如图 4-143 所示。选中"颜色动态"选项，选中"应用每笔尖"复选框，设置"前景 / 背景抖动"为 100%，如图 4-144 所示。选中"传递"选项，设置"不透明度抖动"为 90%，"流量抖动"为 66%，如图 4-145 所示。

图 4-140

图 4-141

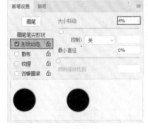

图 4-142

图 4-143

图 4-144

图 4-145

（3）新建图层"1"，在画面中按住鼠标左键并拖动光标，绘制分散的圆形效果。同时设置该图层的"混合模式"为"滤色"，如图 4-146 所示。接着新建图层"2"，设置前景色为深紫色，在画面中进行绘制，然后为该图层设置相同的混合模式，效果如图 4-147 所示。

图 4-146

（4）新建图层"3"，继续使用"画笔工具"，适当增大画笔大小，降低画笔硬度，在画面中绘制，同样设置图层"3"的"混合模式"为"滤色"，如图 4-148 所示。设置较小的画笔大小，在画面中单击绘制，如图 4-149 所示。

图 4-147   图 4-148

（5）执行"文件"→"置入嵌入对象"命令，将光效素材置入画面中合适的位置，设置其"混合模式"为"滤色"，如图 4-150 所示。此时本案例制作完成，最终效果如图 4-151 所示。

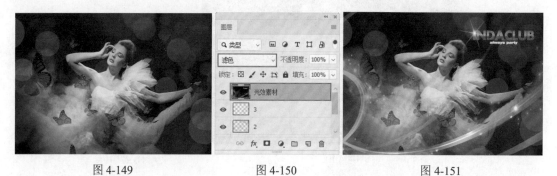

图 4-149   图 4-150   图 4-151

4.6　课后练习

初级练习：使用"画笔工具"制作碎片效果

案例效果	可用素材

技术要点

"橡皮擦工具""画笔工具"和"画笔设置"面板。

案例概述

本案例主要使用"橡皮擦工具"擦除人物裙边的部分，并通过"画笔设置"面板创建碎片效果的笔刷，通过设置与裙摆相似的颜色绘制碎片效果。

思路解析

1．将背景素材打开，将人物素材置入，使用"柔边圆"橡皮擦擦除裙摆的部分区域。

2．选择"画笔工具"，按 F5 键调出"画笔设置"面板，在该面板中进行画笔样式设置，得到碎片效果的橡皮擦，进一步擦除裙摆边缘。

3．使用"画笔工具"绘制一些不同明度的红色系的碎片效果。

4．将艺术字素材置入。

制作流程

进阶练习：海底创意葡萄酒广告

视频讲解

案例效果	可用素材

技术要点

"画笔工具"和"图层样式"。

案例概述

本案例主要是将素材置入，并根据画面整体风格对素材进行处理。同时使用合适的画笔在画面上方添加光照效果，并在画面中添加文字，丰富画面细节。通过合成来制作创意十足的葡萄酒广告。

思路解析

1．将背景素材打开，将酒瓶素材和鱼素材置入，根据画面的整体风格对素材进行相应的调整。

2．使用合适的画笔，在画面上方位置制作光照效果。

3．将锁链素材定义为画笔，并在酒瓶周围绘制锁链效果。

4．对画面整体的明暗和颜色饱和度进行适当调整，并添加气泡文字素材。

制作流程

4.7 结课作业

对儿童摄影作品进行处理，并添加粒子装饰，以烘托画面气氛。

要求：

↳ 拍摄一张儿童照片或从网络上下载。

↳ 需要在画面中添加大量气泡、雪花等粒子类元素作为装饰。

↳ 画面色调明快、活泼。

Chapter 05
└ 第 5 章 ┘

图像修饰

　　Photoshop 具有强大的瑕疵去除功能，利用相应的工具可以快速修复破损的照片、复制局部的内容、去除图像中的多余物等。除此之外，Photoshop 还具有多个可对图像细节进行润饰的工具，如"模糊工具""锐化工具""涂抹工具""加深工具""减淡工具""海绵工具"，这些工具使用起来非常简单，只需在画面中涂抹即可观察到效果。

本章学习要点：
- 掌握多种修复工具的特性与使用方法
- 掌握多种图像润饰工具的使用方法

5.1 修复工具组

Photoshop 的修复工具组包括"污点修复画笔工具""修复画笔工具""修补工具""内容感知移动工具""红眼工具"，图 5-1 所示为修复工具组。使用这些工具能够方便、快捷地解决数码照片中的瑕疵，例如人像面部的斑点、皱纹、红眼、环境中多余的人以及不合理的杂物等问题，如图 5-2 和图 5-3 所示。

图 5-1   图 5-2   图 5-3

5.1.1 污点修复画笔工具

使用"污点修复画笔工具" 不需要设置取样点就可以消除图像中的污点和某个对象，因为它可以自动将需要修复区域的纹理、光照、透明度和阴影等元素与图像自身进行匹配，快速修复污点。

打开一张图片，单击工具箱中的"污点修复画笔工具"按钮 ，在选项栏中进行相应设置，然后将光标移动至"污点"处并单击，如图 5-4 所示。松开鼠标后可以观察到，单击位置的"污点"被消除了，如图 5-5 所示。

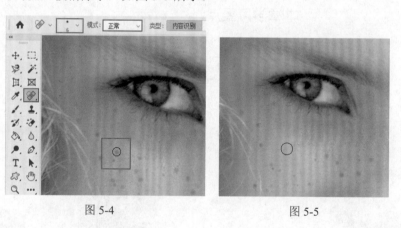

图 5-4   图 5-5

> 模式：用来设置修复图像时使用的混合模式。除"正常""正片叠底"等常用模式外，还有一个"替换"模式，通过这个模式可以保留画笔描边的边缘处的杂色、胶片颗粒和纹理。

> 类型：用来设置修复的方法。选择"近似匹配"选项时，可以使用选区边缘周围的像素来查找要用作选定区域修补的图像区域；选择"创建纹理"选项时，可以使用选区中的所有像素创建一个用于修复该区域的纹理；选择"内容识别"选项时，可以使用选区周围的像素进行修复。

5.1.2　修复画笔工具

"修复画笔工具"是将样本像素的纹理、光照、透明度和阴影与所修复的像素进行匹配，从而使修复后的像素不留痕迹地融入图像的其他部分。

打开素材，单击工具箱中的"修复画笔工具"按钮 ，在选项栏中设置合适的笔尖大小以及其他参数，接着按住 Alt 键在需要修补的对象附近进行取样，如图 5-6 所示。在需要修补的位置上按住鼠标左键并拖曳进行涂抹，鼠标经过的位置就会被取样位置的像素所覆盖，如图 5-7 所示。

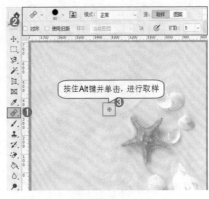

图 5-6

> ↘ 源：设置用于修复像素的源。选择"取样"选项时，可以使用当前图像的像素来修复图像，如图 5-8 所示；选择"图案"选项时，可以使用某个图案作为取样点，如图 5-9 所示。

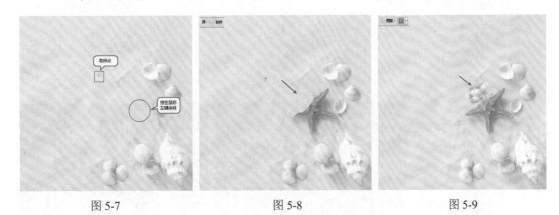

图 5-7　　　　　　　　　图 5-8　　　　　　　　　图 5-9

> ↘ 对齐：选中该复选框后，可以连续对像素进行取样，即使释放鼠标也不会丢失当前的取样点；取消选中"对齐"复选框后，则会在每次停止并重新开始绘制时使用初始取样点中的样本像素。

5.1.3　修补工具

"修补工具"可以利用样本或图案来修复所选图像区域中不理想的部分。打开一张图片，单击工具箱中的"修补工具"按钮 ，在需要修补的位置绘制一个选区，接着将光标放置在选区内，光标变为 形状，然后按住鼠标左键，将选区向能够"覆盖"修补位置的区域拖曳，如图 5-10 所示。拖曳到合适位置后，目标位置的像素会出现在选区中，如图 5-11 所示。修补完成后，使用快捷键 Ctrl+D 取消选区的选择，效果如图 5-12 所示。

> ↘ 修补：创建选区以后，选择"源"选项时，将选区拖曳到要修补的区域后，松开鼠标左键就会用当前选区中的图像修补原来选中的内容；选择"目标"选项时，则会将选中的图像复制到目标区域。
> ↘ 透明：选中该复选框后，可以使修补的图像与原始图像产生透明的叠加效果，该

选项适用于修补具有清晰分明的纯色背景或渐变背景。

图 5-10 　　　　　　　图 5-11 　　　　　　　图 5-12

↳ 使用图案：使用"修补工具"创建选区后，单击"使用图案"按钮，可以使用图案修补选区内的图像。

实战案例：使用"修补工具"去除照片水印

📄 案例文件 / 第 5 章 / 使用"修补工具"去除照片水印
🎬 视频教学 / 第 5 章 / 使用"修补工具"去除照片水印 .mp4

案例概述：

本例主要针对"修补工具"的使用方法进行练习，使用该工具将画面中的文字去除，对比效果如图 5-13 和图 5-14 所示。

图 5-13 　　　　　　　　图 5-14

操作步骤：

（1）执行"文件"→"打开"命令，打开素材 1.jpg。选择工具箱中的"修补工具" 📋，在画面中沿着文字轮廓绘制选区，如图 5-15 所示。

（2）将光标置于选区内，按住鼠标左键将选区向上拖动，如图 5-16 所示。当选区内没有显示文字时松开鼠标左键，即可将文字隐藏，如图 5-17 所示。

图 5-15 　　　　　　　　　　　　　图 5-16

✍ 技巧提示

使用"修补工具"修复图像中的像素时,较小的区域可以获得更好的效果。

(3)使用快捷键 Ctrl+D 取消对选区的选择。此时本案例制作完成,最终效果如图 5-18 所示。

图 5-17

图 5-18

5.1.4 内容感知移动工具

使用"内容感知移动工具" 可以轻松地将画面中的部分元素从原位置去除,并移动到新的位置,且原位置与新位置的图像都会自动进行修复。

(1)单击工具箱中的"内容感知移动工具"按钮 ,在需要移动的对象上绘制选区,如图 5-19 所示。然后将光标放置在选区上,按住鼠标左键并拖曳进行移动,如图 5-20 所示。

(2)如果在选项栏中设置"模式"为"移动",会移动选区中像素的位置,原来的位置会被填充选区附近的

图 5-19

相似像素,使其与周围融为一体,如图 5-21 所示。如果在选项栏中设置"模式"为"扩展",那么选区中的内容将会被复制一份,效果如图 5-22 所示。

图 5-20

图 5-21

图 5-22

5.1.5 红眼工具

使用"红眼工具"可以去除由闪光灯导致的红色反光。打开一张带有红眼的照片,单击工具箱中的"红眼工具"按钮 ,将光标移动到人物眼球的部分并单击鼠标,可以去除

红眼，如图 5-23 所示。将
另一只眼睛也去除红眼，
如图 5-24 所示。

➘ 瞳孔大小：用来
设置瞳孔的大
小，即眼睛暗色
中心的大小。

➘ 变暗量：用来设
置瞳孔的暗度。

图 5-23   图 5-24

✍ 技巧提示：红眼的产生与处理方法

红眼的产生原因是：眼睛在暗处时瞳孔放大，经闪光灯照射后，瞳孔后面的血管反射红色的光线。另外，
眼睛没有正视相机时也容易产生红眼。

为了避免出现红眼，除了可以在 Photoshop 中进行矫正以外，还可以使用相机的红眼消除功能来消除
红眼。采用可以进行角度调整的高级闪光灯，在拍摄的时候，闪光灯不要平行于镜头方向，而应与镜
头成 30° 的角度，这样的闪光实际是产生了环境光源，能够有效避免瞳孔受到刺激而放大。最好不要
在特别昏暗的地方采用闪光灯拍摄，开启红眼消除系统后，要尽量保证拍摄对象都正对镜头。

5.2 图章工具组

　　"图章工具组"主要用于修复画面效果以及绘制图案。单击工具箱中的"仿制图章工具"
按钮 ，可以看到"仿制图章工具"和"图案图章工具"，如图 5-25
所示。

图 5-25

5.2.1 仿制图章工具

　　使用"仿制图章工具" 可以将图像的一部分绘制到同一图像的另一个位置上。单击
工具箱中的"仿制图章工具"按钮，将笔尖调整到合适大小，按住 Alt 键的同时单击鼠标
左键进行取样，如图 5-26 所示。取样完成后松开 Alt 键，然后在需要修补的位置按住鼠标
左键进行涂抹。随着涂抹，可以看到画面中取样的位置覆盖了修补的位置，如图 5-27 所示，
效果如图 5-28 所示。

图 5-26   图 5-27   图 5-28

✎ 技巧提示：如何使仿制效果更加自然？

1．选择一个"柔边圆"的笔尖。
2．按住鼠标左键拖曳会出现像素反复出现的情况，此时可以以单击的方式进行覆盖。
3．随时进行取样，这样覆盖的效果就不会单一，也会更加自然。

视频陪练：使用"仿制源"面板与"仿制图章工具"

[PSD] 案例文件 / 第 5 章 / 使用"仿制源"面板与"仿制图章工具"

🖥 视频教学 / 第 5 章 / 使用"仿制源"面板与"仿制图章工具".mp4

视频讲解

案例概述：

要制作案例中的对称效果需要"仿制源"面板的帮助。执行"窗口"→"仿制源"命令，单击"仿制源"的图章按钮，单击"水平翻转"按钮，设置其数值为80%，然后使用"仿制图章工具"进行取样，在画面的左侧涂抹就能制作对称效果了，如图5-29和图5-30所示。

图 5-29　　　　　　　　　　　　　　　　图 5-30

5.2.2　图案图章工具

通过"图案图章工具"可以使用预设图案或载入的图案进行绘画。单击工具箱中的"图案图章工具"按钮 🖼，在选项栏中设置合适的笔尖大小，然后单击"图案拾色器"按钮，在下拉菜单中选择合适的图案，在画面中按住鼠标左键并拖曳，效果如图5-31所示。

在选项栏中如果选中"对齐"复选框，可以保持图案与原始起点的连续性，即使多次单击鼠标也不例外，如图5-32所示。若取消选中该复选框，则每次单击鼠标都重新应用图案，如图5-33所示。

图 5-31　　　　　　　　　　　　　　图 5-32　　　　　图 5-33

视频讲解

实战案例：去除面部瑕疵

PSD 案例文件 / 第 5 章 / 去除面部瑕疵
🎞 视频教学 / 第 5 章 / 去除面部瑕疵 .mp4

案例概述：

对数码人像的处理，最基础的操作就是去除面部瑕疵。本案例主要针对人像照片中面部经常出现的细纹、黑眼圈、眼袋、斑点等进行去除，如图 5-34 和图 5-35 所示。

图 5-34   图 5-35

操作步骤：

（1）按 Ctrl+O 快捷键打开素材文件，如图 5-36 所示。从素材中可以看到人物下眼睑部分的皱纹很明显，需要进行修复。单击工具箱中的"污点修复画笔工具"按钮 🖌，在选项栏中打开"画笔"选取器，设置画笔"大小"为 10 像素，"间距"为 2%，如图 5-37 所示。设置完成后在右眼眼纹部位进行涂抹，如图 5-38 所示。

图 5-36   图 5-37   图 5-38

🔍 **技巧提示**："污点修复画笔工具"的使用技巧

使用"污点修复画笔工具"去除某部分污迹时，所设置的画笔笔尖大小须与修复部分对象大小相匹配。本案例中需要去除的是细纹，而细纹与细纹之间的距离又很接近，所以要设置较小的画笔进行涂抹，并且每次只涂抹一条细纹。

（2）细纹部分已经被去除了，但是下眼睑部分的颜色仍然稍显暗淡，因此单击"仿制图章工具"按钮 🖈，在画布中单击鼠标右键，在弹出的"画笔选取器"中选择"常规画笔组"中的"柔边圆"画笔，设置"大小"为 82 像素，如图 5-39 所示。在下眼睑稍下方的位置按住 Alt 键单击进行拾取，然后对下眼睑部分进行涂抹修饰，如图 5-40 所示。用同样的方法去除左眼的眼纹，如图 5-41 所示。

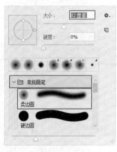

图 5-39   图 5-40   图 5-41

（3）继续使用"仿制图章工具" ，在选项栏中打开"画笔预设"选取器，选择"柔边圆"画笔。设置"大小"为 62 像素，调整"不透明度"为 80%，"流量"为 80%，如图 5-42 所示。按住 Alt 键的同时单击鼠标左键吸取源，如图 5-43 所示，然后在斑点上绘制，如图 5-44 所示，最终效果如图 5-45 所示。

图 5-42

图 5-43

图 5-44

图 5-45

5.3　模糊、锐化与涂抹

使用"模糊工具""锐化工具""涂抹工具"可以分别对图像进行模糊、锐化和涂抹处理，如图 5-46 所示。在工具箱中单击"模糊工具"按钮，即可看到隐藏的"锐化工具"和"涂抹工具"，如图 5-47 所示。

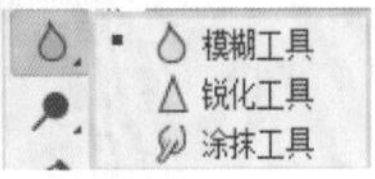

5.3.1　模糊工具

图 5-46　　　　图 5-47

使用"模糊工具" 可柔化像素反差较大造成的"硬边缘"，从而减少图像中的细节。打开一张图片，单击工具箱中的"模糊工具"按钮，在选项栏中进行参数的设置，然后在画面中按住鼠标左键并拖曳，光标经过的位置会变得模糊，如图 5-48 所示。继续进行模糊处理，效果如图 5-49 所示。

图 5-48

图 5-49

↘ 模式：用来设置"模糊工具"的混合模式，包括"正常""变暗""变亮""色相""饱和度""颜色""明度"。

↘ 强度：用来设置"模糊工具"的模糊强度，数值越大，每次涂抹时画面模糊的程度越强。

5.3.2　锐化工具

通过"锐化工具"△可以增强图像中相邻像素之间的对比，以提高图像的清晰度。"锐化工具"与"模糊工具"的大部分选项相同。选中"保护细节"复选框后在进行锐化处理时，将对图像的细节进行保护。

打开一张图片，单击工具箱中的"锐化工具"按钮，在选项栏中设置合适的笔尖大小和锐化强度，接着在需要锐化的位置按住鼠标左键并涂抹，进行锐化，如图 5-50 所示，锐化效果如图 5-51 所示。

图 5-50

图 5-51

5.3.3　涂抹工具

"涂抹工具"🖐通过拾取鼠标单击处的像素，沿着拖曳的方向展开这种颜色，可以模拟手指划过湿油漆时所产生的效果。打开一张图片，如图 5-52 所示。单击工具箱中的"涂抹工具"按钮，在画面中按住鼠标左键并拖动，被涂抹过的区域出现了画面像素的移动，如图 5-53 所示。

↘ 模式：用来设置"涂抹工具"的混合模式，包括"正常""变暗""变亮""色相""饱和度""颜色""明度"。

↘ 强度：用来设置"涂抹工具"的涂抹强度。

↘ 手指绘画：选中该复选框后，可以使用前景色进行涂抹绘制。

图 5-52

图 5-53

5.4　减淡、加深和海绵

使用"减淡工具""加深工具""海绵工具"可以对图像局部的明暗、饱和度等进行处理。单击工具箱中的"减淡工具"按钮，即可看到另外两个隐藏工具，如图 5-54 所示。

图 5-54

5.4.1　减淡工具

使用"减淡工具"可以对图像的亮部、中间调、暗部分别进行减淡处理。使用"减淡工具"在某个区域绘制的次数越多，该区域就会变得越亮。

打开一张图片，如图 5-55 所示。单击工具箱中的"减淡工具"按钮，在需要提亮的位置按住鼠标左键涂抹，随着涂抹可以看到光标经过的位置亮度会提高，如图 5-56 所示。

图 5-55

图 5-56

- 范围：选择要修改的色调。选择"中间调"选项时，可以更改灰色的中间范围；选择"阴影"选项时，可以更改暗部区域；选择"高光"选项时，可以更改亮部区域。
- 曝光度：用于设置减淡的强度。
- 保护色调：可以保护图像的色调不受影响。

实战案例：使用"减淡工具"美白皮肤

视频讲解

📁案例文件 / 第 5 章 / 使用"减淡工具"美白皮肤

📺视频教学 / 第 5 章 / 使用"减淡工具"美白皮肤 .mp4

案例概述：

本案例主要使用"减淡工具"美白人像皮肤，对比效果如图 5-57 和图 5-58 所示。

操作步骤：

（1）执行"文件"→"打开"命令，打开素材 1.jpg，如图 5-59 所示。此时可见人像素材面部皮肤亮度较低，且头发暗部区域细节不明显。

图 5-57

图 5-58

图 5-59

（2）单击工具箱中的"减淡工具"按钮，在选项栏中单击"画笔预设"选取器，设置"大小"为500像素，"硬度"为0%，选择常规画笔组下的"柔边圆"画笔，接着设置"范围"为"中间调"，"曝光度"为80%，取消选中"保护色调"复选框，如图 5-60 所示。

（3）设置完毕后可以将画笔移动到人像面部区域，自上而下进行涂抹，随着涂抹可以看到人像皮肤亮度提高了，如图 5-61 所示。

（4）减小画笔大小。设置"大小"为 300 像素左右，然后对头发的暗部区域进行涂抹减淡，案例最终效果如图 5-62 所示。

图 5-60　　　　　　　　　　图 5-61　　　　　　　　　　图 5-62

5.4.2　加深工具

使用"加深工具"  可以对图像进行加深处理。"加深工具"的选项栏与"减淡工具"的选项栏完全相同。通常"加深工具"和"减淡工具"会配合使用，可以有效地增加颜色的明暗对比度。

将"加深工具"用在某个区域时，按住鼠标拖动绘制的次数越多，该区域就会变得越暗，如图 5-63 和图 5-64 所示。

图 5-63　　　　　　图 5-64

视频讲解

实战案例：使用"加深工具"使人像焕发神采

PSD 案例文件 / 第 5 章 / 使用"加深工具"使人像焕发神采

📹 视频教学 / 第 5 章 / 使用"加深工具"使人像焕发神采 .mp4

案例概述：

本案例主要使用"加深工具"加深人像眉毛和眼部的明暗，使人像焕发神采，案例对比效果如图 5-65 和图 5-66 所示。

操作步骤：

（1）执行"文件"→"打开"命令，打开素材 1.jpg，如

图 5-65　　　　　　　　图 5-66

图 5-67 所示。单击工具箱中的"加深工具"按钮，在选项栏中单击打开"画笔预设"选取器，选择常规画笔组下的"柔边圆"画笔，设置"大小"为 246 像素，"硬度"为 0%。接着在选项栏中设置"范围"为"阴影"，"曝光度"为 22%，取消选中"保护色调"复选框，如图 5-68 所示。

（2）设置完成后在人像左眼及眉毛部分进行适当的涂抹，使人像眼睛更加有神，如图 5-69

所示。

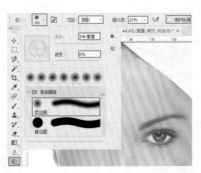
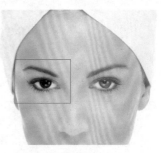

图 5-67　　　　　　　　图 5-68　　　　　　　　图 5-69

（3）用同样的方法调整画笔大小，对人像右眼部分进行涂抹，对眉眼进行加深能够使人像显得更加神采奕奕，如图 5-70 所示。

（4）执行"文件"→"置入嵌入对象"命令，将素材 2.png 置入文档内，将其放置在画面中合适的位置并栅格化，案例最终效果如图 5-71 所示。

5.4.3　海绵工具

图 5-70　　　　　　　　图 5-71

"海绵工具"可以增强或减弱画面的颜色感。如果是灰度图像，"海绵工具"可以用来增大或减小对比度。

打开一张图片，如图 5-72 所示。单击工具箱中的"海绵工具"按钮，在选项栏中设置该工具的强度，若设置"模式"为"去色"，在画面中按住鼠标左键涂抹即可降低色彩的饱和度，如图 5-73 所示；若设置"模式"为"加色"，则可以增加颜色的饱和度，如图 5-74 所示。

图 5-72　　　　　　　　图 5-73　　　　　　　　图 5-74

↘ 自然饱和度：选中"自然饱和度"复选框后，可以在增加饱和度的同时防止颜色过度饱和而产生溢色现象。

5.5 课后练习

初级练习：去除皱纹

案例效果	可用素材

1.JPG　　　　　　　2.jpg

技术要点

"污点修复画笔工具"和"修补工具"。

案例概述

本案例主要使用"污点修复画笔工具""修复画笔工具""修补工具"等去除人物面部的皱纹。

思路解析

1. 将人物素材打开，首先使用较小笔尖的"污点修复画笔工具"将人物眼部细小的皱纹去除。

2. 使用"修补工具"去除稍大的瑕疵。

3. 将光效素材置入，并设置相应的混合模式，将效果融入画面中，同时置入文字素材，丰富画面效果。

制作流程

进阶练习：使用"加深工具"和"减淡工具"增强标志立体感

案例效果	可用素材
	 1.jpg

技术要点

"减淡工具"和"加深工具"。

案例概述

本案例主要使用"加深工具"和"减淡工具"在标志上涂抹，调整标志的明暗对比度，增强视觉上的立体感。

思路解析

1．将素材打开，首先使用"减淡工具"提高标志中间区域的亮度，使标志产生中间突出效果。

2．使用"加深工具"压暗标志四周的亮度，增强立体感。

制作流程

5.6　结课作业

制作属于自己的"最美证件照"，主要用于网络报名和纸质照片打印。

要求：

- ⬏　穿正装拍摄白底照片一张。
- ⬏　成品尺寸为 3.5cm×4.9cm。
- ⬏　画面无明显瑕疵。
- ⬏　整体色调鲜明，图片明度高。
- ⬏　制作白、红、蓝 3 种不同颜色的背景，以应对不同需要。

Chapter 06
└ 第6章 ┘

文字与排版

　　本章主要讲解文字工具的使用，在很多版面的制作中都需要添加文字元素，文字工具在平面设计与图像编辑中都占有非常重要的地位。Photoshop中的文字工具由基于矢量的文字轮廓组成，所以文字也具有部分矢量图形所特有的属性，例如，对已有的文字对象进行编辑时，任意缩放文字或调整文字大小都不会产生模糊的现象。

本章学习要点：

- 掌握文字工具的使用方法
- 掌握路径文字与变形文字的制作
- 掌握段落版式的设置方法
- 掌握文字属性的编辑方法

6.1　创 建 文 字

Photoshop 提供了 4 种文字工具，"横排文字工具"和"直排文字工具"可以用来创建点文字、段落文字和路径文字，"横排文字蒙版工具"和"直排文字蒙版工具"则用来创建文字形状的选区。文字工具与文字蒙版工具使用方法基本相同，只是得到的内容不同。使用文字工具可创建文字图层，而使用文字蒙版工具只能得到选区。按住工具箱中的"横排文字工具"按钮，可以看到其他隐藏工具，如图 6-1 所示。

图 6-1

6.1.1　制作少量文字

"点文字"是一个水平或垂直的文本行，每行文字都是独立的。行的长度随着文字的输入而不断增加，不会自动换行，需要手动使用 Enter 键进行换行。

Photoshop 包括两种用于创建实体文字的工具，分别是"横排文字工具" T.和"直排文字工具" IT.。单击工具箱中的"横排文字工具"按钮 T.，在画面中单击即可输入横向排列的文字。单击"直排文字工具"按钮 IT.可以输入竖向排列的文字，如图 6-2 所示。

横排文字工具　　　　直排文字工具

图 6-2

"横排文字工具"与"直排文字工具"的选项栏参数基本相同，在文字工具选项栏中可以设置字体的系列、样式、大小、颜色和对齐方式等，如图 6-3 所示。

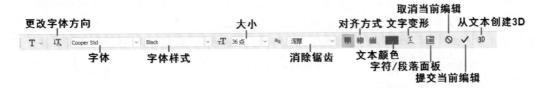

图 6-3

单击工具箱中的"横排文字工具"按钮 T.，在选项栏中设置字体、大小、颜色，在需要输入文字的位置单击鼠标左键，即可在单击位置处出现闪烁的光标，同时此处会出现一行占位符文字，按 Delete 键即可删除，如图 6-4 所示。接着输入文字，如果要在输入文字状态下调整文字位置，可以将光标移动至文字周围，光标变为 形状后按住鼠标左键拖曳即可，如图 6-5 所示。文字输入完成后，单击选项栏中的 ✓ 按钮即可。

图 6-4　　　　　　　　　　图 6-5

📝 技巧提示："点文字"和"段落文字"的区别

"点文字"输入的始终是一行（列），换行（列）须手工按 Enter 键，而"段落文字"是以"文本框"为界限，想要调整段落文字位置或多少，只要拉动文本框边界点即可。文字输入可自动换行（列），并可设置段落前缩进等文本编辑功能。"点文字"适合做标题及少量文句，"段落文字"适合大段的文章，常用于图文排版。

视频讲解

视频陪练：使用文字工具制作欧美风海报

📄 案例文件 / 第 6 章 / 使用文字工具制作欧美风海报

🖥 视频教学 / 第 6 章 / 使用文字工具制作欧美风海报 .mp4

案例概述：

　　本案例主要使用了"横排文字工具"在画面中添加文字，通过对创建的文字进行属性与样式的更改，并在文字周围添加图形元素，制作出欧美风的海报效果，如图 6-6 所示。

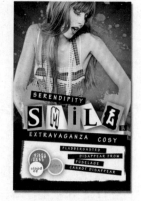

6.1.2　创建大段文字

　　"段落文字"由于具有自动换行、可调整文字区域大小等优势，常用在大量的文本排版中，如海报、画册等。

图 6-6

　　单击工具箱中的"横排文字工具"按钮 T，在选项栏中设置合适的字体、字号，然后按住鼠标左键并拖曳，绘制一个文本框，如图 6-7 所示。此时文本框中会出现占位符文字，按 Delete 键即可删除。接着在文本框内输入文字，当文字到达文本框边缘时会自动换行。当文字较多，文本框容纳不下时，文本框右下角的控制点会变为 ⊞ 形状，如图 6-8 所示。接着拖曳文本框的控制点，即可调整文本框的大小，如图 6-9 所示。调整完成后单击工具选项栏中的 ✓ 按钮或者使用 Ctrl+Enter 快捷键完成文字的编辑。

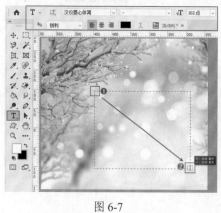

图 6-7

图 6-8　　　　　　　　　　图 6-9

📝 技巧提示："点文字"与"段落文字"的转换

如果当前选择的是点文本，执行"文字"→"转换为段落文本"命令，可以将点文本转换为段落文本；如果当前选择的是段落文本，执行"文字"→"转换为点文本"命令，可以将段落文本转换为点文本。

实战案例：创建段落文字

案例文件 / 第 6 章 / 创建段落文字

视频教学 / 第 6 章 / 创建段落文字 .mp4

案例概述：

本案例主要使用"横排文字工具"在画面中
适当的位置创建段落文本框，并在其中添加文字，
案例效果如图 6-10 所示。

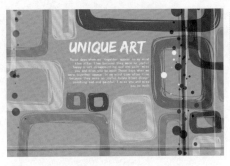

图 6-10

操作步骤：

（1）执行"文件"→"打开"命令，打开背景素材 1.jpg。单击工具箱中的"横排文
字工具"按钮 **T**，在选项栏中设置合适的字体、字号，设置文字颜色为白色。设置完成后
在画面中适当的位置按住鼠标左键并拖动，创建文本框，如图 6-11 所示。

（2）在画面中输入所需的英文，完成后按 Ctrl+Enter 快捷键确认操作。选中该文字图
层，执行"窗口"→"段落"命令打开"段落"面板，设置"对齐方式"为"右对齐文
本"，如图 6-12 所示，案例最终效果如图 6-13 所示。

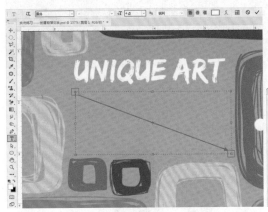

图 6-11　　　　　　　　　　图 6-12　　　　　　　　　图 6-13

6.1.3　制作沿路径排列的文字

"路径文字"常用于制作走向不规则的文字行效果。想要创建路径文字必须要有路径。
首先使用"钢笔工具"绘制一段路径，如图 6-14 所示。单击工具箱中的"横排文字工具"
按钮，在选项栏中设置文字的字体、字号，接着将鼠标移动到路径的一端，当光标变为
时在路径上单击，确定路径文字的起点，如图 6-15 所示。删除占位符文字，接着输入文字，
文字会随着路径进行排列，如图 6-16 所示。

图 6-14　　　　　　　　　　图 6-15　　　　　　　　　图 6-16

✎技巧提示：路径文字显示不全怎么办？

如果发现字符显示不全，需要将鼠标移动到路径上并按住 Ctrl
键，光标变为 ▷ 时，单击并向路径的另一端拖曳，随着光标移动，
字符会逐个显现出来，如图 6-17 所示。

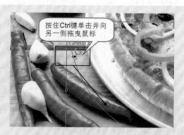

图 6-17

6.1.4 制作区域文字

"区域文字"是使用文字工具在闭合路径中创建出的位于闭合路径内的文字。绘制一
条闭合路径，单击工具箱中的"横排文字工具"按钮 T，在选项栏中设置合适的文字、
大小和颜色。将光标移动至路径内，光标变为 ▷ 状态后单击，如图 6-18 所示。删除占位符文字，接着输入文字，可以观察到文字只在路径内进行排列，如图 6-19 所示。文字输入完成后单击选项栏中的"提交当前操作"按钮 ✓ 即可。

图 6-18   图 6-19

视频讲解

实战案例：使用点文字、段落文字制作杂志版式

📄 案例文件 / 第 6 章 / 使用点文字、段落
文字制作杂志版式

🖥 视频教学 / 第 6 章 / 使用点文字、段落
文字制作杂志版式 .mp4

案例概述：

制作本案例的杂志版式主要使用"横排文
字工具"输入点文字与段落文字。在制作的过
程中，可以尝试不同的字体与文字颜色，制作
出丰富的效果，如图 6-20 所示。

图 6-20

操作步骤：

（1）打开背景素材，如图 6-21 所示。

（2）在画面中添加段落文字。新建图层组，并命
名为"段落文字"。接着置入花朵素材并栅格化，单
击工具箱中的"横排文字工具"按钮 T，在选项栏
中设置合适的字体、字号和颜色。在操作界面按住鼠
标左键并拖曳，创建文本框，如图 6-22 所示。然后
输入所需英文，完成后选择该文字图层，在选项栏中
设置对齐方式为"左对齐文本"，效果如图 6-23 所示。

图 6-21   图 6-22

（3）使用同样的方法继续制作另外几组英文，并适当修改部分文字的颜色，效果如图 6-24 所示。然后新建图层组，命名为"点文字"，单击工具箱中的"横排文字工具"按钮 T,，设置文字颜色为蓝色，选择一种适合的字体及大小，输入英文"liberty"，如图 6-25 所示。

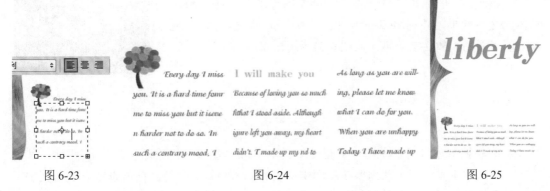

图 6-23　　　　　　　　　　　　图 6-24　　　　　　　　　　　　图 6-25

（4）选择文字图层，单击"图层"面板底部的"添加图层样式"按钮，执行"内阴影"命令，如图 6-26 所示。在打开的"图层样式"对话框中，设置"不透明度"为 45%，"距离"为 3 像素，"大小"为 3 像素，设置完成后单击"确定"按钮结束操作，如图 6-27 所示，效果如图 6-28 所示。

图 6-26　　　　　　　　　　　　图 6-27　　　　　　　　　　　　图 6-28

（5）使用同样的方式输入其他点文字，并添加相同的"内阴影"效果，如图 6-29 所示。此时本案例制作完成，最终效果如图 6-30 所示。

图 6-29　　　　　　　　　　　　　　　图 6-30

视频讲解

视频陪练：多彩花纹立体字

📁 案例文件 / 第 6 章 / 多彩花纹立体字
📺 视频教学 / 第 6 章 / 多彩花纹立体字 .mp4

案例概述：

　　本案例主要是将多层相同的文字对象进行堆叠摆放，制作立体的文字效果，并利用多种"图层样式"以及花纹元素，制作绚丽可爱的立体文字效果，如图 6-31 所示。

图 6-31

6.2　创建文字选区

　　文字蒙版工具包括"横排文字蒙版工具" T 和"直排文字蒙版工具" IT 两种，其使用方法与文字工具相似，都需要在画面中单击并输入字符，字符属性的设置方法与文字工具也基本相同。区别在于文字蒙版工具使用完成后得到的是文字选区。

　　（1）选择"横排文字蒙版工具" T 或"直排文字蒙版工具" IT ，在选项栏中设置合适的字体、字号，然后在画面中单击，此时画面会被蒙上半透明的红色蒙版。接着输入文字，文字的部分不具有红色蒙版，如图 6-32 所示。在选项栏中单击"提交当前编辑"按钮 ✓ 后，文字将以选区的形式出现，如图 6-33 所示。在得到文字的选区后，可以填充前景色、背景色以及渐变色等，如图 6-34 所示。

　　（2）在使用文字蒙版工具输入文字时，将鼠标移动到文字以外的区域，光标会变为移动状态，这时单击并拖曳可以移动文字蒙版的位置，如图 6-35 所示。

图 6-32　　　　　　　　图 6-33　　　　　　　　图 6-34　　　　　　　　图 6-35

　　（3）按住 Ctrl 键不放，文字蒙版四周会出现类似自由变换的界定框，可以对该文字蒙版进行移动、旋转、缩放、斜切等操作，如图 6-36 ～ 图 6-38 所示分别为移动、旋转、缩放和斜切效果。

　　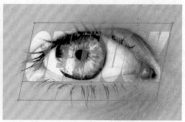

图 6-36　　　　　　　　　　　图 6-37　　　　　　　　　　　图 6-38

实战案例：使用文字蒙版工具制作公益海报

📄 案例文件 / 第 6 章 / 使用文字蒙版工具制作公益海报
📺 视频教学 / 第 6 章 / 使用文字蒙版工具制作公益海报 .mp4

案例概述：

使用文字蒙版工具能够快速得到文字的选区，而制作本案例就需要基于选区创建"图层蒙版"。通过将两种技术的完美结合，制作带有图案的文字效果，如图 6-39 所示。

操作步骤：

（1）新建 A4 大小的空白文件，执行"文件"→"置入嵌入对象"命令，置入动物素材。选中该图层，执行"图层"→"栅格化"→"智能对象"命令，将该图层进行栅格化处理，然后将该图层放在图像中间偏上的位置，如图 6-40 所示。

（2）单击工具箱中的"横排文字蒙版工具"按钮 T，在选项栏中设置合适的字体及字号，如图 6-41 所示。在视图中单击，画面变为半透明的红色，输入英文，如图 6-42 和图 6-43 所示。

（3）调整字体大小，继续输入英文，如图 6-44 所示。单击选项栏最右侧的"提交当前所有编辑"按钮 ✓，此时文字蒙版变为文字的选区，如图 6-45 所示。

图 6-39

图 6-40

图 6-41

图 6-42

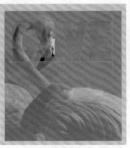
图 6-43

图 6-44

图 6-45

（4）选择动物素材图层，单击"图层"面板中的"添加图层蒙版"按钮 ◻，如图 6-46 所示。可以看到文字选区内部的图像部分被保留了下来，如图 6-47 所示。

（5）选择"横排文字工具"，在选项栏中设置合适的字体、字号和颜色。然后在主题文字下方单击输入英文。接着执行"文件"→"置入嵌入对象"命令，置入地球素材。此时本案例制作完成，最终效果如图 6-48 所示。

图 6-46

图 6-47

图 6-48

6.3　更改文字样式

6.3.1　使用"字符"面板编辑文字

　　"字符"面板提供了比文字工具选项栏更多的调整选项。文字选项栏中所提供的编辑选项只能满足一部分文字编辑的需求，更多的文字编辑方式被整合在"字符"面板中。执行"窗口"→"字符"命令，打开"字符"面板。在"字符"面板中，除了包括常见的字体系列、字体样式、字体大小、文本颜色和消除锯齿等设置之外，还包括如行距、字距等常见设置，如图 6-49 所示。

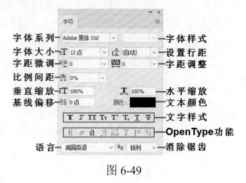

图 6-49

- ⇥ 字体系列：在字体系列下拉列表中单击可以选择一种合适的字体，也可以选择需要更换字体的文字对象，选中一种字体后滚动鼠标中轮，可实时观看不同字体的效果。
- ⇥ 字体样式：在列表中选择字体的样式。部分字体不可进行字体样式的设置。
- ⇥ 设置字体大小 ：在下拉列表中选择预设数值，或者输入自定义数值即可更改字符大小。
- ⇥ 设置行距 ：行距就是上一行文字基线与下一行文字基线之间的距离。选择需要调整的文字图层，然后在"设置行距"数值框中输入行距数值或在其下拉列表中选择预设的行距值，接着按 Enter 键即可，如图 6-50 和图 6-51 所示分别是行距值为 30 点和 60 点的文字效果。

图 6-50　　　　　　　　　图 6-51

- ⇥ 字距微调 ：用于设置两个字符之间的字距。在设置时要先将光标插入需要进行字距微调的两个字符之间，然后在数值框中输入所需的字距微调数值。输入正值时，字距会扩大；输入负值时，字距会缩小，如图 6-52 ～图 6-54 所示分别是插入光标以及字距为 200 和 -100 的对比效果。

图 6-52　　　　　　　　图 6-53　　　　　　　　图 6-54

- ⇥ 字距调整 ：字距用于设置文字的字符间距。输入正值时，字距会扩大；输入负值时，字距会缩小，如图 6-55 和图 6-56 所示为正字距与负字距的效果。

图 6-55　　　　　　　　　　　　图 6-56

➷ 比例间距 ■：比例间距是按指定的百分比来减少字符周围的空间。因此，字符本身并不会被拉伸或挤压，而是字符之间的间距被拉伸或挤压了，如图 6-57 和图 6-58 所示是比例间距分别为 0% 和 100% 时的字符效果。

图 6-57　　　　　　　　　　　　图 6-58

➷ 垂直缩放 **IT** / 水平缩放 **T**：用于设置文字的垂直或水平缩放比例，以调整文字的高度或宽度。

➷ 基线偏移 **A²**：基线偏移用来设置文字与文字基线之间的距离。输入正值时，文字会上移；输入负值时，文字会下移。

➷ 颜色：单击色块，即可在弹出的拾色器中选取字符的颜色。

➷ **T T̃ TT Tᵣ T¹ T₁ T F** 文字样式：设置文字的效果，有仿粗体、仿斜体、全部大写字母、小型大写字母、上标、下标、下画线①和删除线 8 种，如图 6-59 所示。

图 6-59

➷ **fi ℰ st 𝒜 aa T 1ˢᵗ ½** OpenType 功能：包括标准连字 **fi**、上下文替代字 **𝒶**、自由

---

① "下画线"同"下划线"，后面不再一一标注。

连字 **st**、花饰字 **A**、文体替代字 **aa**、标题替代字 **T**、序数字 **1st** 和分数字 **½** 共 8 种。

↘ 语言设置：用于设置文本连字符和拼写的语言类型。

↘ 消除锯齿方式：输入文字以后，可以在选项栏中为文字指定一种消除锯齿的方式。

6.3.2 使用"段落"面板编辑段落

在"段落"面板中可以设置段落的编排格式。执行"窗口"→"段落"命令，打开"段落"面板。通过"段落"面板可以设置段落文本的对齐方式和缩进量等参数，如图 6-60 所示。

↘ 左对齐文本 ■：文字左对齐，段落右端参差不齐，如图 6-61 所示。

↘ 居中对齐文本 ■：文字居中对齐，段落两端参差不齐，如图 6-62 所示。

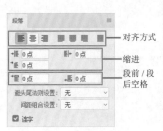

图 6-60　　　　　　　　图 6-61　　　　　　　　图 6-62

↘ 右对齐文本 ■：文字右对齐，段落左端参差不齐，如图 6-63 所示。

↘ 最后一行左对齐 ■：最后一行左对齐，其他行左右两端强制对齐，如图 6-64 所示。

图 6-63　　　　　　　　　　　　　图 6-64

↘ 最后一行居中对齐 ■：最后一行居中对齐，其他行左右两端强制对齐，如图 6-65 所示。

↘ 最后一行右对齐 ■：最后一行右对齐，其他行左右两端强制对齐，如图 6-66 所示。

图 6-65　　　　　　　　　　　　　图 6-66

➥ 全部对齐▤：在字符间添加额外的间距，使文本左右两端强制对齐，如图 6-67 所示。

➥ 左缩进▣/右缩进▣：用于设置段落文本右左（横排文字）或下上（直排文字）的缩进量，如图 6-68 和图 6-69 所示。

➥ 首行缩进▣：用于设置段落文本中每个段落的第 1 行向右（横排文字）或第 1 列文字向下（直排文字）的缩进量。

图 6-67

图 6-68

图 6-69

➥ 段前添加空格▣/段后添加空格▣：设置光标所在段落与前一个段落/后一个段落之间的间隔距离，如图 6-70 和图 6-71 所示。

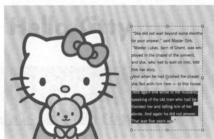

图 6-70

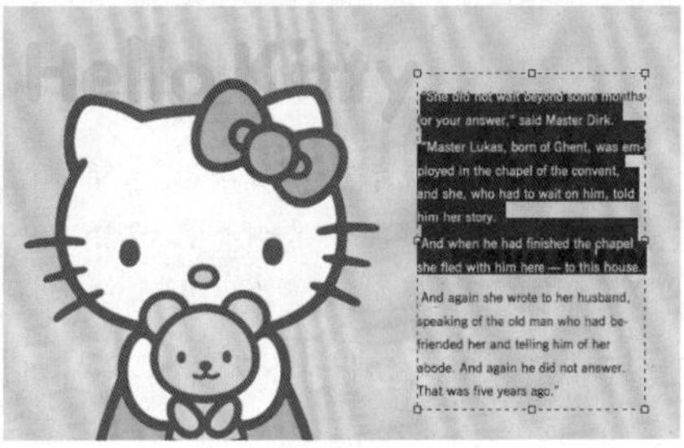

图 6-71

➥ 避头尾法则设置：不能出现在一行的开头或结尾的字符称为避头尾字符，Photoshop 提供了基于标准 JIS 的宽松和严格的避头尾集，宽松的避头尾设置忽略长元音字符和小平假名字符。选择"JIS 宽松"或"JIS 严格"选项时，可以防止在一行的开头或结尾出现不能使用的字母。

➥ 间距组合设置：间距组合用于设置日语字符、罗马字符、标点和特殊字符在行开头、行结尾和数字的间距文本编排方式。选择"间距组合 1"选项，可以对标点使用半角间距；选择"间距组合 2"选项，可以对行中除最后一个字符外的大多数字符使用全角间距；选择"间距组合 3"选项，可以对行中的大多数字符和最后一个字符使用全角间距；选择"间距组合 4"选项，可以对所有字符使用全角间距。

➥ 连字：选中"连字"复选框后，在输入英文单词时，如果段落文本框的宽度不够，英文单词将自动换行，并在单词之间用连字符连接起来，如图 6-72 所示。

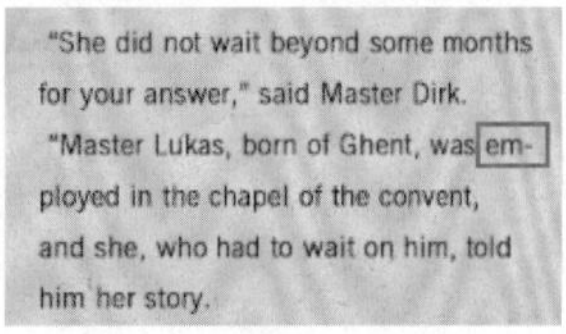

图 6-72

6.4　文字基本操作

Photoshop 有着强大的文字编辑功能，它不仅能够更改位置的字形、字号，还能够将文字进行变形。

6.4.1　修改文本属性

（1）文字输入完成后，也可以修改文本属性。首先选择文字图层，然后选择工具箱中的"横排文字工具"，接着在需要修改文本的左侧或右侧单击，即可插入光标，如图 6-73 所示。接着按住鼠标左键向需要选择文本的方向拖曳，光标经过的位置，文字会以高亮显示，表示文字已被选中，如图 6-74 所示。

图 6-73　　　　　　　　　　　　　图 6-74

技巧提示：如何快速选择文字？

在文本输入状态下，鼠标左键单击 3 次可以选择一行文字，鼠标左键单击 4 次可以选择整个段落的文字，按 Ctrl+A 快捷键可以选择所有的文字，双击文字图层的缩览图即可全选该图层中的所有文字，如图 6-75 所示。

图 6-75

（2）文字选择完成后，可以在选项栏中进行参数的调节，如图 6-76 所示。调节完成后单击选项栏中的"提交当前所有操作"按钮☑，完成设置，效果如图 6-77 所示。

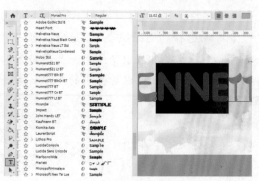 

图 6-76　　　　　　　　　　　　　图 6-77

6.4.2　制作文字变形效果

在 Photoshop 中，对文字对象可以进行一系列内置的变形效果，通过这些变形操作可以在不栅格化文字图层的状态下制作多种奇妙的变形文字。单击文字工具选项栏中的"创建文字变形"按钮，打开"变形文字"对话框，如图 6-78 所示。如图 6-79 所示为预设的变形效果。

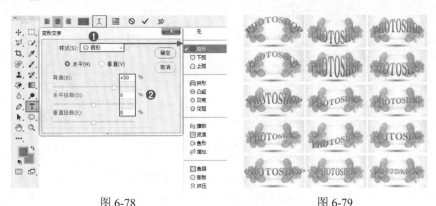

图 6-78　　　　　　　　　　　　　　　　　　图 6-79

选中文字图层，如图 6-80 所示。在文字工具的选项栏中单击"创建文字变形"按钮，打开"变形文字"对话框。在该对话框中设置合适的参数，设置完成后单击"确定"按钮，如图 6-81 所示，文字效果如图 6-82 所示。

图 6-80　　　　　　　　　图 6-81　　　　　　　　　图 6-82

- ➥ 水平 / 垂直：选中"水平"单选按钮时，文本扭曲的方向为水平方向；选中"垂直"单选按钮时，文本扭曲的方向为垂直方向。
- ➥ 弯曲：用来设置文本的弯曲程度。
- ➥ 水平扭曲：设置水平方向的透视扭曲变形的程度。
- ➥ 垂直扭曲：设置垂直方向的透视扭曲变形的程度。

6.4.3　"拼写检查"与"查找和替换文本"

使用"拼写检查"可以检查当前文本中的英文单词拼写是否有错误。使用"查找和替换文本"命令能够快速查找和替换指定的文字。

（1）选择文本，如图 6-83 所示。执行"编辑"→"拼写检查"命令，如遇到拼写错误的字符，Photoshop 会自动提示，并列出可替换的单词，如图 6-84 所示；如果没有错误，则会弹出"拼写检查完成"对话框，单击"确定"按钮完成操作。

（2）执行"编辑"→"查找和替换文本"命令，打开"查找和替换文本"对话框。首先在"查找内容"文本框中输入要查找的内容，然后在"更改为"文本框中输入要更改的内容，单击"更改全部"按钮即可进行全部更改，如图 6-85 所示，更改效果如图 6-86 所示，这种方式比较适合于统一进行更改。

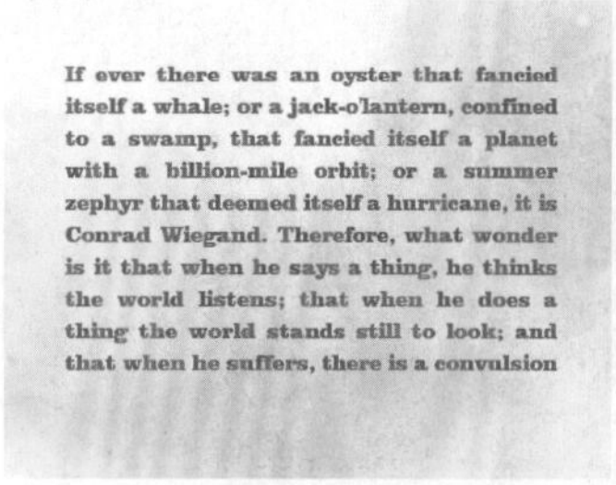

图 6-83

图 6-84

图 6-85

（3）还可以逐一进行更改。输入"查找内容"和"更改为"的内容，然后单击"查找下一个"按钮，随即查找的内容就会高光显示，单击"更改"按钮，即可进行更改，如图 6-87 所示。这种方法适合于逐一进行更改。

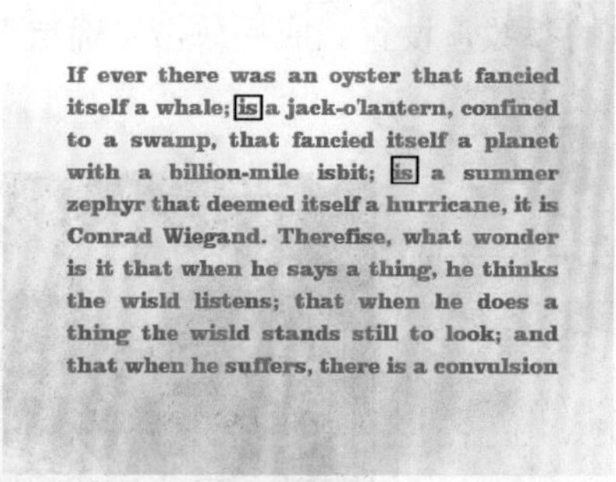

图 6-86

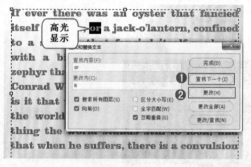
图 6-87

↘ 搜索所有图层：选中该复选框后，可以搜索当前文档中的所有图层。

↘ 向前：从文本中的插入点向前搜索。如果取消选中该复选框，不管文本中的插入点在什么位置，都可以搜索图层中的所有文本。

↘ 区分大小写：选中该复选框后，可以搜索与"查找内容"文本框中的文本大小写完全匹配的一个或多个文字。

↘ 全字匹配：选中该复选框后，可以忽略嵌入在更长字中的搜索文本。

6.4.4 将文字图层转换为普通图层

在"图层"面板中选择文字图层，然后在图层名称上单击鼠标右键，在弹出的快捷菜单中执行"栅格化文字"命令，如图 6-88 所示。对文字图层执行栅格化命令即可将其转换为普通图层，如图 6-89 所示。

图 6-88

图 6-89

6.4.5 将文字图层转换为形状

使用"转换为形状"命令可以将文字转换为矢量的形状图层。选择文字图层，在图层名称上单击鼠标右键，在弹出的快捷菜单中执行"转换为形状"命令，如图 6-90 所示。文字对象变为形状图层，并且不会保留原始文字属性。单击工具箱中的"直接选择工具"按钮![按钮]，单击文字即可显示锚点，使用该工具拖曳锚点即可改变文字形状，如图 6-91 所示。

图 6-90　　　　　　　　　　　　　　　　图 6-91

6.4.6 创建文字的工作路径

使用"创建工作路径"命令可以将文字的轮廓转换为工作路径。首先输入文字，如图 6-92 所示。接着选择文字图层，在文字图层上单击鼠标右键，在弹出的快捷菜单中执行"创建工作路径"命令，如图 6-93 所示，随即可以看到文字的路径，可以将文字图层隐藏，进行路径的查看和编辑，如图 6-94 所示。

图 6-92　　　　　　　　　　图 6-93　　　　　　　　　　图 6-94

综合案例：网页轮播图广告

![PSD]案例文件 / 第 6 章 / 网页轮播图广告
![视频]视频教学 / 第 6 章 / 网页轮播图广告 .mp4
案例概述：

本案例首先使用"横排文字工具"在画面中输入文字，接着使用"自由变换"工具将文字旋转至合适的角度，最后为文字添加图层样式，案例效果如图 6-95 所示。

视频讲解

图 6-95

操作步骤：

（1）执行"文件"→"打开"命令，打开背景素材中的 1.jpg，如图 6-96 所示。

（2）单击工具箱中的"横排文字工具"按钮，在选项栏中设置合适的字体、字号，设置文字颜色为白色。设置完成后在画面中适当的位置单击鼠标左键，插入光标，建立文字输入的起始点，接着分别输入两组英文。输入完成后按 Ctrl+Enter 快捷键确认操作，如图 6-97 所示。在该工具使用状态下，选中其中某几个字符，并将所选字符设置为不同的颜色，效果如图 6-98 所示。

图 6-96   图 6-97   图 6-98

（3）选中文字图层，使用"自由变换"快捷键 Ctrl+T 调出定界框，接着将光标定位到定界框四周的控制点处，当光标变为带有弧度的双箭头时按住鼠标左键并拖动，将其旋转，如图 6-99 所示。操作完成后按 Ctrl+Enter 快捷键完成自由变换操作，如图 6-100 所示。

（4）选中大标题文字图层，对其执行"图层"→"图层样式"→"投影"命令，在弹出的"图层样式"对话框中设置"混合模式"为"正片叠底"，颜色为黑色，"不透明度"为45%，"角度"为 79 度，"距离"为 12 像素，"扩展"为 0%，"大小"为 0 像素，如图 6-101所示。设置完成后单击"确定"按钮，效果如图 6-102 所示。接着用同样的方法制作底部文字的投影效果，如图 6-103 所示。

图 6-99   图 6-100   图 6-101

（5）执行"文件"→"置入嵌入对象"命令，将素材 2.png 置入画面中，放置在合适的位置并将其栅格化。此时本案例制作完成，案例最终效果如图 6-104 所示。

图 6-102   图 6-103   图 6-104

综合案例：喜庆中式招贴

案例文件 / 第 6 章 / 喜庆中式招贴
视频教学 / 第 6 章 / 喜庆中式招贴 .mp4
案例概述：

　　本案例主要通过设置图层的混合模式及不透明度制作背景部分，使用文字工具创建招贴中的文字，然后通过剪贴蒙版和"样式"面板为文字添加样式。最后使用"图层样式"为其他文字添加样式，制作喜庆中式风格的招贴，效果如图 6-105 所示。

图 6-105

操作步骤：

　　（1）按 Ctrl+N 快捷键打开"新建"对话框，新建一个宽度为 2480 像素，高度为 1711 像素的文件。接着使用前景色填充快捷键 Alt+Delete 将"背景"图层填充为红色，如图 6-106 所示。

　　（2）将素材 1.png 置入文件中，摆放在画布的左上角。同时设置该图层的"混合模式"为"正片叠底"，"不透明度"为 30%，如图 6-107 所示，效果如图 6-108 所示。

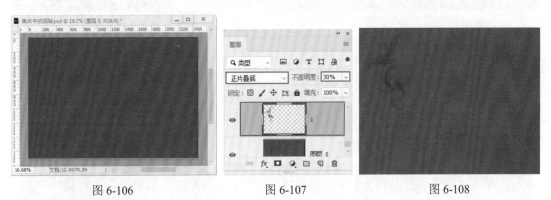

図 6-106　　　　　　　　図 6-107　　　　　　　　図 6-108

　　（3）在画面中添加文字。选择工具箱中的"横排文字工具"，在选项栏中设置一个合适的字体，文字大小为 140 点，文字颜色为黑色。设置完成后，在画布中单击插入光标并输入"福"字，如图 6-109 所示。选择该文字图层，设置该图层的"混合模式"为"正片叠底"，"不透明度"为 15%，如图 6-110 所示，文字效果如图 6-111 所示。

图 6-109　　　　　　　　图 6-110　　　　　　　　图 6-111

（4）选择该文字图层，执行"编辑"→"变换"→"垂直翻转"命令，可以看见"福"字倒过来了，如图 6-112 所示。使用同样的方法，利用"直排文字工具"制作背景部分的其他文字，效果如图 6-113 所示。

（5）制作背景处的花朵装饰。单击工具箱中的"椭圆工具"按钮○，在选项栏中设置"绘制模式"为"形状"，"填充"为红色，"描边"为黄色，"描边宽度"为 25 像素。设置完成后，在画布的上方绘制椭圆形状，并利用画布的边缘将椭圆的一部分进行隐藏，如图 6-114 所示。然后将牡丹花素材 2.png 置入文件中，将其放在右上角的位置，并进行栅格化处理，如图 6-115 所示。

图 6-112   图 6-113   图 6-114

（6）将"牡丹花"图层作为"内容图层"，将形状图层作为"基底图层"创建剪贴蒙版。选择"牡丹花"图层，执行"图层"→"创建剪贴蒙版"命令，为该图层创建一个剪贴蒙版，将素材中不需要的部分隐藏，效果如图 6-116 所示。使用同样的方法，制作左下角的装饰。制作完成后，设置"内容图层"（也就是花朵所在的图层）的"混合模式"为"柔光"，效果如图 6-117 所示，此时背景部分制作完成。

  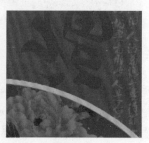

图 6-115   图 6-116   图 6-117

（7）使用"横排文字工具"在画布中输入文字，如图 6-118 所示。下面使用"样式"面板为文字添加图层样式。执行"窗口"→"样式"命令，打开"样式"面板，单击"菜单"按钮 ，在下拉菜单中执行"载入样式"命令，在弹出的"载入"面板中将素材 4.asl 载入，如图 6-119 所示。

（8）选择文字图层，继续单击该样式按钮，可见文字被快速赋予了样式，如图 6-120 所示。

 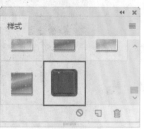

图 6-118   图 6-119

（9）制作文字上的"镀金"效果。置入金素材 6.jpg，放置在文字图层上方。接着选择"金"图层，执行"图层"→"创建剪贴蒙版"命令，将该图层作为"内容图层"，将文字图层作为"基底图层"，创建剪贴蒙版，文字效果如图 6-121 所示。使用同样的方法，制作其他几处文字效果，如图 6-122 所示。

（10）将素材 6.png 置入文件中，如图 6-123 所示。选择该图层，执行"图层"→"图层样式"→"描边"命令，在弹出的对话框中设置"大小"为 30 像素，"位置"为"外部"，"混合模式"为"正常"，"不透明度"为 100%，"颜色"为黄色，参数设置如图 6-124 所示，描边效果如图 6-125 所示。

图 6-120   图 6-121   图 6-122   图 6-123

（11）继续在画面中输入相应的文字并添加相同的"描边"样式。最后将素材 6.png 置入文件中，摆放至合适位置并进行栅格化处理。此时本案例制作完成，效果如图 6-126 所示。

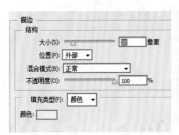  

图 6-124   图 6-125   图 6-126

6.5 课 后 练 习

初级练习：杂志内页排版

案例效果	可用素材

技术要点
"横排文字工具"、创建点文字、创建段落文字。
案例概述
本案例是非常常见的一类排版任务——图文结合的杂志内页排版。画面中的文字主要分为标题文字、副标题文字、导语文字、正文文字、页眉、页码等几个部分，其中数量较少的文字可以使用"点文字"的方式进行创建，而大段的正文则需要以"段落文字"的方式进行创建。
思路解析
1．置入照片素材并借助图层蒙版隐藏多余部分。 2．使用"横排文字工具"创建标题、副标题、导语等少量文字。 3．创建段落文本作为正文文字。
制作流程

视频讲解

进阶练习：时尚杂志封面设计

案例效果	可用素材

技术要点
"横排文字工具"、文字变形、创建文字路径、路径描边。
案例概述
本案例是一幅杂志封面的立体展示图，但是在制作书籍的立体效果之前首先需要制作杂志封面和书脊部分的平面图。在制作过程中主要使用"横排文字工具"创建版面中的文字，其中刊头文字需要通过变形并配合路径描边得到，其他文字则需要使用"横排文字工具"创建，并为其添加图层样式。

思路解析

1．使用"填充"命令制作带有斑点的背景。

2．使用"横排文字工具"创建文字，制作变形效果，为文字添加描边样式，并制作文字的斑点效果。

3．添加人物素材并抠图。

4．使用"多边形套索工具"绘制选区并填充颜色制作版面图形。

5．将制作好的封面和书脊分别合并，利用"自由变换"使其与立体书籍模板相匹配，最后添加阴影与高光效果，增强立体感。

制作流程

6.6 结 课 作 业

以"节能减排，绿色出行"为主题，设计一系列（3 幅）户外灯箱广告，主要用于公交车站、地铁站。

要求：

⬊ 成品尺寸宽度为 90cm，高度为 150cm。

⬊ 画面必须包含文字信息，文案内容自拟。

⬊ 可包含图形或图像元素。

⬊ 主题明确，风格统一。

⬊ 可在网络上搜索相关类型作品作为参考，不可抄袭。

Chapter 07

第 7 章

矢量绘图

  Photoshop 的矢量工具包括钢笔工具和形状工具。钢笔工具主要用于绘制不规则的图形，而形状工具则通过选取内置的图形绘制较规则的形状。在使用 Photoshop 中的钢笔工具和形状工具绘图前，首先要了解使用这些工具可以绘制出什么模式的对象，也就是通常所说的绘图模式。而在了解了绘图模式之后，就需要了解路径与锚点之间的关系，因为在使用钢笔工具等矢量工具绘图时，基本上都会涉及它们。

本章学习要点：

- 熟练掌握"钢笔工具"的使用方法
- 掌握路径的操作与编辑方法
- 掌握形状工具的使用方法

7.1 绘制不规则图形

"钢笔工具"是典型的矢量绘图工具,提到"矢量"这个词,大家可能会感到陌生。矢量图像,也称为面向对象的图像或绘图图像,将矢量图像中的图形元素称为对象,每个对象都是一个自成一体的实体,具有颜色、形状、轮廓、大小和屏幕位置等属性。既然每个对象都是一个自成一体的实体,就可以在维持它原有清晰度和弯曲度的同时,多次改变它的属性,而不会影响图中的其他对象。简单来说,矢量图像在放大到任何倍数时都可以清晰地显现,即清晰度与分辨率大小无关。如图 7-1 ~图 7-4 所示为使用"钢笔工具"绘制的作品。

图 7-1

图 7-2

图 7-3

图 7-4

使用钢笔工具组可以帮助用户绘制多种多样的图形,还可以对这些图形进行多种多样的编辑,以满足创作者的不同需求。按住工具箱中的"钢笔工具"按钮 ,可以看到工具组中包含了多个隐藏工具。而路径选择工具组主要用于选择需要调整的路径 /锚点,并进行移动等调整操作。该组包括"路径选择工具" 和"直接选择工具" ,如图 7-5 所示。

图 7-5

7.1.1 绘图模式

要学习钢笔工具和形状工具,首先要了解绘图模式。选择工具箱中的某个形状工具,然后单击工具选项栏中的"绘图模式"按钮,即可看到"形状""路径""像素"3 种绘图模式,如图 7-6 所示。"钢笔工具"只能使用"形状"与"路径"两种模式,如图 7-7 所示。如图 7-8 所示为使用 3 种不同绘制模式绘制的图形效果。

图 7-6

图 7-7

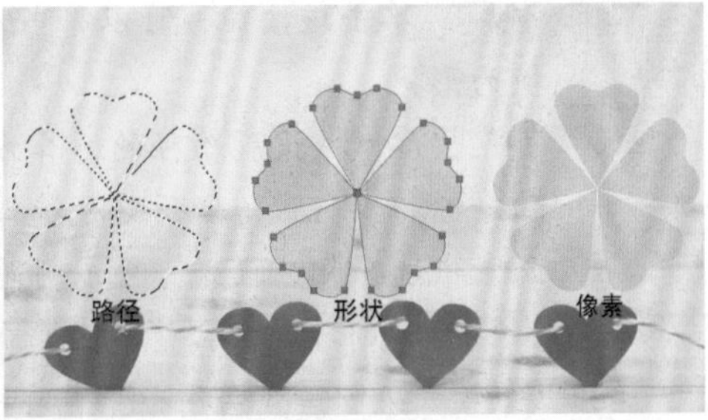

图 7-8

↘ 形状：选择该选项后，可在单独的形状图层中创建形状。形状图层由填充区域和形状两部分组成，填充区域定义了形状的颜色、图案和图层的不透明度，形状则是一个矢量图形，它同时出现在"路径"面板中。

↘ 路径：选择该选项可以创建工作路径，可以将路径转换为选区，或创建矢量蒙版，还可以填充和描边。

↘ 像素：选择该选项后，可以在当前图层绘制栅格化的图形。

↘ 填充：单击该按钮，在下拉面板中设置形状的填充方式，可选择"无颜色" ☑️、"纯色" ⬛、"渐变" ▦ 和"图案" ▨，如图 7-9 所示。

↘ 描边：单击该按钮，在下拉面板中可设置形状的描边方式。

↘ 描边宽度：用来设置描边的宽度，数值越大，描边越宽。

↘ 描边类型 ━━━▾：单击该按钮，可在下拉面板中选择一种描边方式。还可以对描边的对齐方式、端点类型以及角点类型进行设置，如图 7-10 所示。单击"更多选项"按钮，可以在弹出的"描边"对话框中创建新的描边类型，如图 7-11 所示。

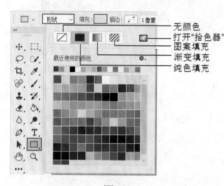

图 7-9

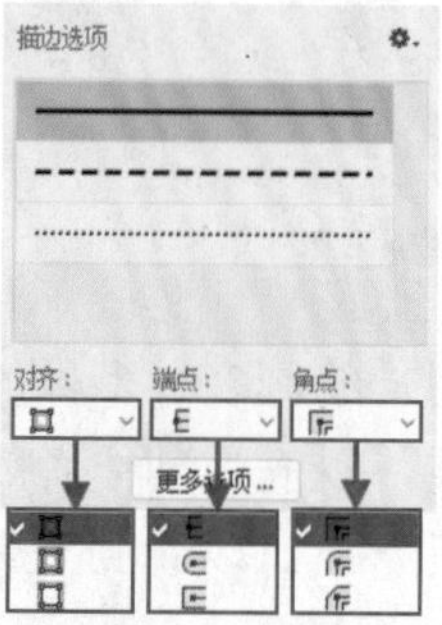

图 7-10

图 7-11

（1）路径是一种轮廓，虽然路径不包含像素，但是可以使用颜色填充或描边路径。选择形状工具或钢笔工具，然后在选项栏中设置"绘制模式"为"路径"，接着在画面中进行绘制即可创建工作路径，如图 7-12 所示。

↘ 选区…：单击该按钮，可以将当前路径转换为选区。

↘ 蒙版：单击该按钮，可以以当前路径为所选图层创建矢量蒙版。

↘ 形状：单击该按钮，可以将当前路径转换为形状。

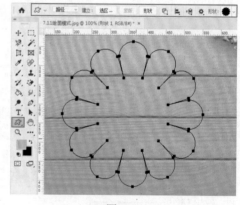

图 7-12

↘ ▣ 路径操作：设置路径的运算方式。

↘ ▣ 路径对齐方式：使用路径选择工具选择两个以上路径后，在路径对齐方式下拉列表中选择相应模式，可以对路径进行对齐与分布的设置。

↘ ▩ 路径排列方式：调整路径堆叠顺序。

（2）"像素"绘制模式会用前景色在所选图层中进行绘制，所以使用"像素"模式进行绘制之前必须先选中图层，然后在选项栏中设置"绘制模式"为"像素"。在选项栏中还可

以对"混合模式"与"不透明度"进行设置，
完成后即可在画面中进行绘制，如图 7-13 所示。

7.1.2　钢笔工具

"钢笔工具" 是最基本、最常用的路
径绘制工具，使用该工具可以绘制任意形状的
直线或曲线路径。"钢笔工具"也是重要的
抠图工具，使用它可以绘制精确的轮廓路径，
将轮廓路径转换为选区后便可以选中对象，进
行精确抠图。

图 7-13

（1）单击工具箱中的"钢笔工具"按钮，在选项栏中设置"绘制模式"为"路径"，
将光标移动到图形的边缘，单击即可生成锚点，如图 7-14 所示。接着在另一个位置单击，
创建第二个锚点，两个锚点会连接成一条直线路径，如图 7-15 所示。

（2）当绘制曲线路径时，将光标移动到相应位置，如图 7-16 所示。然后按住鼠标左
键不放并进行拖曳，可以绘制曲线路径，曲线路径的形状可以通过拖动方向线来控制，如
图 7-17 所示。

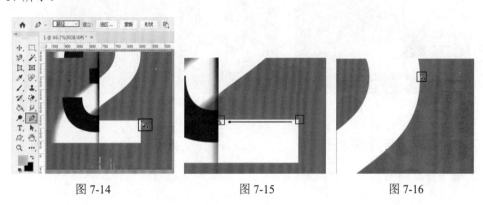

图 7-14　　　　　　　　　图 7-15　　　　　　　　　图 7-16

✎ 技巧提示：如何绘制水平或垂直的直线路径？

按住 Shift 键可以绘制水平、垂直或以 45° 角为增量的直线。

（3）当绘制曲线转折向直线时，如果继续绘制会出现如图 7-18 所示的情况。此时可以
先按住 Alt 键将"钢笔工具"切换到"转换点工具"，然后单击转折位置的锚点，如图 7-19
所示。继续绘制路径，如图 7-20 所示。

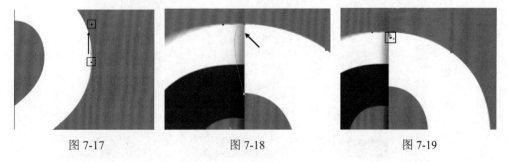

图 7-17　　　　　　　　　图 7-18　　　　　　　　　图 7-19

（4）如果要在绘制的过程中调整锚点的位置，可以按住 Ctrl 键切换到"直接选择工

具"，然后按住鼠标左键拖曳即可调整锚点的位置，如图 7-21 所示。随着锚点位置的改变，路径也会发生改变，如图 7-22 所示。

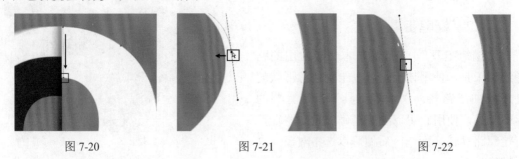

图 7-20　　　　　　　图 7-21　　　　　　　图 7-22

（5）当绘制到起始锚点的位置时，光标变为 形状后单击，即可闭合路径，如图 7-23 所示。接着按 Ctrl+Enter 快捷键将路径转换为选区，如图 7-24 所示。选区创建完成后，可以继续进行其他编辑，如图 7-25 所示。

图 7-23　　　　　　　图 7-24　　　　　　　图 7-25

7.1.3　弯度钢笔工具

使用"弯度钢笔工具" 能够通过 3 个点定位一条曲线。选择工具箱中的"弯度钢笔工具"，首先将光标移动至画面中并单击，接着将光标移动至下一个位置并单击，然后参照"橡皮带"确定曲线路径的走向，此时单击鼠标左键即可看到一段曲线，如图 7-26 所示。继续绘制，在锚点上双击即可将"平滑点"转换为"角点"，如图 7-27 所示。继续绘制，单击起始锚点的位置即可完成闭合路径的绘制，如图 7-28 所示。

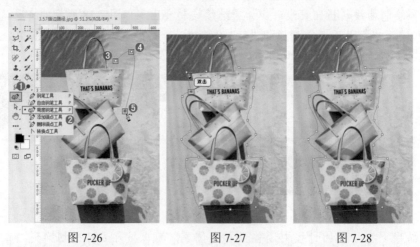

图 7-26　　　　　　　图 7-27　　　　　　　图 7-28

7.1.4　"自由钢笔工具"和"磁性钢笔工具"

使用"自由钢笔工具"可以轻松地绘制出比较随意的路径。使用"磁性钢笔工具"能够自动捕捉颜色差异的边缘以快速绘制路径。

单击工具箱中的"自由钢笔工具"按钮![图标]，在画面中按住鼠标左键拖曳即可绘制路径，如图 7-29 所示。如果在选项栏中选中"磁性的"复选框，那么将切换到"磁性钢笔工具"![图标]，然后在物体边缘单击并沿轮廓拖动光标，可以看到磁性钢笔会自动捕捉颜色差异较大的区域并创建路径，如图 7-30 所示。在选项栏中单击![图标]图标，在下拉菜单中可以对磁性钢笔的"曲线拟合"数值进行设置，该数值用于控制绘制路径的精度，数值越大，路径细节越多，路径越精确；数值越小，路径上的细节越少，相对来说路径也越平滑。

图 7-29

图 7-30

实战案例：使用"自由钢笔工具"制作儿童画

![PSD]案例文件 / 第 7 章 / 使用"自由钢笔工具"制作儿童画

![视频]视频教学 / 第 7 章 / 使用"自由钢笔工具"制作儿童画 .mp4

案例概述：

本案例主要使用"自由钢笔工具"绘制案例效果中的卡通花朵来制作儿童画，效果如图 7-31 所示。

图 7-31

操作步骤：

（1）执行"文件"→"新建"命令，新建一个空白文档。选择工具箱中的"渐变工具"，接着单击选项栏中的渐变色条，在弹出的"渐变编辑器"对话框中编辑一个淡粉色到白色的径向渐变，颜色设置完成后单击"确定"按钮，如图 7-32 所示。然后在画面中心按住鼠标左键向右下角拖曳进行渐变填充，如图 7-33 所示。

图 7-32

图 7-33

（2）在画面中绘制花朵。单击工具箱中的"自由钢笔工具"按钮，在选项栏中设置"绘制模式"为"形状"，"填充颜色"为粉色，"描边"为无。设置完成后在画布上绘制一个图形，如图 7-34 所示。接着使用同样的方式在圆形的中心绘制一个白色的小圆形，如图 7-35 所示。

（3）使用"自由钢笔工具"，在选项栏上设置"绘制模式"为"形状"，"描边颜色"为白色，描边"粗细"为 5 点。接着单击"设置"按钮，在弹出的下拉面板中设置"曲线拟合"为 10 像素，设置完成后在画面中的圆形上按住鼠标左键绘制曲线，如图 7-36 所示。将"描边颜色"更改为粉红色。然后用同样的方式绘制花茎部分，效果如图 7-37 所示。

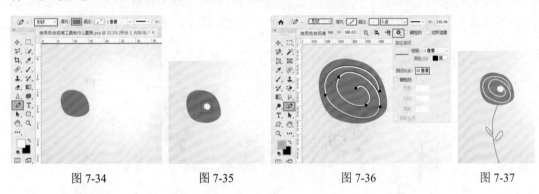

| 图 7-34 | 图 7-35 | 图 7-36 | 图 7-37 |

（4）使用同样的方法绘制其他大小不同的花朵，效果如图 7-38 所示。

（5）单击工具箱中的"横排文字工具"按钮，在选项栏中设置合适的字体、字号，设置文本颜色为粉色。设置完成后在画面上方单击插入光标，输入文字，如图 7-39 所示。此时本案例制作完成，最终效果如图 7-40 所示。

| 图 7-38 | 图 7-39 | 图 7-40 |

7.1.5 添加和删除锚点

单击"添加锚点工具"按钮，在路径上单击即可添加新的锚点，如图 7-41 所示。单击工具箱中的"删除锚点工具"按钮，将光标放在锚点上，单击鼠标左键即可删除锚点，如图 7-42 所示。

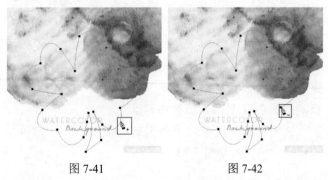

| 图 7-41 | 图 7-42 |

技巧提示：在"钢笔工具"使用状态下添加或删除锚点

选择"钢笔工具"，将光标移动至锚点处，光标变为🖊_形状后单击即可删除锚点；将光标移动至路径上方非锚点处，光标变为🖊形状后单击即可添加锚点。

7.1.6　转换点工具

"转换点工具"主要用来转换锚点的类型。如图 7-43 所示为一个带有角点以及平滑点的路径。选择"转换点工具"🖊，在角点上按住鼠标左键并拖动，可以将角点转换为平滑点，如图 7-44 所示。使用"转换点工具"在平滑点上单击，可以将平滑点转换为角点，如图 7-45 所示。

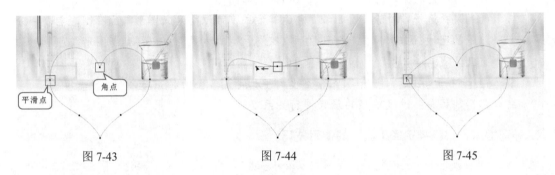

图 7-43　　　　　　　　　　　图 7-44　　　　　　　　　　　图 7-45

实战案例：使用"钢笔工具"为建筑照片换背景

🅿️案例文件 / 第 7 章 / 使用"钢笔工具"为建筑照片换背景

📺视频教学 / 第 7 章 / 使用"钢笔工具"为建筑照片换背景 .mp4

案例概述：

"钢笔工具"是非常好用的抠图工具，尤其是针对边缘复杂的对象，抠图效果非常好。制作本案例首先要选择"钢笔工具"，设置"绘制模式"为"路径"，设置完成后沿着建筑物的边缘绘制路径，得到路径选区。然后将选区反选，接着将选区中的像素删除，抠图操作结束，最后更改背景，如图 7-46 和图 7-47 所示。

图 7-46　　　　　　　　　　　图 7-47

7.1.7　选择路径与锚点

路径选择工具组要配合路径才能使用，该工具组不但可以选择已有的路径，还可以对路径上锚点的位置进行调整，从而制作形态各异的路径图形，辅助绘制精美的画面。单击工具箱中的路径选择工具组按钮，在打开的工具列表中包含"路径选择工具"和"直接选择工具"两个隐藏工具，如图 7-48 所示。

图 7-48

单击工具箱中的"路径选择工具"按钮，在路径上单击即可选择并移动路径，如图 7-49 所示。

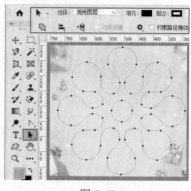

图 7-49

↘ 路径运算：在路径运算列表中可以选择多个路径之间的运算方式，例如，可以通过选择得到两个路径相加、相减、交叉、排除交叉区域的结果。单击选项栏中的"路径运算"按钮，在下拉列表中选择"合并形状"选项，继续使用"钢笔工具"绘制图形，此时新绘制的图形将添加到原有的图形中；选择"减去顶层形状"运算方式，可以得到从原有的图形中减去新绘制的图形的结果；选择"排除重叠形状"运算方式，可以得到新图形与原有图形重叠部分以外的区域；若选择"与形状区域交叉"运算方式，可以得到新图形与原图形的交叉区域。

↘ 路径对齐方式：当有多个路径时，可以设置路径的对齐与分布。

↘ 路径排列：设置路径的层级排列关系。

✎技巧提示："路径选择工具"的使用技巧

按住 Shift 键可以选择多个路径，同时它还可以用来移动、组合、对齐和分布路径。按住 Ctrl 键并单击路径可以将当前工具转换为"直接选择工具"。

"直接选择工具"主要用来选择路径上的单个或多个锚点，可以移动锚点调整方向线。单击工具箱中的"直接选择工具"按钮，在锚点处单击，即可选择该锚点，如图 7-50 所示，框选可以选中多个锚点，如图 7-51 所示。

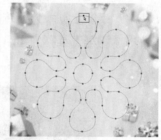

图 7-50

图 7-51

✎技巧提示：快速切换到"路径选择工具"的方法

按住 Ctrl 键并单击路径可以将当前工具转换为"路径选择工具"。

7.1.8 编辑路径

像其他对象一样，对路径可以执行选择、移动、变换等常规操作，也可以进行如定义为形状、建立选区、描边等特殊操作。路径还可以像选区一样进行"运算"。通过对路径的编辑可以制作各种各样的图形效果。（需要注意的是，选择路径需要使用"路径选择工具"。）

如果需要将路径转换为选区，可以在路径上单击鼠标右键，在弹出的快捷菜单中执行"建立选区"命令，如图 7-52 所示。执行该命令后，会弹出"建立选区"对话框，如图 7-53 所示，可以进行"羽化半径"的设置，羽化半径越大，选区的边缘模糊程度越大，单击"确定"按钮结束操作，效果如图 7-54 所示。

图 7-52

图 7-53

图 7-54

✍ 技巧提示：将路径转换为选区的快捷键

可以使用快捷键 **Ctrl+Enter** 将路径转换为选区。

　　选择路径，执行"编辑"→"变换路径"菜单下的命令即可对其进行相应的变换，也可以使用快捷键 **Ctrl+T**，变换路径与变换图像的方法相同，这里不再进行重复讲解，如图 7-55 所示。

✍ 技巧提示：将路径定义为自定形状

对已有路径执行"编辑"→"定义自定形状"命令，在弹出的"形状名称"对话框中设置合适的名称，然后单击"确定"按钮即可将路径定义为自定形状。定义完成后，单击"自定形状工具"按钮 🔲，在选项栏形状预设下拉面板中可以看到新自定义的形状。

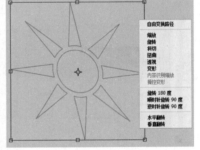

图 7-55

　　使用"描边路径"命令能够以设置好的绘画工具沿任何路径创建描边。使用矢量工具的状态下，在绘制完成的路径上单击鼠标右键，在弹出的快捷菜单中执行"描边路径"命令，打开"描边路径"对话框。在"工具"列表中可以选择使用多种不同的工具对路径进行描边，如画笔、铅笔、橡皮擦、仿制图章等，如图 7-56 所示。选中"模拟压力"复选框可以模拟手绘产生的两端较细的效果，如图 7-57 所示。取消选中该复选框，描边为线性、均匀的效果，如图 7-58 所示。

图 7-56

图 7-57

图 7-58

✎ 技巧提示：快速描边路径的方法

设置好画笔的参数以后，在使用画笔的状态下按 Enter 键也能够以上一次设置的参数为路径进行描边。

视频讲解

实战案例：矢量写实感苹果图标

📄 案例文件 / 第 7 章 / 矢量写实感苹果图标

🖥 视频教学 / 第 7 章 / 矢量写实感苹果图标 .mp4

案例概述：

本案例主要使用"钢笔工具"绘制矢量苹果的各个部分，并通过合适的颜色，使苹果呈现立体感，最后配合"画笔工具"进行涂抹，制作苹果的高光效果，如图 7-59 所示。

图 7-59

操作步骤：

（1）执行"文件"→"新建"命令，创建一个新文档。接着选择工具箱中的"渐变工具"，在选项栏中单击渐变色条，在弹出的"渐变编辑器"对话框中编辑一种灰色系的渐变颜色。设置完成后单击"确定"按钮。在选项栏中设置"渐变类型"为"线性渐变"，如图 7-60 所示。接下来将光标移到画面中，在画面内按住鼠标左键并拖曳进行渐变填充，如图 7-61 所示，释放鼠标后的效果如图 7-62 所示。

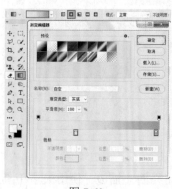

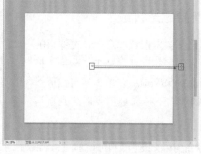

图 7-60 图 7-61 图 7-62

（2）制作苹果的阴影效果。新建图层，选择工具箱中的"画笔工具"，在选项栏中单击打开"画笔预设"选取器，在常规画笔组下选择"柔边圆"画笔，设置"大小"为 150 像素，"硬度"为 0%，接着将"不透明度"设置为 54%，如图 7-63 所示。将前景色设置为浅绿色，在画面底部进行涂抹，效果如图 7-64 所示。接着编辑一个墨绿色的前景色，继续在画面中的浅绿色上面进行涂抹，呈现阴影效果，如图 7-65 所示。

图 7-63 图 7-64 图 7-65

（3）绘制苹果果身部分。单击工具箱中的"钢笔工具"按钮，在选项栏中设置"绘制模式"为"形状"，单击"填充"按钮，在弹出的下拉面板中设置填充为绿色系渐变，在编辑器中适当调节色标滑块，并将"描边"设置为无，如图 7-66 所示。设置完成后在画面中绘制形状，如图 7-67 所示。

（4）选择该图层，使用 Ctrl+J 快捷键复制该图层，并在选项栏中更改其填充颜色为黄绿色，然后对其使用"自由变换"快捷键 Ctrl+T，进行适当的缩放，效果如图 7-68 所示。

（5）制作阴影效果。新建图层，按住 Ctrl 键单击该图层缩览图，载入上层苹果图层选区。在工具箱的底部设置前景色为黑色，使用前景色填充快捷键 Alt+Delete 进行填充，如图 7-69 所示。接着单击"图层"面板底部的"添加图层蒙版"按钮，为该图层添加一个空白蒙版。然后选择一个较大的黑色"柔边圆"画笔，在蒙版中的果身上涂抹，涂抹的黑色部位将被隐藏，如图 7-70 所示。

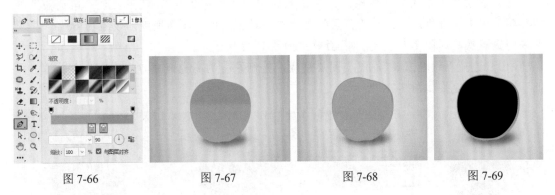

图 7-66　　　　图 7-67　　　　图 7-68　　　　图 7-69

（6）将该图层的"不透明度"设置为 45%，此时苹果的立体感呈现出来了，效果如图 7-71 所示。

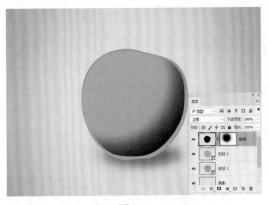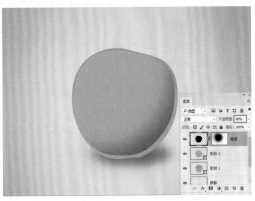

图 7-70　　　　　　　　图 7-71

（7）制作苹果底部的高光。再次选择工具箱中的"钢笔工具"，在选项栏中设置"绘制模式"为"形状"，"填充"为白色，"描边"为无。设置完成后，在苹果底部绘制一个白色月牙形状，如图 7-72 所示。接着为该图层添加图层蒙版，使用黑色画笔在图层蒙版中涂抹，使高光只保留很少的一部分，如图 7-73 所示。

（8）使用同样方法绘制苹果上部的高光部分，并在"图层"面板中适当降低不透明度，此时蒙版效果如图 7-74 所示，画面效果如图 7-75 所示。

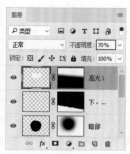

图 7-72 图 7-73 图 7-74

（9）继续塑造苹果的光泽感。选择工具箱中的"画笔工具"，使用白色"柔边圆"画笔在苹果中上部进行涂抹，在"图层"面板中将该图层的"不透明度"设置为60%。呈现苹果的饱满感，如图 7-76 所示，画面效果如图 7-77 所示。

（10）选择"钢笔工具"，配合图层蒙版，绘制果蒂的高光部分与凹陷部分，并适当降低不透明度，效果如图 7-78 所示。

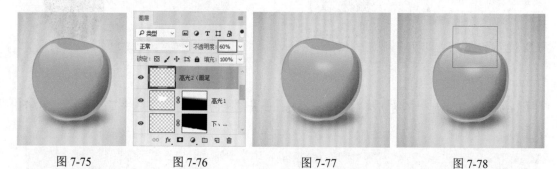

图 7-75 图 7-76 图 7-77 图 7-78

（11）选择工具箱中的"钢笔工具"，在选项栏中设置"绘制模式"为"形状"，"填充"为黑色，"描边"为无，接着绘制一个黑色的苹果梗，如图 7-79 所示。使用同样的方法继续使用"钢笔工具"绘制苹果梗的高光及过渡，并适当调节高光图层的不透明度，此时效果如图 7-80 所示。

（12）置入水滴素材，并将素材图层进行栅格化处理。此时本案例制作完成，最终效果如图 7-81 所示。

图 7-79 图 7-80 图 7-81

实战案例：使用矢量工具制作儿童产品广告

视频讲解

案例文件 / 第 7 章 / 使用矢量工具制作儿童产品广告

视频教学 / 第 7 章 / 使用矢量工具制作儿童产品广告 .mp4

案例概述：

本案例首先使用"钢笔工具"在画面中绘制闭合路径，将其转换为选区后填充适当的颜色。接着使用"钢笔工具"绘制路径，使用"横排文字工具"在路径上单击并输入文字，创建路径文字。通过添加多种"图层样式"改变部分元素的视觉效果，案例效果如图 7-82 所示。

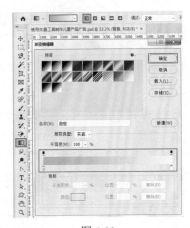

图 7-82

操作步骤：

（1）新建文件，选择工具箱中的"渐变工具"，在选项栏中设置"渐变类型"为"线性渐变"，接着单击打开"渐变编辑器"对话框，在该对话框中编辑一种蓝色到白色的线性渐变，编辑完成后单击"确定"按钮，如图 7-83 所示。接着在画面中按住鼠标左键并拖动，释放鼠标即为背景填充了渐变色，效果如图 7-84 所示。

（2）新建图层。选择工具箱中的"钢笔工具"，在选项栏中设置"绘制模式"为"路径"，设置完成后在画面中绘制一个合适的闭合路径，如图 7-85 所示。绘制完成后按 Ctrl+Enter 快捷键将路径快速转换为选区，并为其填充黑色，效果如图 7-86 所示。填充完成后按 Ctrl+D 快捷键取消对选区的选择。

图 7-83

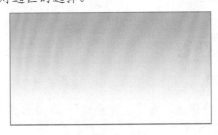

图 7-84

图 7-85

（3）在"图层"面板中选中该图层，设置"不透明度"为 10%，如图 7-87 所示，效果如图 7-88 所示。

图 7-86

图 7-87

图 7-88

（4）复制黑色绘制图层，置于"图层"面板顶部，设置其"不透明度"为 100%，按 Ctrl+U 快捷键打开"色相 / 饱和度"对话框。设置"明度"为 100，如图 7-89 所示。设置完成后单击"确定"按钮。同时将该图层适当向下移动，下方的黑色图形呈现阴影效果，如图 7-90 所示。

（5）新建图层，选择工具箱中的"钢笔工具"，在画面中绘制心形形状，如图 7-91 所示。接着按 Ctrl+Enter 快捷键将路径转换为选区，并为其填充白色，效果如图 7-92 所示。填充完成后按 Ctrl+D 快捷键取消对选区的选择。

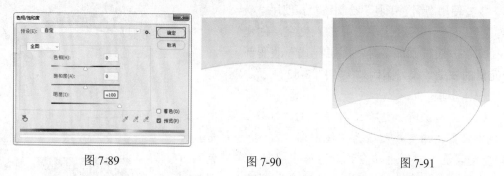

图 7-89   图 7-90   图 7-91

（6）选择心形图层，执行"图层"→"图层样式"→"内发光"命令，在弹出的"图层样式"对话框中设置"混合模式"为"正常"，"不透明度"为 75%，设置颜色为青蓝色，"方法"为"柔和"，选中"边缘"单选按钮，设置"阻塞"为 20%，"大小"为 200 像素，如图 7-93 所示。加选"外发光"选项，设置"混合模式"为"正常"，"不透明度"为 80%，设置颜色为蓝色，"方法"为"柔和"，"大小"为 46 像素，如图 7-94 所示。

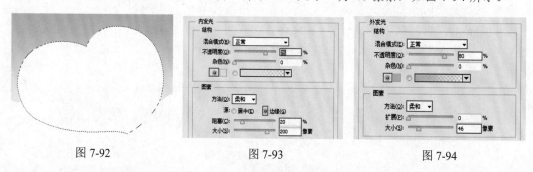

图 7-92   图 7-93   图 7-94

（7）继续加选"投影"选项，设置其"混合模式"为"正片叠底"，颜色为黑色，"不透明度"为 40%，"角度"为 -93 度，"距离"为 5 像素，"扩展"为 0%，"大小"为 5 像素，如图 7-95 所示。设置完成后单击"确定"按钮，效果如图 7-96 所示。

（8）执行"文件"→"置入嵌入对象"命令，将卡通素材 1.png 置入画面中，放置在合适的位置并将其栅格化，效果如图 7-97 所示。

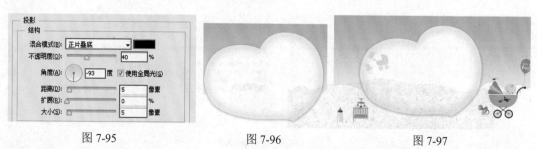

图 7-95   图 7-96   图 7-97

（9）将婴儿素材 2.jpg 置于画面中合适的位置并将其栅格化。此时婴儿素材带有白色
背景，需要将人物从中提取出来。选择工具
箱中的"魔棒工具"，在婴儿素材上方单击鼠
标左键得到背景的选区，然后按 Shift+Ctrl+I
组合键将选区反选，接着在"图层"面板中
单击"添加图层蒙版"按钮，基于选区添加
蒙版，如图 7-98 所示。选择工具箱中的"画
笔工具"，使用黑色"柔边圆"画笔在婴儿底
部绘制婴儿的阴影效果，如图 7-99 所示。

图 7-98

（10）新建图层，选择工具箱中的"钢笔
工具"，在选项栏中设置"绘制模式"为"路径"，设置完成后在画面中绘制彩带的闭合路
径，如图 7-100 所示。绘制完成后按 Ctrl+Enter 快捷键将其转换为选区，为其填充红色，
效果如图 7-101 所示。

图 7-99　　　　　　　　　图 7-100　　　　　　　　　图 7-101

（11）对其执行"图层"→"图层样式"→"渐变叠加"命令，在弹出的"图层样式"
对话框中设置"混合模式"为"正常"，"不透明度"为 100%，设置红色系的渐变，"样式"
为"线性"，"角度"为 0 度，如图 7-102 所示。加选"投影"选项，设置"混合模式"为
"正片叠底"，颜色为黑色，"不透明度"为 40%，"角度"为 −93 度，"距离"为 10 像素，
"扩展"为 0%，"大小"为 15 像素，如图 7-103 所示。设置完成后单击"确定"按钮，效
果如图 7-104 所示。

图 7-102　　　　　　　　图 7-103　　　　　　　　图 7-104

（12）用同样的方法制作丝带两侧的效果，如图 7-105 所示。

（13）再次选择工具箱中的"钢笔工具"，在选项栏中设置"绘制模式"为"路径"，
接着在画面中绘制一条路径，选择工具箱中的"横排文字工具"按钮，在选项栏中设置合
适的字体、字号，设置文字颜色为蓝灰色，然后将光标置于路径上，单击输入路径文字，
如图 7-106 所示。继续在红色丝带处分别输入其他文字，如图 7-107 所示。

图 7-105   图 7-106   图 7-107

（14）选中"品"字并复制，将其置于原图层上方，适当将其向上移动，对其执行"图层"→"图层样式"→"渐变叠加"命令，在弹出的"图层样式"对话框中设置"混合模式"为"正常"，"不透明度"为 100%，编辑合适的渐变颜色，设置"样式"为"线性"，如图 7-108 所示。设置完成后单击"确定"按钮，效果如图 7-109 所示。

（15）用同样的方法为其他文字添加同样的图层样式，此时本案例制作完成，最终效果如图 7-110 所示。

图 7-108   图 7-109   图 7-110

视频讲解

视频陪练：可爱甜点海报

案例文件 / 第 7 章 / 可爱甜点海报
视频教学 / 第 7 章 / 可爱甜点海报 .mp4
案例概述：
本案例主要利用"填充"制作双色背景，并为水果素材添加渐变叠加图层样式，使之融合在背景中。使用"钢笔工具"绘制画面中主体物冰淇淋的路径，转换为选区后进行抠图操作，使之从背景中分离出来。使用形状工具为画面添加箭头形状，并使用"横排文字工具"为画面添加文字信息，如图 7-111 所示。

图 7-111

7.2　绘制规则的图形

Photoshop 包含多种形状工具，单击工具箱中的"矩形工具"按钮▢，在弹出的工具组中可以看到 6 种形状工具，使用这些工具可以绘制各种各样的形状，如图 7-112 所示。

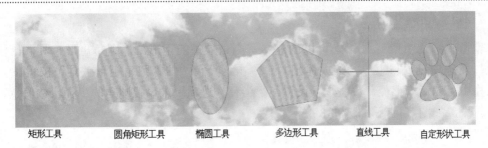

矩形工具　　　　圆角矩形工具　　　椭圆工具　　　　多边形工具　　　直线工具　　　自定形状工具

图 7-112

7.2.1　矩形工具

使用"矩形工具" ▭可以绘制矩形和正方形。

（1）"矩形工具"的使用方法与"矩形选框工具"类似，按住鼠标左键并拖动可绘制矩形路径 / 形状 / 像素，绘制时按住 Shift 键可以绘制正方形，按住 Alt 键可以以鼠标单击点为中心绘制矩形，按住 Shift+Alt 快捷键可以以鼠标单击点为中心绘制正方形，绘制效果对比如图 7-113 所示。在选项栏中单击 ❖ 图标，可打开"矩形工具"选项面板，如图 7-114 所示。

图 7-113　　　　　　　　图 7-114

- ↘　不受约束：选中该单选按钮，可以绘制任意大小的矩形。
- ↘　方形：选中该单选按钮，可以绘制任意大小的正方形。
- ↘　固定大小：选中该单选按钮后，可以在其后面的输入框中输入宽度（W）和高度（H），然后在图像上单击即可创建固定大小的矩形。
- ↘　比例：选中该单选按钮后，可以在其后面的输入框中输入宽度（W）和高度（H）比例，此后创建的矩形始终保持这个比例。
- ↘　从中心：以任何方式创建矩形时，选中该单选按钮，鼠标单击点即为矩形的中心。
- ↘　对齐像素：选中该单选按钮后，可以使矩形的边缘与像素的边缘相重合，这样图形的边缘就不会出现锯齿。

（2）单击工具箱中的"矩形工具"按钮，在要绘制矩形对象的一个角点位置单击，此时会弹出"创建矩形"对话框。在对话框中进行相应设置，单击"确定"按钮可创建精确的矩形对象，如图 7-115 和图 7-116 所示。

图 7-115　　　　　　　　　　图 7-116

7.2.2　圆角矩形工具

使用"圆角矩形工具" 可以创建具有圆角效果的矩形。"圆角矩形工具"的使用方法以及选项设置与矩形工具大体相同。单击工具箱中的"圆角矩形工具"按钮 ，在选项栏中可以对"半径"数值进行设置。"半径"选项用来设置圆角的半径，数值越大，圆角越大，如图 7-117 和图 7-118 所示。

图 7-117

图 7-118

✎技巧提示：

在使用"矩形工具"或"圆角矩形工具"绘制路径或形状后，会弹出"属性"面板，在"属性"面板中可以对图形的大小、描边等参数进行设置，还可以对圆角半径进行设置。当处于链接状态时，更改一个角的半径数值，其他 3 个角的半径数值也会发生同样的变化；如果取消链接状态，则可以分别更改角的半径，如图 7-119 和图 7-120 所示。

图 7-119

图 7-120

实战案例：使用"圆角矩形工具"制作 LOMO 照片

视频讲解

📄案例文件 / 第 7 章 / 使用"圆角矩形工具"制作 LOMO 照片

📹视频教学 / 第 7 章 / 使用"圆角矩形工具"制作 LOMO 照片 .mp4

案例概述：

圆角矩形能够给人一种圆润可爱的感觉，应用非常广泛。在这个案例中先使用"圆角矩形工具"绘制路径，然后转换为选区，这样就得到了圆角矩形选区，反向选择后填充颜色制作照片边框，如图 7-121 所示。

图 7-121

操作步骤：

（1）打开素材文件，单击工具箱中的"圆角矩形工具"按钮 ，并在选项栏中单击"路径"按钮，设置"半径"为 30 像素，如图 7-122 所示。接着回到图像中，在左上角按住鼠标左键，确定圆角矩形的起点，并向右下角拖动，绘制圆角矩形，然后单击鼠标右键，在弹出的快捷菜单中执行"建立选区"命令，如

图 7-123 所示。将当前路径转换为选区之后单击鼠标右键，在弹出的快捷菜单中执行"选择反向"命令，将选区反选，如图 7-124 所示。

图 7-122

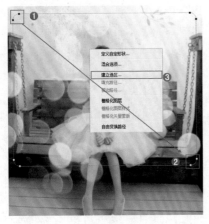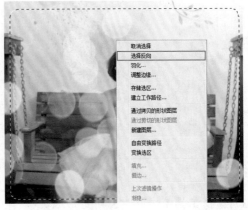

图 7-123　　　　　　　　　　　图 7-124

（2）新建"图层 1"，设置前景色为白色，并使用填充前景色快捷键 Alt+ Delete 将选区填充白色，如图 7-125 所示。操作完成后使用快捷键 Ctrl+D 取消选区。最后执行"文件"→"置入嵌入对象"命令，置入前景素材，并将素材图层进行栅格化处理，最终效果如图 7-126 所示。

图 7-125　　　　　　　　　　　图 7-126

实战案例：简洁矩形按钮

案例文件 / 第 7 章 / 简洁矩形按钮

视频教学 / 第 7 章 / 简洁矩形按钮 .mp4

案例概述：

本例主要利用"圆角矩形工具""钢笔工具""渐变工具"制作矩形按钮，如图 7-127 所示。

图 7-127

操作步骤：

（1）执行"文件"→"新建"命令，创建一个"宽度"为 2500 像素，"高度"为 1331 像素，"分辨率"为 300 像素 / 英寸的新文档，如图 7-128 所示。

（2）选择工具箱中的"渐变工具"，在选项栏中设置"渐变模式"为"径向"，单击

Photoshop CC 中文版基础培训教程（第2版）

渐变色条，打开"渐变编辑器"对话框，编辑一种棕灰色系的渐变颜色，设置完成后单击"确定"按钮，如图7-129所示。接着在画面中按住鼠标左键并拖动，进行填充，释放鼠标后的效果如图7-130所示。

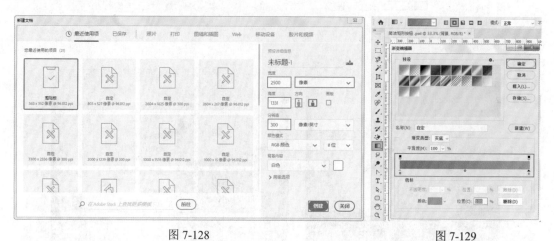

图 7-128　　　　　　　　　　　　　　　　图 7-129

（3）选择工具箱中的"圆角矩形工具"，在选项栏中设置"绘制模式"为形状，"填充"颜色为暗红色，"描边"为无，"半径"为50像素。设置完成后在画面中按住鼠标左键并拖动，绘制圆角矩形，如图7-131所示。

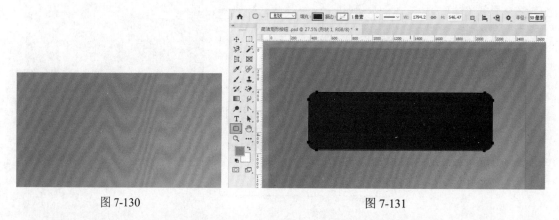

图 7-130　　　　　　　　　　　　　　　　图 7-131

（4）新建图层，按住 Ctrl 键并单击缩览图，载入红色矩形选区，执行"选择"→"变换选区"命令，按住 Shift+Alt 快捷键的同时将光标放在右上角的控制点上，将其以中心点进行等比例缩放，效果如图7-132所示。变换完成后按 Enter 键。

（5）在当前选区状态下，选择工具箱中的"渐变工具"，编辑一种红色系渐变。设置完成后在选区内按住鼠标左键并拖动，填充线性渐变，如图7-133所示。绘制完成后按 Ctrl+D 快捷键取消对选区的选择。

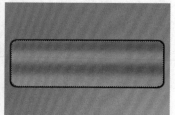

图 7-132　　　　　　　　　　　　图 7-133

（6）再次选择工具箱中的"圆角矩形工具"，在选项栏中设置"绘制模式"为"形状"，"填充"颜色为红色，"描边"为无，"半径"为 50 像素。设置完成后在画面中按住鼠标左键并拖动，绘制一个小一点的圆角矩形，效果如图 7-134 所示。

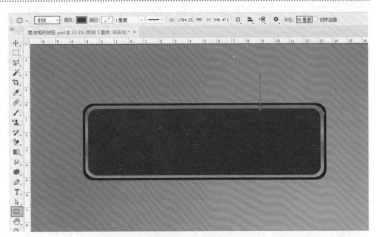

图 7-134

（7）在画面中添加文字。选择工具箱中的"横排文字工具"，在选项栏中设置合适的字体、字号，设置文字颜色为白色，设置完成后在画面中适当的位置单击鼠标左键插入光标，建立文字输入的起始点，接着输入文字，文字输入完毕后按 Ctrl+Enter 快捷键确认操作，如图 7-135 所示。载入最底层的矩形选区，在顶层新建图层并命名为"浅红"，然后填充浅一些的红色，如图 7-136 所示。操作完成后按 Ctrl+D 快捷键取消选区。

（8）选择工具箱中的"多边形套索工具"，在浅红色圆角矩形上方绘制选区，如图 7-137 所示。选择该图层，并单击"图层"面板底部的"添加图层蒙版"按钮，为其添加图层蒙版，将图形不需要的部分隐藏。同时设置其"混合模式"为"叠加"，"不透明度"为 40%，如图 7-138 所示，效果如图 7-139 所示。

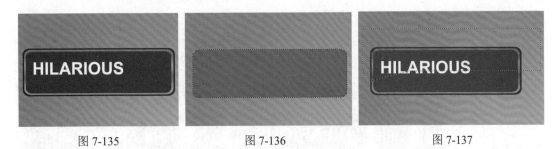

图 7-135　　　　　　　　　　图 7-136　　　　　　　　　　图 7-137

（9）载入"浅红"图层蒙版选区，新建图层，命名为"高光"，并填充白色。然后为其添加蒙版，使用大小合适的"柔边圆"黑色画笔在蒙版中涂抹，使高光的上半部分隐藏，并设置图层的"不透明度"为 15%，如图 7-140 所示，效果如图 7-141 所示。

图 7-138　　　　　　图 7-139　　　　　　图 7-140　　　　　　图 7-141

（10）新建图层，选择工具箱中的"钢笔工具"，在选项栏中设置"绘制模式"为"路径"，在画面中绘制箭头路径，如图 7-142 所示。按 Ctrl+Enter 快捷键将其转换为选区，选择工具箱中的"渐变工具"，编辑一种黄色系渐变，设置"渐变模式"为线性，设置完成后为选区填充渐变颜色，如图 7-143 所示。

（11）载入箭头图层选区，在箭头图层底部新建图层，为其填充黑色，并适当向左下移动，如图 7-144 所示。执行"滤镜"→"模糊"→"高斯模糊"命令，在弹出的"高斯模糊"对话框中设置"半径"为 10 像素，如图 7-145 所示。设置完成后单击"确定"按钮，效果如图 7-146 所示。

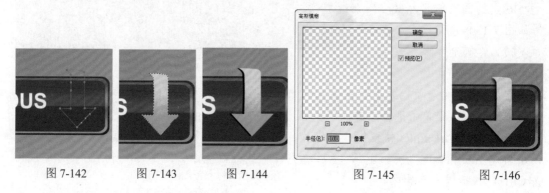

图 7-142　　图 7-143　　图 7-144　　　图 7-145　　　图 7-146

（12）选中该图层，为其添加图层蒙版，选择工具箱中的"画笔工具"，使用黑色画笔在蒙版中涂抹，使箭头右侧的阴影部分隐藏，如图 7-147 和图 7-148 所示。

（13）选择工具箱中的"横排文字工具"，在选项栏中设置合适的字号以及字体，并设置文字颜色为白色，然后在适当的位置单击鼠标左键插入光标，建立文字输入的起始点，接着输入文字，文字输入完毕后按 Ctrl+Enter 快捷键确认操作，如图 7-149 所示。为了使按钮更加具有立体感，在所有按钮图层底部新建图层，选择工具箱中的"画笔工具"，使用黑色画笔在画面中绘制按钮的阴影效果，最终效果如图 7-150 所示。

图 7-147　　图 7-148　　　图 7-149　　　　图 7-150

7.2.3　椭圆工具

使用"椭圆工具"可以创建椭圆和正圆形状。"椭圆工具"的选项设置与"矩形工具"相似，如果要创建椭圆，可以按住鼠标左键并拖曳；如果要创建正圆形，可以按住 Shift 键或 Shift+Alt 快捷键（以鼠标单击点为中心）进行创建，绘制对比效果如图 7-151 所示。

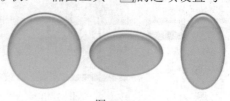

图 7-151

7.2.4 多边形工具

使用"多边形工具"█可以创建多边形（最少为 3 条边）和星形，如图 7-152 所示。单击工具箱中的"多边形工具"按钮█，在选项栏中可以设置边数，还可以在多边形工具选项中设置"半径""平滑拐角""星形"等参数，如图 7-153 所示。

↳ 边：可以设置多边形的边数，边数不得少于 3，边数越多越接近圆形。

↳ 半径：用于设置多边形或星形的半径长度（单位为 cm），设置好半径后，在画面中拖曳鼠标即可创建相应半径的多边形或星形。

↳ 平滑拐角：选中该复选框后，可以创建具有平滑拐角效果的多边形或星形，对比效果如图 7-154 所示。

图 7-152　　　　　　　　图 7-153　　　　　　　　图 7-154

↳ 星形：选中该复选框后，可以创建星形，下面的"缩进边依据"选项主要用来设置星形边缘向中心缩进的百分比，数值越大，星形越尖锐。

↳ 平滑缩进：选中该复选框后，可以使星形的每条边向中心平滑缩进，对比效果如图 7-155 所示。

图 7-155

7.2.5 直线工具

使用"直线工具"☑可以创建直线和带有箭头的形状，效果如图 7-156 所示。单击工具箱中的"直线工具"按钮☑，在选项栏中可以设置直线工具的选项，如图 7-157 所示。

↳ 粗细：设置直线或箭头线的粗细，单位为"像素"。

↳ 起点/终点：选中"起点"复选框，可以在直线的起点处添加箭头；选中"终点"复选框，可以在直线的终点处添加箭头；同时选中"起点"和"终点"复选框，则可以在直线两端都添加箭头，如图 7-158 所示。

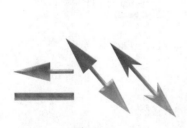  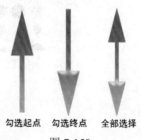

图 7-156　　　　　　　　图 7-157　　　　　　　　图 7-158

↳ 宽度：用来设置箭头宽度与直线宽度的百分比，范围为 10% ~ 1000%。

↳ 长度：用来设置箭头长度与直线宽度的百分比，范围为 10% ~ 5000%。

⬎ 凹度：用来设置箭头的凹陷程度，范围为 -50% ～ 50%。值为 0% 时，箭头尾部平齐；值大于 0% 时，箭头尾部向内凹陷；值小于 0% 时，箭头尾部向外凸出，如图 7-159 所示。

凹度0%　凹度50%　凹度-50%

图 7-159

7.2.6 自定形状工具

在 Photoshop 中有很多的预设形状供我们选择，通过"自定形状工具" 可以将这些形状绘制出来。选择工具箱中的"自定形状工具"，然后单击选项栏中的"形状"按钮，在下拉面板中选择一个合适的形状，然后在画面中按住鼠标左键进行绘制，如图 7-160 所示。

图 7-160

🔖 技巧提示：载入 Photoshop 预设形状和外部形状

在选项栏中单击 图标，打开"自定形状"选取器，可以看到 Photoshop 只提供了部分预设的形状，这时我们可以单击 图标，在弹出的菜单中选择"全部"命令，如图 7-161 所示，这样可以将 Photoshop 预设的所有形状都加载到"自定形状"选取器中。如果要加载外部的形状，可以在选取器菜单中选择"载入形状"命令，然后在弹出的"载入"对话框中选择形状即可（形状的格式为 .csh 格式）。

图 7-161

视频陪练：使用矢量工具制作儿童网页

案例文件 / 第 7 章 / 使用矢量工具制作儿童网页

视频教学 / 第 7 章 / 使用矢量工具制作儿童网页 .mp4

案例概述：

本案例主要使用"圆角矩形工具""钢笔工具""矩形工具""自定形状工具"等矢量绘图工具，绘制构成网页的大量的矢量几何形状，并配合图层样式，增强矢量图形的视觉效果。文字部分则使用"横排文字工具"进行制作，如图 7-162 所示。

图 7-162

综合案例：使用"钢笔工具"制作质感按钮

案例文件 / 第 7 章 / 使用"钢笔工具"制作质感按钮

视频教学 / 第 7 章 / 使用"钢笔工具"制作质感按钮 .mp4

案例概述：

本案例主要使用"钢笔工具"绘制按钮的基本形状，利用剪贴蒙版和图层混合模式为按钮赋予图案，并配合"横排文字工具"以及"图层样式"制作按钮表面的文字，如图 7-163 所示。

图 7-163

操作步骤：

（1）新建文件，执行"文件"→"新建"命令，新建一个宽度为 3500 像素，高度为 2400 像素的空白文档。接着为背景填充渐变，单击工具箱中的"渐变填充工具"按钮，设置一种由浅蓝到深蓝色的渐变，单击选项栏中的"径向渐变"按钮。设置完成后在画面中进行拖曳填充，如图 7-164 和图 7-165 所示。

图 7-164

图 7-165

（2）单击工具箱中的"钢笔工具"按钮，在选项栏中设置"绘制模式"为"形状"，设置填充类型为渐变，编辑一种橙色系的渐变，设置"描边"为无，然后将光标定位到画面中，从起点处单击创建锚点，然后依次在其他位置单击创建多个锚点，最后将光标定位到起点处，封闭路径，如图 7-166 所示。下面需要调整按钮的形状，单击工具箱中的"转换点工具"按钮，在尖角的点上按住鼠标左键进行拖动，使其变为圆角的点，如图 7-167 所示。

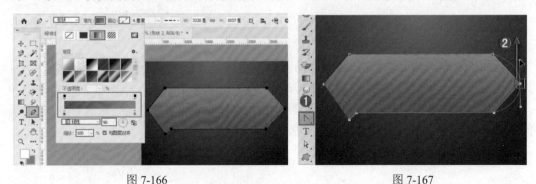

图 7-166   图 7-167

（3）用同样的方法处理另外一侧的锚点，如图 7-168 所示。继续处理其他位置的锚点，此时按钮的形状变得非常圆润，如图 7-169 所示。

图 7-168   图 7-169

（4）执行"文件"→"置入嵌入对象"命令，置入条纹图案素材文件 1.png，将其摆放在按钮的上方，在"图层"面板中右击该图层，在弹出的快捷菜单中执行"创建剪贴蒙版"命令创建剪贴蒙版，将素材中不需要的部分隐藏，如图 7-170 所示。此时按钮表面呈现条纹效果，如图 7-171 所示。

（5）新建图层，继续选择"钢笔工具"，在选项栏中设置"绘制模式"为"路径"，在按钮下方绘制一个合适形状的闭合路径，如图 7-172 所示。单击鼠标右键，在弹出的快捷菜单中执行"建立选区"命令，为选区填充橙色，如图 7-173 所示。操作完成后按 Ctrl+D 快捷键取消选区。

图 7-170   图 7-171   图 7-172

（6）按住 Ctrl 键并单击按钮图层"形状 1"的缩览图，载入按钮选区。新建图层"高光 1"，对选区进行适当缩放后填充白色。然后使用"椭圆选框工具"绘制椭圆选区，如图 7-174 所示。按 Delete 键删除选区内的部分，如图 7-175 所示。

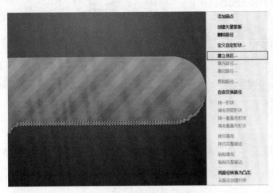

图 7-173

图 7-174

（7）使用"柔角橡皮擦工具"擦除顶部区域，如图 7-176 所示。设置"不透明度"为 35%，效果如图 7-177 所示。用同样的方法制作其他部分的光泽效果，如图 7-178 所示。

图 7-175

图 7-176

图 7-177

图 7-178

（8）在画面中添加文字。单击工具箱中的"横排文字工具"按钮，设置合适的字体及大小。设置完成后在按钮上输入白色的文字，如图 7-179 所示。然后执行"图层"→"图层样式"→"斜面和浮雕"命令，在弹出的对话框中设置"大小"为 10 像素，"角度"为 -42 度，设置阴影的"不透明度"为 25%。设置完成后单击"确定"按钮，如图 7-180 所示，效果如图 7-181 所示。

（9）执行"文件"→"置入嵌入对象"命令，置入左侧的装饰元素 2.png，摆放在合适的位置，并将该图层进行栅格化处理。此时本案例制作完成，最终效果如图 7-182 所示。

图 7-179

图 7-180

图 7-181

图 7-182

视频讲解

综合案例：清爽简约的网店产品主图

图 7-183

📁 案例文件 / 第 7 章 / 清新简约的网店产品主图
🖥 视频教学 / 第 7 章 / 清新简约的网店产品主图 .mp4

案例概述：

本案例主要使用"椭圆工具""椭圆选框工具""自定形状工具""矩形工具"在画面中绘制图形，最后使用"横排文字工具"在画面中输入适当的文字，案例效果如图 7-183 所示。

操作步骤：

（1）执行"文件"→"新建"命令，创建一个"宽度"为 2300 像素，"高度"为 1800 像素，"分辨率"为 300 像素 / 英寸的新文档，如图 7-184 所示。在工具箱的底部设置前景色为蓝色，接着按 Alt+Delete 快捷键为背景填充前景色，如图 7-185 所示。

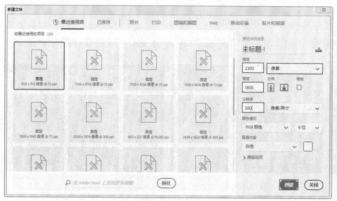

图 7-184   图 7-185

（2）单击工具箱中的"椭圆工具"按钮，在选项栏中设置"绘制模式"为"形状"，设置"填充"颜色为绿色，"描边"为无。设置完成后在画面中按住鼠标左键并拖动，绘制较大的绿色椭圆，如图 7-186 所示。

（3）执行"文件"→"置入嵌入对象"命令，将人像素材 1.jpg 置入文档内并将其栅格化。接着使用"椭圆选框工具"在画面中绘制椭圆选区，如图 7-187 所示。以当前选区为人像图层添加图层蒙版，隐藏多余部分，效果如图 7-188 所示。

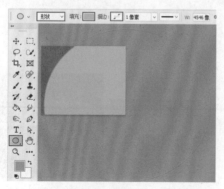

图 7-186

图 7-187

（4）继续使用"椭圆工具"，在画面中绘制绿色的椭圆，如图 7-189 所示。在选项栏中设置"绘制模式"为"减去顶层形状"，如图 7-190 所示。接着在画面中绘制较大的椭圆，效果如图 7-191 所示。

图 7-188　　　　　　　　　　图 7-189　　　　　　　　　　图 7-190

（5）使用同样的方法制作右下角的蓝色底边，如图 7-192 所示。

（6）制作标志。再次选择工具箱中的"椭圆工具"，在选项栏中设置"绘制模式"为"形状"，"填充"为白色，"描边"为绿色，"描边粗细"为 3 点，设置完成后在画面的左上方按住 Shift 键并按住鼠标左键拖动，绘制一个正圆形，如图 7-193 所示。

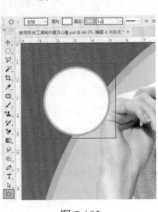

图 7-191　　　　　　　　　　图 7-192　　　　　　　　　　图 7-193

（7）复制该正圆形并更改颜色，将其适当缩放并摆放在顶部，如图 7-194 所示。选择工具箱中的"自定形状工具"，在选项栏中设置"绘制模式"为"形状"，"填充"为白色，"描边"为绿色，"描边粗细"为 3 点。接着在"自定形状"拾色器面板中选择合适的图形，设置完成后在画面中按住 Shift 键绘制图层，并把该图层摆放在圆形的底部，如图 7-195 所示。

（8）选择工具箱中的"矩形工具"，在适当的位置按住鼠标左键并拖动，绘制一个适当大小的白色横向矩形作为分割线，如图 7-196 所示。最后选择工具箱中的"横排文字工具"在分割线的两侧输入文字。此时本案例制作完成，最终效果如图 7-197 所示。

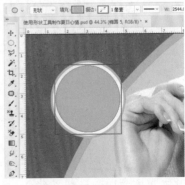

图 7-194

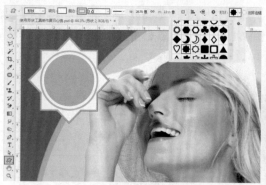

图 7-195　　　　　　　　图 7-196　　　　　　　图 7-197

视频讲解

综合案例：儿童活动宣传招贴

PSD 案例文件 / 第 7 章 / 儿童活动宣传招贴

📺 视频教学 / 第 7 章 / 儿童活动宣传招贴 .mp4

案例概述：

本案例主要通过"圆角矩形工具"和"椭圆工具"在画面的中心位置绘制图形。接着使用"横排文字工具"输入文字并转换为形状，通过"直接选择工具"可以改变文字的样式，最后通过添加"图层样式"使文字看起来更加立体、美观，案例效果如图7-198所示。

图 7-198

操作步骤：

（1）执行"文件"→"新建"命令，创建一个横版文档。接着单击工具箱中的"渐变工具"按钮，在选项栏中设置"渐变类型"为"线性渐变"，接着单击渐变色条，在弹出的"渐变编辑器"对话框中编辑一种黄色系渐变，设置完成后单击"确定"按钮，如图 7-199 所示。然后在画面中按住鼠标左键由左上角向右下角拖曳进行填充，释放鼠标，效果如图 7-200 所示。

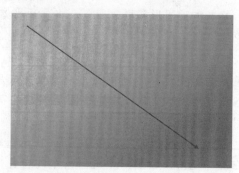

图 7-199　　　　　　　　　　　　　　图 7-200

（2）单击工具箱中的"圆角矩形工具"按钮，在选项栏中设置"绘制模式"为"形状"，"填充"为橘色系渐变，"半径"为 100 像素，设置完成后绘制大小适合的图形，如

图 7-201 所示。

（3）新建图层，在"图层"面板中按住 Ctrl 键单击圆角矩形的图层缩览图，载入圆角矩形选区，接着执行"选择"→"修改"→"边界"命令，在弹出的"边界选区"对话框中设置"宽度"为 5 像素，如图 7-202 所示。设置完成后单击"确定"按钮，得到边界选区，如图 7-203 所示。

图 7-201 　　　　　　　　　　　　　　　图 7-202

（4）在当前选区状态下，执行"选择"→"修改"→"羽化"命令，在弹出的"羽化选区"对话框中设置"羽化半径"为 10 像素，设置完成后单击"确定"按钮，如图 7-204 所示。由于原始选区宽度小于 10 像素，所以会弹出如图 7-205 所示的对话框，单击"确定"按钮结束操作，此时得到看不见轮廓的选区。设置前景色为浅黄色，按 Alt+Delete 快捷键填充即可得到光晕效果，如图 7-206 所示。

图 7-203 　　　　　　　　　图 7-204 　　　　　　　　　图 7-205

（5）再次使用"圆角矩形工具"，绘制一个半径为 400 像素的绿色系渐变圆角矩形，如图 7-207 所示。

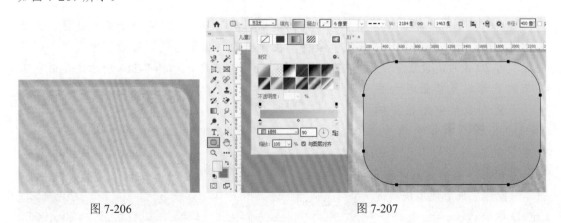

图 7-206 　　　　　　　　　　　　　　　图 7-207

（6）新建图层，载入绿色圆角矩形选区，执行"编辑"→"描边"命令，在弹出的

"描边"对话框中设置"宽度"为 13 像素，"颜色"为黄色，"位置"为"内部"，设置完成后单击"确定"按钮，如图 7-208 所示，此时效果如图 7-209 所示。

（7）单击工具箱中的"椭圆工具"按钮，在选项栏中设置"绘制模式"为"形状"，"填充"为橘色，"描边"为无，设置完成后在画面中绘制一个椭圆，如图 7-210 所示。

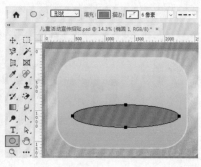

图 7-208　　　　　　　　　图 7-209　　　　　　　　　图 7-210

（8）使用同样的方法制作黄绿色的椭圆，并放置在合适的位置，如图 7-211 所示。执行"图层"→"图层样式"→"内发光"命令，在弹出的"图层样式"对话框中设置"混合模式"为"正常"，"不透明度"为 75%，编辑一种绿色到透明的渐变，设置"方法"为"柔和"，"大小"为 125 像素，如图 7-212 所示。设置完成后单击"确定"按钮，此时效果如图 7-213 所示。

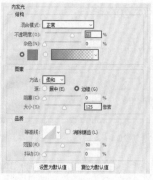

图 7-211　　　　　　　　　图 7-212　　　　　　　　　图 7-213

（9）新建图层，单击工具箱中的"椭圆选框工具"按钮，绘制一个椭圆选区。接着执行"选择"→"修改"→"羽化"命令，在弹出的"羽化选区"对话框中设置"羽化半径"为 20 像素，设置完成后单击"确定"按钮结束操作，如图 7-214 所示。接着在工具箱的底部设置前景色为白色，设置完成后使用快捷键 Alt+Delete 进行前景色填充。然后设置该图层的"不透明度"为 59%，效果如图 7-215 所示。操作完成后使用快捷键 Ctrl+D 取消选区。

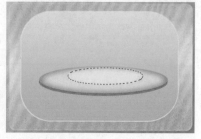

图 7-214　　　　　　　　　图 7-215

（10）在画面中添加文字。新建图层组"文字"，单击工具箱中的"横排文字工具"按钮，在选项栏中选择合适的字体、字号，设置文字颜色为白色，设置完成后在画面中适当的位置单击鼠标左键插入光标，建立文字输入的起始点，接着输入文字，文字输入完毕后按 Ctrl+Enter 快捷键确认操作，如图 7-216 所示。接着在"图层"面板中单击鼠标右键，在弹出的快捷菜单中执行"转换为形状"命令，将文字路径转换为形状路径，如图 7-217 所示。

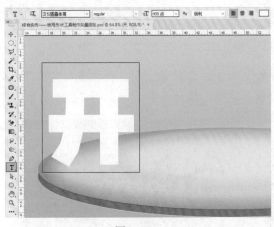
图 7-216

图 7-217

（11）对文字进行变形。单击工具箱中的"直接选择工具"按钮，选中其中一个锚点，对其进行调整以改变文字的形状，如图 7-218 所示。然后使用相同的方法继续对文字进行变形，效果如图 7-219 所示。

（12）为变形文字添加图层样式，丰富画面效果。将该图层选中，执行"图层"→"图层样式"→"投影"命令，在弹出的"图层样式"对话框中设置"混合模式"为"正片叠底"，颜色为墨绿色，"不透明度"为75%，"角度"为120度，"距离"为61像素，如图 7-220 所示。加选"叠加渐变"选项，设置"混合模式"为"正常"，"渐变"为绿色系渐变，"样式"为"径向"，"角度"为 -21 度，如图 7-221 所示。

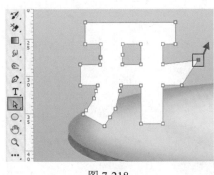
图 7-218

图 7-219

图 7-220

（13）加选"描边"选项，设置其"大小"为38像素，"位置"为"外部"，"混合模式"为"正常"，"填充类型"为"颜色"，"颜色"为白色，设置完成后单击"确定"按钮结束操作，如图 7-222 所示，此时效果如图 7-223 所示。

（14）使用同样的方法，分别输入其他文字，并进行变形和样式的添加，效果如图 7-224

所示。

图 7-221

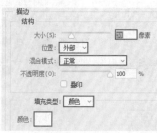
图 7-222

图 7-223

（15）执行"文件"→"置入嵌入对象"命令，将前景素材 1.png 置入文档内，将其放置在合适的位置并栅格化。此时本案例制作完成，案例最终效果如图 7-225 所示。

图 7-224

图 7-225

7.3 课 后 练 习

视频讲解

初级练习：使用"椭圆工具"制作简约计时器

案例效果	可用素材
	无

技术要点

"椭圆工具""图层蒙版""横排文字工具"。

案例概述

本案例主要使用"椭圆工具"绘制多个同心圆，并借助"图层蒙版"隐藏部分区域，从而制作由多个图形组成的简约计时器。

思路解析

1．新建一个大小合适的横版文档，并将其填充为黄色。同时使用"椭圆工具"在画面中绘制一个黄色系的渐变正圆，并为其添加"投影"图层样式。

2．继续绘制黄色渐变的同心圆。

3．将浅黄色渐变正圆复制一份，更改填充为灰色渐变，并利用"图层蒙版"隐藏部分图形效果。

4．在该正圆上方继续绘制一个小一些且颜色稍深一些的灰色正圆。

5．在画面中添加文字，丰富画面效果。

制作流程

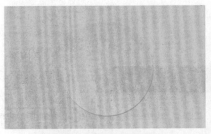

进阶练习：手机音乐播放器 UI 设计

案例效果	可用素材
	 1.jpg

技术要点

"矩形工具""自定形状工具""钢笔工具""椭圆工具""圆角矩形工具"。

案例概述
本案例主要使用多种基本的矢量绘图工具绘制界面上的图形以及按钮。
思路解析
1．新建一个竖版文档，同时使用"矩形工具"在画面下方位置绘制不同颜色的矩形作为背景。 　2．将素材置入，并结合"矩形工具"的使用，制作专辑封面。 　3．使用"自定形状工具""钢笔工具""圆角矩形工具"，在画面下方位置绘制音乐小图标和播放进度条。 　4．在画面中添加文字。
制作流程

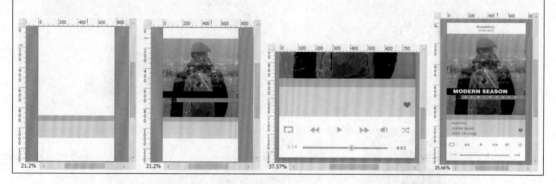

7.4　结课作业

以"可爱动物"为主题制作一幅矢量风格卡通插画作品，该插画将被应用在儿童画册中。

要求：

- 画面至少包括 1～2 个卡通形象，可以原创也可临摹。
- 动物造型简洁明快。
- 画面颜色统一，富有感染力。

Chapter 08

第8章

调色

　　Photoshop 中的"调色"是指将特定的色调加以改变,形成不同感觉的另一色调图片。调色是 Photoshop 的核心技术之一,优秀的调色作品离不开"色彩",所以掌握 Photoshop 中调色命令的使用方法是非常必要的。

本章学习要点:

- 熟练使用常用的调整命令
- 掌握多种风格化调色技巧

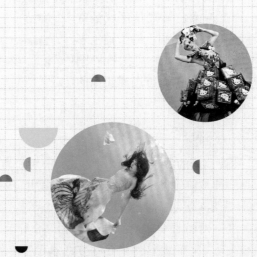

8.1 调色的相关知识

在对图像进行调色之前，首先要了解关于色彩的基础知识，以便更容易掌握在 Photoshop 中进行调色的方法。

8.1.1 什么是"调色"

Photoshop 中的"调色"是指将特定的色调加以改变，形成不同感觉的另一色调的图片。调色技术在实际应用中主要分为校正错误色彩和创造风格化色彩两大方面。所谓错误的颜色在数码相片中主要体现在曝光过度、亮度不足、画面偏灰、色调偏色等，通过使用调色技术可以很轻松地解决这些图像问题；而创造风格化色彩则相对复杂些，不仅可以使用调色技术，还可以与图层混合、绘制工具等共同使用，如图 8-1 和图 8-2 所示为调色前后的对比效果。

图 8-1   图 8-2

8.1.2 更改图像的颜色模式

在数字图像的世界里，图像有多种颜色模式，但并不是所有的颜色模式都适合在调色中使用。在计算机中，是用红、绿、蓝 3 种基色的相互混合来表现所有彩色，也就是处理数码照片时常用的 RGB 颜色模式。涉及需要印刷的产品时需要使用 CMYK 颜色模式。而 Lab 颜色模式是色域最宽的色彩模式，也是最接近真实世界颜色的一种色彩模式。如果想更改图像的颜色模式，可执行"图像"→"模式"命令，在子菜单中即可选择图像的颜色模式，如图 8-3 所示。

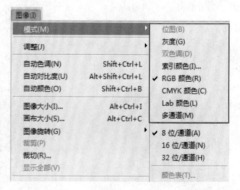

图 8-3

8.1.3 图像调整的两种方法

在 Photoshop 中，图像色彩的调整共有两种方式，一种是直接将调色命令作用于图像，这种方法不可逆转；另一种是新建调整图层，这种方法适用于后期调整。

（1）打开图像，如图 8-4 所示。执行"图像"→"调整"→"色相 / 饱和度"命令，在打开的"色相 / 饱和度"对话框中进行设置，如图 8-5 所示。设置完成后单击"确定"按钮，此时画面颜色被更改了，但是这种调色的方式属于不可修改方式，也就是说一旦调整了图像的色调，就不可以重新修改调色命令的参数，如图 8-6 所示。

图 8-4　　　　　　　　　　　图 8-5　　　　　　　　　　　图 8-6

（2）另一种方法是执行"图层"→"新建调整图层"→"色相/饱和度"命令，在弹出的对话框中单击"确定"按钮，创建一个"色相/饱和度"调整图层。在弹出的"属性"面板中可以看到调色命令与"色相/饱和度"对话框中的参数是完全相同的，如图 8-7 所示。而且此时会新建一个调整图层，如图 8-8 所示。调整图层会影响该图层下方所有图层的效果，而且调整图层可以重复修改参数且不会破坏原图层。

图 8-7　　　　　　　　　　　图 8-8

↘　蒙版◉：单击即可进入该调整图层蒙版的设置状态。

↘　此调整剪切到此图层◥□：在此状态下，所做的调整将只对此图层起作用，单击该按钮可以切换到"此调整影响下面的所有图层"（在该状态下，所做的调整将对其下的所有图层起作用）。

↘　查看上一状态◉：单击该按钮，可以在文档窗口中查看图像的上一个调整效果，以比较两种不同的调整效果。

↘　复位到调整默认值↺：单击该按钮，可以将调整参数恢复到默认值。

↘　切换图层可见性◉：单击该按钮，可以隐藏或显示调整图层。

↘　删除此调整图层🗑：单击该按钮，可以删除当前调整图层。

8.2　自动调整图像

"自动色调""自动对比度""自动颜色"命令不需要进行参数设置，通常主要用于校正数码照片中出现的明显的偏色、对比度过低、颜色暗淡等常见问题。执行"图像"菜单下的相应命令即可自动调整画面颜色，如图 8-9 所示。图 8-10 和图 8-11 所示分别为矫正发灰的图像与矫正偏色图像的效果。

图 8-9　　　　　　　图 8-10　　　　　　　图 8-11

8.3　调整图像明暗

8.3.1　亮度 / 对比度

使用"亮度 / 对比度"命令能够调整图像的亮度和对比度两种属性，从而快速校正图像"发灰"的问题。

打开一张图片，如图 8-12 所示。执行"图像"→"调整"→"亮度 / 对比度"命令，打开"亮度 / 对比度"对话框，移动滑块或在数字框内输入数字，可以进行相应的设置，单击"确定"按钮结束操作，如图 8-13 所示，此时图像变化如图 8-14 所示。

图 8-12　　　　　　　图 8-13　　　　　　　图 8-14

- 亮度：用来设置图像的整体亮度。数值为负值时，表示降低图像的亮度，如图 8-15 所示；数值为正值时，表示提高图像的亮度，如图 8-16 所示。
- 对比度：用于设置图像亮度对比的强烈程度，减小数值会降低画面对比度，如图 8-17 所示；增大数值会提升画面对比度，如图 8-18 所示。

图 8-15　　　　　图 8-16　　　　　图 8-17　　　　　图 8-18

➥ 预览：选中该复选框后，在"亮度 / 对比度"对话框中调节参数时，可以在文档窗口中实时观察到图像的变化。

➥ 使用旧版：选中该复选框后，可以得到与 Photoshop CS3 以前的版本相同的调整结果。

➥ 自动：单击"自动"按钮，Photoshop 会自动根据画面进行调整。

✎ 技巧提示：如何复位窗口中的参数？

在使用图像调整菜单命令调整图像时，在修改参数之后如果需要还原成原始参数，可以按住 Alt 键，对话框中的"取消"按钮会变为"复位"按钮，单击该按钮即可还原为原始参数。

8.3.2　色阶

"色阶"命令不仅可以针对图像进行明暗对比的调整，还可以对图像的阴影、中间调和高光强度级别进行调整，以及分别对各个通道进行调整，以调整图像明暗对比或者色彩倾向。

打开一张图片，如图 8-19 所示。执行"图像"→"调整"→"色阶"命令或按 Ctrl+L 快捷键，打开"色阶"对话框，可以拖动调整滑块，或在数值框内输入数值进行调整，如图 8-20 所示。设置完成后单击"确定"按钮，效果如图 8-21 所示。

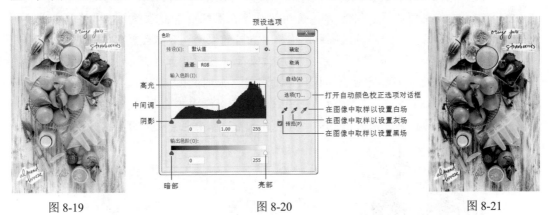

图 8-19　　　　　　　　　　　　图 8-20　　　　　　　　　　　　图 8-21

➥ 预设 / 预设选项 ▤：单击"预设"下拉按钮，可以选择一种预设的色阶调整选项来对图像进行调整。单击"预设选项"按钮，可以对当前设置的参数进行保存，或载入一个外部的预设调整文件。

➥ 通道：在"通道"下拉列表框中可以选择一个通道来对图像进行调整，以校正图像的颜色。

➥ 输入色阶：可以通过拖曳滑块来调整图像的阴影、中间调和高光，同时也可以直接在对应的输入框中输入数值。将滑块向右拖曳，可以使图像变暗，如图 8-22 所示；将滑块向左拖曳，可以使图像变亮，如图 8-23 所示。

➥ 输出色阶：设置图像的亮度范围，从而降低对比度，调整色阶前后的对比效果如图 8-24 和图 8-25 所示。

图 8-22

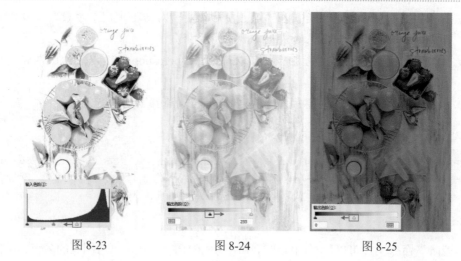

| 图 8-23 | 图 8-24 | 图 8-25 |

- **自动**：单击该按钮，Photoshop 会自动调整图像的色阶，使图像的亮度分布更加均匀，从而达到校正图像颜色的目的。
- **选项**：单击该按钮，可以打开"自动颜色校正选项"对话框。在该对话框中可以设置单色、每通道、深色和浅色、亮度和对比度的算法等。
- **在图像中取样以设置黑场**：使用该吸管在图像中单击取样，可以将单击点处的像素调整为黑色，同时图像中比该单击点暗的像素也会变成黑色，如图 8-26 所示。
- **在图像中取样以设置灰场**：使用该吸管在图像中单击取样，可以根据单击点像素的亮度来调整其他中间调的平均亮度，如图 8-27 所示。
- **在图像中取样以设置白场**：使用该吸管在图像中单击取样，可以将单击点处的像素调整为白色，同时图像中比该单击点亮的像素也会变成白色，如图 8-28 所示。

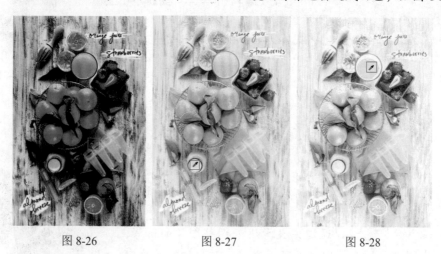

| 图 8-26 | 图 8-27 | 图 8-28 |

8.3.3 曲线

使用"曲线"命令可以对图像的亮度、对比度和色调进行非常便捷的调整。"曲线"功能非常强大，不仅可以进行图像明暗的调整，更加具备了"亮度/对比度""色彩平衡""阈值""色阶"等命令的功能，如图 8-29 所示为"曲线"对话框。

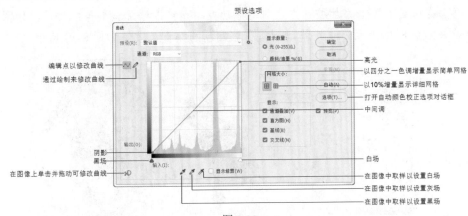

图 8-29

（1）打开一张图片，如图 8-30 所示。执行"图像"→"调整"→"曲线"命令，打开"曲线"对话框，在曲线上单击即可添加一个控制点，接着将控制点向左上角拖曳即可提高画面的亮度，如图 8-31 所示，此时画面效果如图 8-32 所示。

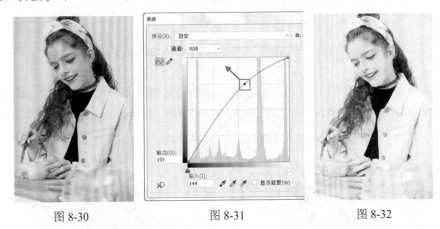

图 8-30   图 8-31   图 8-32

（2）如果将控制点向反方向拖曳则会降低画面的亮度，如图 8-33 和图 8-34 所示。

（3）在曲线上半部添加控制点并向上拖曳，可以让画面中亮部更亮。在曲线的下半部添加控制点并向下拖曳，可以让画面中暗部更暗，从而增加画面亮度的对比度，如图 8-35 和图 8-36 所示。

图 8-33   图 8-34   图 8-35   图 8-36

（4）还可以对单独的通道进行调色，单击"通道"按钮，在下拉菜单中选择一个颜色通道，然后在曲线上单击添加控制点，向上拖动控制点可以增加该颜色的数量，如图 8-37 所示，效果如图 8-38 所示。向下拖动则减少该颜色的数量，效果如图 8-39 所示。

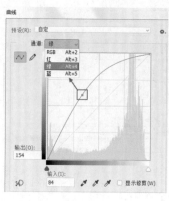
图 8-37

图 8-38

图 8-39

视频讲解

实战案例：使用"曲线"制作暖色调

📄 案例文件 / 第 8 章 / 使用"曲线"制作暖色调
📺 视频教学 / 第 8 章 / 使用"曲线"制作暖色调 .mp4

案例概述：

本案例通过使用"曲线"命令，单独调整某个颜色通道的明度，以改变画面的颜色倾向，使得画面由冷调变为暖调，对比效果如图 8-40 和图 8-41 所示。

图 8-40

图 8-41

操作步骤：

（1）执行"文件"→"打开"命令，打开背景素材 1.jpg，如图 8-42 所示。

（2）执行"图层"→"新建调整图层"→"曲线"命令，在弹出的"新建图层"对话框中，单击"确定"按钮，创建一个"曲线"调整图层。然后在"属性"面板中设置"通道"为 RGB，单击添加控制点，并将控制点向上拖动，提高画面的亮度，如图 8-43 所示，此时画面效果如图 8-44 所示。

图 8-42

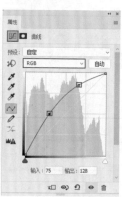
图 8-43

（3）在面板中设置"通道"为"红"，单击添加控制点，并向上拖动，提高画面的红色数量，曲线形状如图 8-45 所示，此时画面效果如图 8-46 所示。

　　（4）在面板中设置"通道"为"蓝"，单击添加控制点，并向下拖动，降低画面的蓝色数量，曲线形状如图 8-47 所示，此时本案例制作完成，最终画面效果如图 8-48 所示。

图 8-44

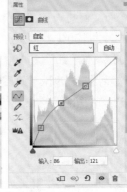

图 8-45

图 8-46

图 8-47

图 8-48

实战案例：唯美童话色调

视频讲解

PSD 案例文件 / 第 8 章 / 唯美童话色调

视频教学 / 第 8 章 / 唯美童话色调 .mp4

案例概述：

　　本例主要利用"曲线""可选颜色"调整画面颜色倾向，置入光效素材，配合"混合模式"增强画面的童话氛围，案例效果如图 8-49 所示。

操作步骤：

　　（1）执行"文件"→"打开"命令，打开风景素材 1.jpg，如图 8-50 所示。

　　（2）执行"图层"→"新建调整图层"→"曲线"命令，创建一个"曲线"调整图层。在"属性"面板中设置"通道"为"红"，调整红通道曲线的形状，如图 8-51 所示。设置"通道"为 RGB，对曲线的形状进行调整，如图 8-52 所示，此时画面效果如图 8-53 所示。

图 8-49

图 8-50

（3）对画面的整体色调进行调整。执行"图层"→"新建调整图层"→"可选颜色"命令，创建一个"可选颜色"调整图层。在"属性"面板中设置"颜色"为"红色"，"洋红"为 100%，"黄色"为 -91%，如图 8-54 所示。设置"颜色"为"黄色"，"青色"为100%，"洋红"为 100%，"黄色"为 -100%，如图 8-55 所示。设置"颜色"为"中性色"，"青色"为 -9%，如图 8-56 所示。设置"颜色"为"黑色"，"青色"为 37%，"洋红"为31%，"黄色"为 -38%，"黑色"为 -19%，如图 8-57 所示，效果如图 8-58 所示。

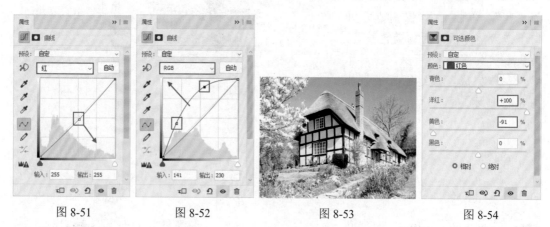

图 8-51　　　　图 8-52　　　　图 8-53　　　　图 8-54

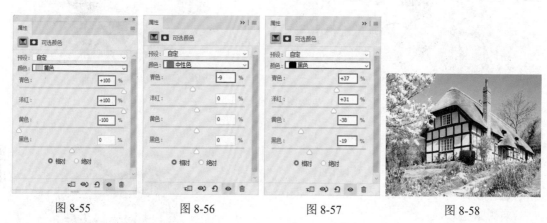

图 8-55　　　　图 8-56　　　　图 8-57　　　　图 8-58

（4）执行"文件"→"置入嵌入对象"命令，置入光效素材文件 2.jpg，并将该图层进行栅格化处理。同时设置"混合模式"为"滤色"，如图 8-59 所示，画面效果如图 8-60所示。

（5）新建图层，使用白色柔角画笔在画面四周进行涂抹绘制，如图 8-61 所示。最后置入艺术字素材 3.png，将其置于画面中的合适位置。此时本案例制作完成，最终效果如图 8-62 所示。

图 8-59　　　　图 8-60

图 8-61   图 8-62

8.3.4 曝光度

"曝光度"命令是通过在线性颜色空间执行计算而得出的曝光效果。打开一张图片，如图 8-63 所示。执行"图像"→"调整"→"曝光度"命令，打开"曝光度"对话框。在该对话框中可以通过调整"曝光度""位移""灰度系数校正"3 个参数调整照片的对比反差，从而修复数码照片中常见的曝光过度与曝光不足等问题，如图 8-64 所示，调整效果如图 8-65 所示。

图 8-63   图 8-64   图 8-65

⇘ 预设 / 预设选项⚙：Photoshop 预设了 4 种曝光效果，分别是"减 1.0""减 2.0""加 1.0""加 2.0"；单击"预设选项"按钮，可以对当前设置的参数进行保存，或载入一个外部的预设调整文件。

⇘ 曝光度：向左拖曳滑块，可以减弱曝光效果，如图 8-66 所示；向右拖曳滑块，可以增强曝光效果，如图 8-67 所示。

⇘ 位移：该选项主要对阴影和中间调起作用，可以使其变暗，但对高光基本不会产生影响。

⇘ 灰度系数校正：使用一种乘方函数来调整图像灰度系数。

图 8-66   图 8-67

8.3.5 阴影 / 高光

"阴影 / 高光"命令可以基于阴影 / 高光中的局部相邻像素来校正每个像素，常用于还原图像阴影区域过暗或高光区域过亮造成的细节损失。

打开一张图像，从图像中可以直观地看出高光区域与阴影区域的分布情况，如图 8-68 所示。执行"图像"→"调整"→"阴影 / 高光"命令，打开"阴影 / 高光"对话框，在这里可以针对画面中的阴影区域和高光区域分别进行调整。选中"显示更多选项"复选框后，可以将"阴影 / 高光"对话框中的参数完整地显示出来，如图 8-69 所示。调整完成后单击"确定"按钮，效果如图 8-70 所示。

阴影
高光

图 8-68　　　　　　　　　　图 8-69　　　　　　　　图 8-70

➡ 阴影："数量"选项用来控制阴影区域的亮度，值越大，阴影区域就越亮；"色调"选项用来控制色调的修改范围，值越小，修改的范围将只针对较暗的区域；"半径"选项用来控制像素是在阴影中还是在高光中。

➡ 高光："数量"选项用来控制高光区域的黑暗程度，值越大，高光区域越暗；"色调宽度"选项用来控制色调的修改范围，值越小，修改的范围将只针对较亮的区域；"半径"选项用来控制像素是在阴影中还是在高光中。

➡ 调整："颜色"选项用来调整已修改区域的颜色；"中间调"选项用来调整中间调的对比度；"修剪黑色"和"修剪白色"决定了在图像中将多少阴影和高光剪到新的阴影中。

➡ 存储默认值：如果要将对话框中的参数设置存储为默认值，可以单击该按钮。存储为默认值以后，再次打开"阴影 / 高光"对话框时，就会显示该参数。

8.4　调整图像颜色倾向

8.4.1　自然饱和度

"自然饱和度"可以针对图像饱和度进行调整。与"色相 / 饱和度"命令相比，使用"自然饱和度"命令可以在增加图像饱和度的同时，有效地控制由于颜色过于饱和而出现溢色现象。

打开一张图片，如图 8-71 所示。执行"图像"→"调整"→"自然饱和度"命令，打开"自然饱和度"对话框，可以通过移动滑块或在数值框内输入数值进行调整，如图 8-72 所示。

设置完成后单击"确定"按钮，画面效果如图 8-73 所示。

图 8-71　　　　　　　　　图 8-72　　　　　　　　　图 8-73

> ➷ 自然饱和度：向左拖曳滑块，可以降低颜色的饱和度，如图 8-74 所示；向右拖曳滑块，可以增加颜色的饱和度，如图 8-75 所示。

✍ 技巧提示：使用"自然饱和度"调整饱和度的优势

调节"自然饱和度"选项，不会生成饱和度过高或过低的颜色，画面会始终保持一个比较平衡的色调，对于调节人像非常有用。

> ➷ 饱和度：向左拖曳滑块，可以降低所有颜色的饱和度，如图 8-76 所示；向右拖曳滑块，可以增加所有颜色的饱和度，如图 8-77 所示。

图 8-74　　　　　　　　图 8-75　　　　　　　　图 8-76　　　　　　　　图 8-77

视频陪练：自然饱和度打造高彩外景

视频讲解

📄 案例文件 / 第 8 章 / 自然饱和度打造高彩外景
📺 视频教学 / 第 8 章 / 自然饱和度打造高彩外景 .mp4
案例概述：

本案例通过使用"自然饱和度"命令增强画面的颜色感，并利用圆角矩形以及"外发光"图层样式制作有趣的照片边框，案例效果如图 8-78 和图 8-79 所示。

图 8-78　　　　　　　　　　　　　图 8-79

8.4.2　色相 / 饱和度

通过"色相 / 饱和度"可以对色彩的色相、饱和度（纯度）、明度三大属性进行修改，可调整整个画面的色相、饱和度和明度，也可以单独调整单一颜色的色相、饱和度和明度数值。

打开一张图片，如图 8-80 所示。执行"图像"→"调整"→"色相 / 饱和度"命令或按 Ctrl+U 快捷键，打开"色相 / 饱和度"对话框。在该对话框中，移动滑块，或在数值框内输入数值，即可进行相关调整，如图 8-81 所示。设置完成后单击"确定"按钮，如图 8-82 所示。

图 8-80　　　　　　　　　　　图 8-81　　　　　　　　　　　图 8-82

> ➥ 预设 / 预设选项 ✿：在"预设"下拉列表中有 8 种色相 / 饱和度预设选项，如图 8-83 所示。单击"预设选项"按钮 ✿，可以对当前设置的参数进行保存，或载入一个外部的预设调整文件，如图 8-84 所示。

图 8-83

> ➥ 通道下拉列表 [全图 ▾]：在通道下拉列表中可以选择全图、红色、黄色、绿色、青色、蓝色和洋红通道进行调整。选择通道后，拖曳下面的"色相""饱和度""明度"滑块，可以对该通道的色相、饱和度和明度进行调整，如图 8-85 和图 8-86 所示为设置通道为"青色"并调整参数的效果。

图 8-84　　　　　　　　图 8-85　　　　　　　　图 8-86

> ➥ 在图像上按住鼠标左键并拖动可修改饱和度 ☜：使用该工具在图像上单击设置取样点以后，向右拖曳鼠标可以增加图像的饱和度，向左拖曳鼠标可以降低图像的饱和度。

> ➥ 着色：选中该复选框后，图像会整体偏向于单一的红色调，还可以通过拖曳 3 个滑块来调节图像的色调。

实战案例：黑珍珠质感长发

案例文件 / 第 8 章 / 黑珍珠质感长发
视频教学 / 第 8 章 / 黑珍珠质感长发 .mp4

案例概述：

本案例通过"色相/饱和度"命令去除头发上的色彩感，并使用"曲线"命令增强头发部分的明暗反差，以打造黑珍珠质感的长发，对比效果如图 8-87 和图 8-88 所示。

图 8-87　　　　　图 8-88

操作步骤：

（1）执行"文件"→"打开"命令，打开素材 1.jpg。为了调整头发颜色，首先需要使用"快速选择工具"制作头发的选区，如图 8-89 所示。

（2）对当前选区执行"图像"→"调整"→"色相/饱和度"命令，在"属性"面板中设置"饱和度"为 -100，如图 8-90 所示。虽然头发变为了黑白效果，但是由于对比度不强，使头发产生了一种"发灰"的感觉，效果如图 8-91 所示。

（3）按住 Ctrl 键的同时单击"色相/饱和度"调整图层的图层蒙版，载入头发选区。执行"图像"→"调整"→"曲线"命令，在"属性"面板中调整曲线形状，如图 8-92 所示。通过图层调整增强了头发部分的对比度。此时本案例制作完成，最终效果如图 8-93 所示。

图 8-89

  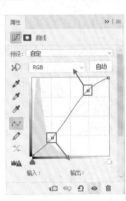 

图 8-90　　　　图 8-91　　　　图 8-92　　　　图 8-93

视频陪练：沉郁的青灰色调

案例文件 / 第 8 章 / 沉郁的青灰色调
视频教学 / 第 8 章 / 沉郁的青灰色调 .mp4

案例概述：

青灰色能够给人一种深沉、忧郁的视觉感受。本案例中的图片就是一张普通的外景照片，通过利用"色相/饱和度""曲线"等调色命令将图像转换为沉稳的暗调效果，如图 8-94 和图 8-95 所示为调色前后的对比效果。

图 8-94　　　　　图 8-95

8.4.3 色彩平衡

通过"色彩平衡"命令可以控制图像的颜色分布，根据颜色的补色原理调整图像的颜色，要减少某个颜色就增加这种颜色的补色。

打开一张图像，如图 8-96 所示。执行"图像"→"调整"→"色彩平衡"命令或按 Ctrl+B 快捷键，打开"色彩平衡"对话框，可以通过移动滑块或在数值框内输入数值进行调整，如图 8-97 所示，效果如图 8-98 所示。

 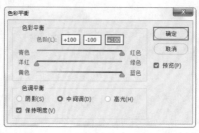 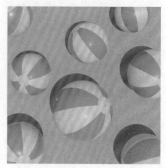

图 8-96   图 8-97   图 8-98

➘ **色彩平衡**：用于调整"青色 - 红色""洋红 - 绿色""黄色 - 蓝色"在图像中所占的比例，可以手动输入数值，也可以拖曳滑块来进行调整，如向左拖曳"黄色 - 蓝色"滑块，可以在图像中增加黄色，同时减少其补色——蓝色，如图 8-99 所示，向右拖曳"黄色 - 蓝色"滑块，可以在图像中增加蓝色，同时减少其补色——黄色，如图 8-100 所示。

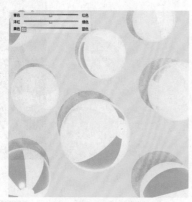 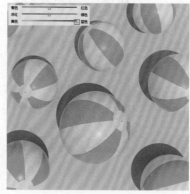

图 8-99   图 8-100

➘ **色调平衡**：选择调整色彩平衡的方式，包含"阴影""中间调""高光"3 个选项。如果选中"保持明度"复选框，还可以保持图像的色调不变，以防止亮度值随着颜色的改变而改变。

8.4.4 照片滤镜

使用"照片滤镜"调整命令可以模仿在相机镜头前面添加彩色滤镜的效果，使用该命令可以快速调整通过镜头传输的光的色彩平衡、色温和胶片曝光，以改变照片的颜色倾向。

打开一张图片，如图 8-101 所示。执行"图像"→"调整"→"照片滤镜"命令，打开"照片滤镜"对话框，在"滤镜"下拉列表框中可以选择一种预设的效果应用到图像中，还可以拖动"浓度"滑块或在数值框内输入数值调整颜色浓度，如图 8-102 所示，画面效果如图 8-103 所示。

图 8-101　　　　　　　图 8-102　　　　　　　图 8-103

- 滤镜：在"滤镜"下拉列表框中可以选择一种预设的效果应用到图像中，如图 8-104 所示。如图 8-105 所示为应用"红色"滤镜的效果。
- 颜色：选中"颜色"单选按钮，可以自行设置颜色。
- 浓度：设置"浓度"数值可以调整滤镜颜色应用到图像中的颜色百分比。数值越大，应用到图像中的颜色浓度就越大；数值越小，应用到图像中的颜色浓度就越小。

图 8-104　　　　　　　图 8-105

- 保留明度：选中该复选框后，可以保留图像的明度不变。

8.4.5　通道混合器

使用"通道混合器"命令可以对图像的某一个通道的颜色进行调整，以创建各种不同色调的图像，同时也可以用来创建高品质的灰度图像。

打开图像文件，如图 8-106 所示。执行"图像"→"调整"→"通道混合器"命令，打开"通道混合器"对话框，如图 8-107 所示。设置输出通道，拖动颜色滑块或在数值框内输入数值进行调整，如图 8-108 所示。

图 8-106　　　　　　　图 8-107　　　　　　　图 8-108

- 预设 / 预设选项：Photoshop 提供了 6 种制作黑白图像的预设效果。单击"预设选项"按钮，可以对当前设置的参数进行保存，或载入一个外部的预设调整文件。
- 输出通道：在下拉列表中可以选择一种通道来对图像的色调进行调整。
- 源通道：用来设置源通道在输出通道中所占的百分比。将一个源通道的滑块向左拖曳，可以减小该通道在输出通道中所占的百分比，如图 8-109 所示；向右拖曳，则可以增加百分比，如图 8-110 所示。

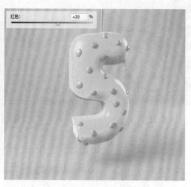

图 8-109　　　　　　　　　　图 8-110

- 总计：显示源通道的计数值。如果计数值大于 100%，则有可能会丢失一些阴影和高光细节。
- 常数：用来设置输出通道的灰度值，负值可以在通道中增加黑色，正值可以在通道中增加白色。
- 单色：选中该复选框后，图像将变成黑白效果。

8.4.6　颜色查找

数字图像输入或输出设备都有自己特定的色彩空间，这就导致了色彩在不同的设备之间传输时会出现不匹配的现象。通过"颜色查找"命令可以使画面颜色在不同的设备之间精确传递和再现。

打开图像文件，如图 8-111 所示。执行"图像"→"调整"→"颜色查找"命令，在弹出的对话框中可以从"3DLUT 文件""摘要""设备链接"这 3 种方式中选择用于颜色查找的方式，并在每种方式的下拉列表中选择合适的类型，如图 8-112 所示。选择完成后可以看到图像整体颜色产生了风格化的效果，如图 8-113 所示。

图 8-111　　　　　　　　　　图 8-112　　　　　　　　　　图 8-113

8.4.7 渐变映射

"渐变映射"的工作原理是先将图像转换为灰度图像，然后将相等的图像灰度范围映射到指定的渐变填充色，从而映射到图像上。

打开一张图片，如图 8-114 所示。执行"图像"→"调整"→"渐变映射"命令，打开"渐变映射"对话框。在该对话框中，单击渐变色条可以打开"渐变编辑器"对话框，然后编辑渐变颜色，或者单击按钮，在下拉面板中选择一个预设的渐变，渐变编辑完成后单击"确定"按钮，如图 8-115 所示，画面效果如图 8-116 所示。

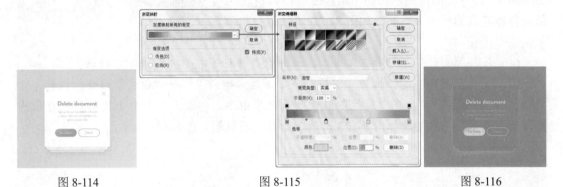

图 8-114   图 8-115   图 8-116

- ➥ **仿色**：选中该复选框后，Photoshop 会添加一些随机的杂色来平滑渐变效果。
- ➥ **反向**：选中该复选框后，可以反转渐变的填充方向，映射出的渐变效果也会发生变化。

8.4.8 可选颜色

通过"可选颜色"命令可以在图像中的每个主要原色成分中更改印刷色的数量，也可以在不影响其他主要颜色的情况下有选择地修改任何主要颜色中的印刷色数量。

打开一张图片，如图 8-117 所示。执行"图像"→"调整"→"可选颜色"命令，打开"可选颜色"对话框。首先在"颜色"列表中选择一个需要调整的颜色，然后在下方调整各个颜色的百分比数值，如图 8-118 所示，效果如图 8-119 所示。

图 8-117   图 8-118   图 8-119

- ➥ **颜色**：在下拉列表中选择要修改的颜色，然后在下面的颜色中进行调整，可以调整该颜色中的青色、洋红、黄色和黑色所占的百分比。
- ➥ **方法**：选择"相对"方式，可以根据颜色总量的百分比来修改青色、洋红、黄色和黑色的数量；选择"绝对"方式，可以采用绝对值来调整颜色。

实战案例：冷调淡雅色

PSD 案例文件 / 第 8 章 / 冷调淡雅色
视频教学 / 第 8 章 / 冷调淡雅色 .mp4

案例概述：

本案例主要通过执行"曲线""可选颜色""自
然饱和度"命令对图像的色调和明暗程度进行调整，
从而打造淡雅的冷色调画面，如图 8-120 所示。

操作步骤：

图 8-120

（1）执行"文件"→"打开"命令，打开背景素材 1.jpg，如图 8-121 所示。

（2）提高画面的亮度。执行"图层"→"新建调整图层"→"曲线"命令，创建一个
"曲线"调整图层。接着在"属性"面板中通过单击添加控制点，并向上拖动控制点以提
高画面的亮度，曲线形状如图 8-122 所示，此时画面效果如图 8-123 所示。

图 8-121   图 8-122   图 8-123

（3）调整画面色调，让其呈现清新淡雅的青色调。执行"图层"→"新建调整图
层"→"可选颜色"命令，创建一个"可选颜色"调整图层。在弹出的"属性"面板中设
置"颜色"为"白色"，颜色值分别是："青色"为 50%，"洋红"为 -30%，"黄色"为 0%，
"黑色"为 -20%，如图 8-124 所示，此时画面效果如图 8-125 所示。

（4）设置"颜色"为"中性色"，颜色值分别是："青色"为 0%，"洋红"为 0%，"黄
色"为 -20%，"黑色"为 0%，如图 8-126 所示，此时画面效果如图 8-127 所示。

图 8-124   图 8-125   图 8-126

（5）通过调整发现画面整体色调的饱和度较低，需要适当提高。执行"图层"→"新建调整图层"→"自然饱和度"命令，创建一个"自然饱和度"调整图层。在弹出的"属性"面板中设置"自然饱和度"为 100，"饱和度"为 0，如图 8-128 所示。此时本案例制作完成，画面效果如图 8-129 所示。

图 8-127　　　　　　　　　　图 8-128　　　　　　　　　　图 8-129

实战案例：清新色调的人像效果

案例文件 / 第 8 章 / 清新色调的人像效果
视频教学 / 第 8 章 / 清新色调的人像效果 .mp4
案例概述：

本案例主要通过使用"调整图层"和"混合模式"对画面颜色进行调整，从而制作"小清新"风格的图像，如图 8-130 所示

操作步骤：

（1）执行"文件"→"打开"命令，打开素材 1.jpg。新建图层并命名为"地面"，如图 8-131 所示。编辑一种由肤色到透明的线性渐变并进行填充，效果如图 8-132 所示。

图 8-130

（2）设置该图层的"混合模式"为"颜色加深"，如图 8-133 所示，图像效果如图 8-134 所示。

图 8-131　　　　　　图 8-132　　　　　　图 8-133　　　　　　图 8-134

（3）更改图像的整体色调。执行"图层"→"新建调整图层"→"可选颜色"命令，在"属性"面板中设置"颜色"为"红色"，设置"青色"为 -20%，"洋红"为 -23%，"黑

色"为 8%，如图 8-135 所示。设置"颜色"为"黄色"，设置"青色"为 -70%，"黄色"
为 -100%，如图 8-136 所示，图像效果如图 8-137 所示。

（4）此时图像的整体有些偏暗，下面将画面进行提亮处理。执行"图层"→"新建调
整图层"→"曲线"命令，新建一个"曲线"调整图层，设置 RGB 曲线形状，如图 8-138
所示，继续对各个通道的明暗进行调整，从而改变画面色调。设置"红"通道的曲线形
状，如图 8-139 所示；设置"绿"通道的曲线形状，如图 8-140 所示；设置"蓝"通道的
曲线形状，如图 8-141 所示，此时图像效果如图 8-142 所示。

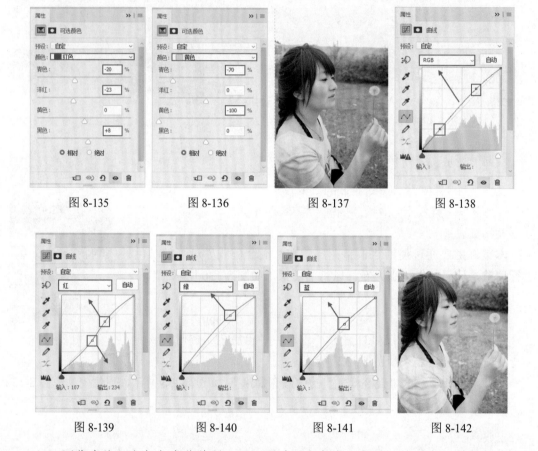

| 图 8-135 | 图 8-136 | 图 8-137 | 图 8-138 |

| 图 8-139 | 图 8-140 | 图 8-141 | 图 8-142 |

（5）图像中的天空颜色有些单调，下面更改天空颜色。新建一个图层，编辑一个由天
蓝色到透明的线性渐变，在画布中拖曳进行填充，如图 8-143 所示。设置该图层的"混合
模式"为"正片叠底"，如图 8-144 所示，图像效果如图 8-145 所示。

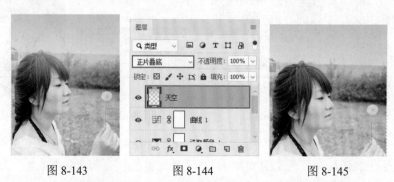

| 图 8-143 | 图 8-144 | 图 8-145 |

（6）为图像增强饱和度。执行"图层"→"新建调整图层"→"自然饱和度"命令，设置"自然饱和度"为 100，如图 8-146 所示，图像效果如图 8-147 所示。

（7）人物皮肤颜色有些偏黄，下面为人物调整皮肤颜色。单击"自然饱和度"蒙版缩览图，使用大小合适的黑色"柔边圆"画笔在人物皮肤处涂抹，显示人物原有的肤色，如图 8-148 所示，效果如图 8-149 所示。

　　图 8-146　　　　　　图 8-147　　　　　　　图 8-148　　　　　　图 8-149

（8）制作光照效果。新建一个图层并将该图层填充为黑色，执行"滤镜"→"渲染"→"镜头光晕"命令，打开"镜头光晕"对话框，选中"35 毫米聚焦"单选按钮，设置"亮度"为 165%，在缩览图中将"十字"拖曳至左上角，设置完成后单击"确定"按钮，如图 8-150 所示。设置该图层的"混合模式"为"滤色"，效果如图 8-151 所示。

（9）置入前景边框素材，并将该素材进行栅格化处理。此时本案例制作完成，最终效果如图 8-152 所示。

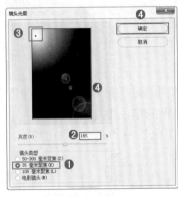

　　　图 8-150　　　　　　　　图 8-151　　　　　　图 8-152

视频陪练：夕阳火烧云

PSD 案例文件 / 第 8 章 / 夕阳火烧云
📹 视频教学 / 第 8 章 / 夕阳火烧云 .mp4

视频讲解

案例概述：

本案例首先为风景照片更换了一个夕阳的背景，并通过对建筑和水面进行可选颜色、色阶、曲线等调色操作，模拟与背景相协调的夕阳色调，如图 8-153 和图 8-154 所示。

图 8-153

图 8-154

8.5　单色图像

8.5.1　去色

使用"去色"命令可以将图像中的颜色去掉，使其成为灰度图像。打开一张图片，如图 8-155 所示。执行"图像"→"调整"→"去色"命令或按 Shift+Ctrl+U 组合键，可以将其调整为灰度效果，如图 8-156 所示。

图 8-155

图 8-156

8.5.2　黑白

使用"黑白"命令在将彩色图像转换为黑色图像的同时还可以控制每一种色调的量。另外，"黑白"命令还可以将黑白图像转换为带有颜色的单色图像。

（1）打开一张图片，如图 8-157 所示。执行"图像"→"调整"→"黑白"命令或按 Shift+Alt+Ctrl+B 组合键，打开"黑白"对话框，如图 8-158 所示。此时照片变为黑白效果，如图 8-159 所示。"预设"下拉列表中提供了 12 种黑色效果，可以直接选择相应的预设来创建黑白图像。"颜色"的 6 个选项可用来调整图像中特定颜色的灰色调。

图 8-157

图 8-158

（2）单击"色调"后方的色块，可以在弹出的"拾色器"对话框中自定义一种颜色。可以拖曳"色相"滑块定义一种颜色，然后拖曳"饱和度"滑块调整颜色的饱和度，如图 8-160 所示，调整效果如图 8-161 所示。

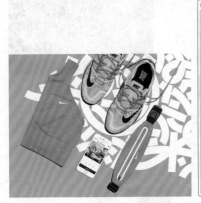

图 8-159　　　　　　　　图 8-160　　　　　　　　图 8-161

8.5.3　阈值

"阈值"是基于图片亮度的一个黑白分界值。在 Photoshop 中使用"阈值"命令可以删除图像中的色彩信息，将其转换为只有黑白两种颜色的图像。

打开一张图片，如图 8-162 所示。执行"图像"→"调整"→"阈值"命令，在弹出的"阈值"对话框中拖曳直方图下面的滑块或输入"阈值色阶"数值，可以指定一个色阶作为阈值，如图 8-163 所示。比阈值亮的像素将转换为白色，比阈值暗的像素将转换为黑色，效果如图 8-164 所示。

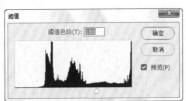

图 8-162　　　　　　　　图 8-163　　　　　　　　图 8-164

8.6　特 殊 调 色

8.6.1　反相

使用"反相"命令可以将图像中的某种颜色转换为它的补色，即将原来的黑色变成白色，将原来的白色变成黑色，从而创建负片效果。

打开一张图片，如图 8-165 所示。
执行"图像"→"调整"→"反相"
命令或按 Ctrl+I 快捷键，即可得到反
相效果，如图 8-166 所示。

图 8-165　　　　　　　　图 8-166

8.6.2　色调分离

使用"色调分离"命令可以指定
图像中通道的色阶数目，然后将像素
映射到最接近的匹配级别。打开一张
图片，如图 8-167 所示。执行"图像"→"调整"→"色调分离"命令，打开"色调分离"
对话框，"色阶"值越大，保留的图像细节就越多；"色阶"值越小，分离的色调越多，
如图 8-168 所示，色调分离效果如图 8-169 所示。

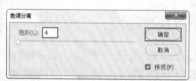

图 8-167　　　　　　　　　图 8-168　　　　　　　　　图 8-169

8.6.3　HDR 色调

HDR 的全称是 High-Dynamic Range，即高动态范围。使用"HDR 色调"命令可以用
来修补太亮或太暗的图像，从而制作高动态范围的图像效果，对于处理风景图像非常有用。

打开一张图片，如图 8-170 所示。执行"图像"→"调整"→"HDR 色调"命令，打开
"HDR 色调"对话框，在该对话框中可以使用预设选项，也可以自行设定参数，如图 8-171
所示，效果如图 8-172 所示。

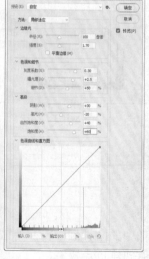

图 8-170　　　　　　　　　图 8-171　　　　　　　　　图 8-172

- 　预设：在下拉列表中可以选择预设的 HDR 效果，既有黑白效果，也有彩色效果。
- 　方法：选择调整图像采用何种 HDR 方法。
- 　边缘光：该选项组用于调整图像边缘光的强度。
- 　色调和细节：调节该选项组中的选项可以使图像的色调和细节更加丰富细腻。
- 　高级：在该选项组中可以控制画面的整体阴影、高光以及饱和度。
- 　色调曲线和直方图：该选项组的使用方法与"曲线"命令的使用方法相同。

8.6.4　匹配颜色

"匹配颜色"命令的原理是将一个图像作为源图像，将另一个图像作为目标图像，然后以源图像的颜色与目标图像的颜色进行匹配。源图像和目标图像可以是两个独立的文件，也可以是同一个文件中不同图层之间的颜色。

（1）打开一张图片，可以选择色彩倾向比较明显的图片，如图 8-173 所示。接着置入另一张图片，如图 8-174 所示。

（2）选择"人物"图层，执行"图像"→"调整"→"匹配颜色"命令，在打开的对话框中设置"源"为本文档，"图层"为"背景"，然后调整"明亮度""颜色强度""渐隐"的参数，在调整中可以选中"预览"复选框，拖曳滑块随时观察效果，如图 8-175 所示，调整完成后单击"确定"按钮，效果如图 8-176 所示。

图 8-173　　　　图 8-174　　　　　　图 8-175　　　　图 8-176

8.6.5　替换颜色

使用"替换颜色"命令可以修改图像中选定颜色的色相、饱和度和明度，从而将选定的颜色替换为其他颜色。

（1）打开一张图像，如图 8-177 所示。执行"图像"→"调整"→"替换颜色"命令，打开"替换颜色"对话框，使用"吸管工具"在图像上单击，可以选中单击点处的颜色，同时在"选区"缩略图中也会显示选中的颜色区域（白色代表选中的颜色，黑色代表未选中的颜色），如图 8-178 所示。（也可以使用"添加到取样"在图像上单击，可以将单击点处的颜色添加到选中的颜色中；使用"从取样中减去"时，在图像上单击，可以将单击点处的颜色从选定的颜色中减去。）

（2）"颜色容差"数值用于配合取样工具的使用，增大容差数值，被选择的区域会增大，如图 8-179 所示；减小容差数值，被选择的区域会减小，如图 8-180 所示。

图 8-177

图 8-178

图 8-179

（3）当选择的缩览图中需要更改颜色的部分完全变为白色时，可以在下方"色相""饱和度""明度"处调整数值，如图 8-181 所示。画面中的区域随之发生颜色的变化，如图 8-182 所示。

图 8-180

图 8-181

图 8-182

8.6.6　色调均化

"色调均化"命令可将图像中像素的亮度值进行重新分布，图像中最亮的值将变成白色，最暗的值将变成黑色，中间的值将分布在整个灰度范围内，使其更均匀地呈现所有范围的亮度级。

（1）打开一张图像，如图 8-183 所示。执行"图像"→"调整"→"色调均化"命令，效果如图 8-184 所示。

（2）如果图像中存在选区，则执行"色调均化"命令时会弹出一个"色调均化"对话框，如图 8-185 所示。选中"仅色调均化所选区域"单选按钮，则仅均化选区内的像素，如图 8-186 所示。选中"基于所选区域色调均化整个图像"单选按钮，则可以按照选区内的像素均化整个图像的像素，如图 8-187 所示。

图 8-183

图 8-184

图 8-185　　　　　　图 8-186　　　　　图 8-187

综合案例：金秋炫彩色调

视频讲解

📄 案例文件 / 第 8 章 / 金秋炫彩色调

📺 视频教学 / 第 8 章 / 金秋炫彩色调 .mp4

案例概述：

本案例通过使用"曲线""可选颜色""亮度 / 对比度"调整图层对画面中的背景以及人物皮肤部分分别进行调整。利用"渐变工具"为画面填充七彩渐变，然后通过设置混合模式的方法，制作炫彩的背景效果，如图 8-188 和图 8-189 所示。

图 8-188　　　　　　　　　　　　　图 8-189

操作步骤：

（1）打开素材文件，如图 8-190 所示。按 Shift+Ctrl+Alt+2 组合键载入亮部选区，如图 8-191 所示。

图 8-190　　　　　　　　　　　　　图 8-191

（2）执行"图层"→"新建调整图层"→"曲线"命令，在"属性"面板中调整曲线形状，如图 8-192 所示，此时将只对亮部进行调整，效果如图 8-193 所示。

（3）处理人物肤色偏黄的问题。执行"图层"→"新建调整图层"→"可选颜色"命令，创建一个"可选颜色"调整图层。在"属性"面板中设置"颜色"为"红色"，设置"洋红"为-8%，"黄色"为-33%，如图8-194所示；设置"颜色"为"黄色"，设置"青色"为-5%，"洋红"为8%，"黄色"为-42%，"黑色"为-11%，如图8-195所示。在图层蒙版中填充黑色，使用白色画笔涂抹出皮肤部分，此时可以看到人像肤色变为粉嫩的效果，如图8-196所示。

图 8-192

图 8-193

图 8-194

（4）为整体画面提高亮度。再次创建新的"曲线"调整图层，调整好曲线的形状，如图8-197所示，将图像整体提亮，如图8-198所示。

图 8-195

图 8-196

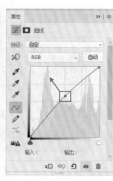
图 8-197

（5）适当压暗四角的亮度。执行"图层"→"新建调整图层"→"亮度/对比度"命令，创建一个"亮度/对比度"调整图层。在"属性"面板中设置"亮度"为-18，"对比度"为51，如图8-199所示。接着使用黑色画笔在蒙版中绘制原点，并使用"自由变换"快捷键Ctrl+T将其放大变虚，使边角变暗，中间变亮，如图8-200所示。

图 8-198

图 8-199

图 8-200

（6）新建图层，单击"渐变工具"按钮 ▣ 在选项栏中单击，编辑渐变色条，单击滑块调整渐变颜色为彩色渐变，设置渐变类型为线性渐变，在图像中自左下向右上拖曳，填充彩色渐变，如图 8-201 所示。

（7）设置该渐变图层的"混合模式"为"柔光"，并添加图层蒙版，在图层蒙版中使用黑色画笔涂抹，去掉影响人像的部分，如图 8-202 所示。为了增强炫彩渐变的效果，复制渐变图层，然后设置其图层的"不透明度"为 48%，如图 8-203 所示。

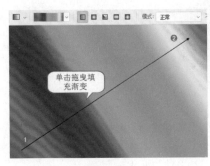

图 8-201

图 8-202

（8）执行"文件"→"置入嵌入对象"命令，将文字素材置入文档内。此时本案例制作完成，效果如图 8-204 所示。

图 8-203

图 8-204

综合案例：为图片调色制作服装广告

视频讲解

PSD 案例文件 / 第 8 章 / 为图片调色制作服装广告

📺 视频教学 / 第 8 章 / 为图片调色制作服装广告 .mp4

案例概述：

本案例主要使用"曲线""色彩平衡"等调色命令，对置入的人物素材进行调整，同时结合"横排文字工具"制作服装广告，如图 8-205 所示。

图 8-205

操作步骤：

（1）执行"文件"→"新建"命令，创建一个空白文档。接着设置前景色为淡橘色，使用前景色填充快捷键 Alt+Delete 进行填充，效果如图 8-206 所示。

（2）在"图层"面板中按住 Alt 键双击背景图层，将背景图层变成普通图层。然后执行"图层"→"图层样式"→"图案叠加"命令，在弹出的"图层样式"对话框中设置

"混合模式"为"变亮"，"不透明度"为20%，设置合适的图案，设置"缩放"为303%，参数设置如图8-207所示。设置完成后单击"确定"按钮，效果如图8-208所示。

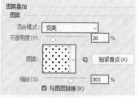

图 8-206　　　　　　　　　　图 8-207　　　　　　　　　　图 8-208

（3）执行"文件"→"置入嵌入对象"命令，将人物素材1.jpg置入画面中，并将该图层进行栅格化处理，如图8-209所示。

（4）提高人物脸部亮度。选中人物素材，执行"图层"→"新建调整图层"→"曲线"命令，创建一个"曲线"调整图层。接着在"属性"面板中，在曲线中间的位置单击添加控制点，然后将其向左上方拖动，提高画面的亮度，单击 🔲 按钮使调色效果只针对下方图层，如图8-210所示，画面效果如图8-211所示。

图 8-209　　　　　　　　　　　　　　图 8-210

（5）在将人物脸部提亮的同时，整个素材都提高了亮度。设置前景色为黑色，在"图层"面板中选中"曲线"图层蒙版，将其填充为黑色，隐藏调整效果，如图8-212所示。

图 8-211　　　　　　　　　　　　　　图 8-212

（6）选择工具箱中的"画笔工具"，在选项栏中单击，打开"画笔预设"选取器，在下拉面板中选择一个"柔边圆"画笔，设置画笔"大小"为45像素，"硬度"为0%，如图8-213所示。设置前景色为白色，在"图层"面板中单击选中"曲线"调整图层的图层蒙版，然后在画面中人物脸及脖子位置涂抹，效果如图8-214所示。

（7）对图像素材的背景色调进行调整。执行"图层"→"新建调整图层"→"色彩平衡"命令，创建一个"色彩平衡"调整图层。接着在"属性"面板中设置"色调"为"中间调"，设置"青色 - 红色"为 -30，"洋红 - 绿色"为 10，"黄色 - 蓝色"为 20。选中"保留明度"复选框，单击 按钮，如图 8-215 所示，画面效果如图 8-216 所示。

图 8-213　　　　　　　　　　图 8-214　　　　　　　　　　图 8-215

（8）使用同样的方式隐藏"色彩平衡"的调整效果。使用大小合适的黑色"柔边圆"画笔在调整图层蒙版中涂抹，隐藏人物部分的调色效果，画面效果如图 8-217 所示。

图 8-216　　　　　　　　　　　图 8-217

（9）在画面中添加文字，首先制作主体文字。选择工具箱中的"横排文字工具"，在选项栏中设置合适的字体、字号，将文字颜色设置为紫红色，设置完毕后在画面中合适的位置单击鼠标，建立文字输入的起始点，接着输入文字，如图 8-218 所示。文字输入完毕后按 Ctrl+Enter 快捷键。

（10）选择工具箱中的"矩形工具"，在选项栏中设置"绘制模式"为"形状"，"填充"为紫红色，"描边"为无。设置完成后在画面右侧按住鼠标左键拖动，绘制一个矩形，如图 8-219 所示。

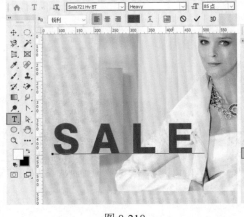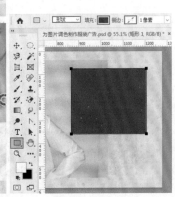

图 8-218　　　　　　　　　　　图 8-219

（11）使用"横排文字工具"在红色矩形上添加几组文字，如图 8-220 所示。

（12）在"图层"面板中选中刚绘制的最小一排字，设置面板中的"不透明度"为 30%，如图 8-221 所示。

图 8-220 图 8-221

（13）继续使用"矩形工具"，在选项栏中设置"绘制模式"为"形状"，"填充"为白色，"描边"为无。设置完成后在画面暗粉色矩形上方按住鼠标左键拖动绘制一个白色矩形，如图 8-222 所示。然后在白色矩形上方添加文字。此时本案例制作完成，效果如图 8-223 所示。

图 8-222 图 8-223

8.7 课后练习

初级练习：打造电影感复古色调

视频讲解

案例效果	可用素材
	 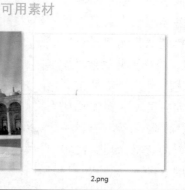
	1.jpg　　　　　2.png

技术要点

"色相 / 饱和度""选区颜色""曲线"。

案例概述

本案例主要通过"色相/饱和度""选区颜色""曲线"等命令对画面颜色倾向进行调整，打造具有电影感的复古海报。

思路解析

1．创建一个"色相 / 饱和度"调整图层，对素材中的黄色、青色、蓝色这 3 种色调进行调整。

2．创建"可选颜色"调整图层，让画面色调倾向于复古。

3．创建 3 个"曲线"调整图层，分别降低天空和地面的亮度。

4．将边框素材置入。

制作流程

进阶练习：打造粉嫩肌肤

视频讲解

案例效果	可用素材
	 1.jpg

技术要点

"色相 / 饱和度""曲线""可选颜色"。

案例概述

本案例通过多个调色命令的协同使用，对人物的发色、肤色以及画面整体的明暗程度进行调整，进而打造处于清新色调的环境中的具有粉嫩肤色的人像照片。

思路解析

1. 使用"色相 / 饱和度"和"曲线"更改人物的发色，同时提高画面的整体亮度。
2. 使用"色相 / 饱和度"降低人物肤色中的黄色调，并提高亮度。
3. 使用"自然饱和度"适当提高画面整体的色彩饱和度。
4. 使用"色相 / 饱和度"更改背景颜色。
5. 使用"可选颜色"对人物的发色进行调整。
6. 使用"曲线"提高人物唇色的亮度。
7. 使用"自然饱和度"将人物皮肤中存在的红色色调去除。

制作流程

8.8 结课作业

以"民国初恋"为主题对人像摄影作品进行调色、精修，主要应用在摄影写真、电商广告中。

要求：

➥ 服饰、配色都需要体现"民国"的年代感。

➥ 对人像进行精修，使皮肤无瑕疵，体态优美。

➥ 整体色调厚重、典雅，具有年代气息。

Chapter 09

第 9 章

蒙版与合成

蒙版是 Photoshop 中合成图像的必备利器，使用蒙版可以遮盖部分图像，使其避免受到操作的影响。这种隐藏而非删除的编辑方式是一种非常方便的非破坏性编辑方式。使用蒙版编辑图像，不仅可以避免因使用橡皮擦或剪切、删除等造成的失误操作，还可以通过对蒙版应用滤镜，得到一些意想不到的特效。

本章学习要点：

- 熟练掌握剪贴蒙版的使用方法
- 熟练掌握图层蒙版的使用方法

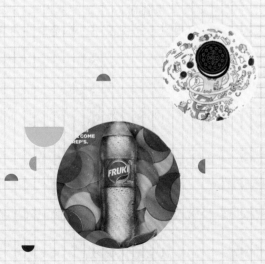

9.1 剪贴蒙版与合成

剪贴蒙版是基于两个或两个以上的图层才能编辑使用。它可以在不破坏图层的情况下，将上层的内容只对其下层的内容起作用。

9.1.1 认识剪贴蒙版

"剪贴蒙版"是通过使用处于下方的"基底图层"的形状来限制上方"内容图层"的显示状态，也就是说基底图层用于限定最终图像的形状，而内容图层则用于限定最终图像显示的颜色图案。

剪贴蒙板是由"基底图层"和"内容图层"两个部分组成，如图 9-1 所示。"基底图层"是位于剪贴蒙版最底端的一个图层，"内容图层"可以有多个。如图 9-2 所示为剪贴蒙版的原理图，效果如图 9-3 所示。

图 9-1　　　　　　图 9-2　　　　　　图 9-3

➥ 基底图层：基底图层只有一个，如上图中的花朵图形，它决定了位于其上面的图像的显示范围。如果对基底图层进行移动、变换等操作，那么上面的图像也会随之受到影响。

➥ 内容图层：内容图层可以是一个或多个。对内容图层的操作不会影响基底图层，但是对其进行移动、变换等操作时，其显示范围就会随之而改变。需要注意的是，剪贴蒙版虽然可以应用在多个图层中，但是这些内容图层不能是隔开的，必须是相邻的图层。

✎技巧提示：可用于剪贴蒙版的内容图层

剪贴蒙版的内容图层不仅可以是普通的像素图层，还可以是"调整图层""形状图层""填充图层"等。使用"调整图层"作为剪贴蒙版中的内容图层是非常常见的，主要用作对某一图层的调整而不影响其他图层。

9.1.2 使用剪贴蒙版

创建和使用剪贴蒙版可以轻松地将某一图层内容按照另外一个图层中的图形形状进行显示。

（1）首先绘制一个圆角矩形形状作为基底图层，如图 9-4 所示。接着置入一个图片素材，并将其移动至图形上方，作为内容图层，如图 9-5 所示。

图 9-4

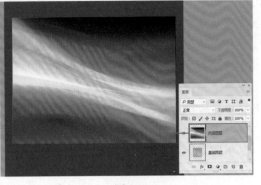
图 9-5

（2）选择"内容图层"，然后单击鼠标右键，在弹出的快捷菜单中执行"创建剪贴蒙版"命令，创建剪贴蒙版，如图 9-6 所示，效果如图 9-7 所示。最后置入前景素材，画面效果如图 9-8 所示。

（3）如果想要使内容图层不再受下面形状图层的限制，可以选择剪贴蒙版图层，然后单击鼠标右键，在弹出的快捷菜单中执行"释放剪贴蒙版"命令，如图 9-9 所示。

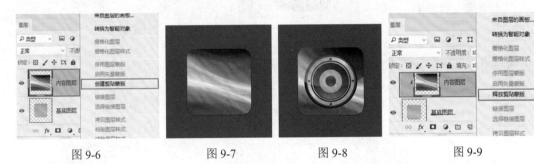

图 9-6　　　　　图 9-7　　　　　图 9-8　　　　　图 9-9

实战案例：使用"剪贴蒙版"制作另类水果

PSD 案例文件 / 第 9 章 / 使用"剪贴蒙版"制作另类水果

📺 视频教学 / 第 9 章 / 使用"剪贴蒙版"制作另类水果 .mp4

案例概述：

通过对"剪贴蒙版"的学习，可以将两种不同的实物合成在一起。本案例将使用"剪贴蒙版"制作有趣的"另类"水果，如图 9-10 所示。

操作步骤：

（1）打开素材文件 1.jpg，如图 9-11 所示。新建图层 1，然后使用"套索工具"在右侧柠檬上绘制不规则选区，并填充黑色，如图 9-12 所示。

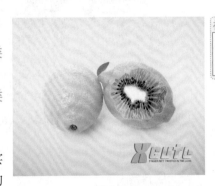
图 9-10

图 9-11

图 9-12

（2）为黑色区域加上一定的效果。选择图层 1，单击"图层"面板中的"添加图层样式"按钮，为该图层添加"描边"效果，设置"大小"为 4 像素，"位置"为"外部"，"混合模式"为"正常"，"不透明度"为 30%，"颜色"为淡粉色，如图 9-13 所示。设置完成后单击"确定"按钮，效果如图 9-14 所示。

（3）执行"文件"→"置入嵌入对象"命令，将猕猴桃素材 2.png 置入并栅格化。然后使用"移动工具"将其摆放到合适位置，如图 9-15 所示。下面可以利用"剪贴蒙版"使猕猴桃只显示一部分，选择"猕猴桃"图层，单击鼠标右键，在弹出的快捷菜单中执行"创建剪贴蒙版"命令，创建剪贴蒙版，此时黑色区域以外的猕猴桃被隐藏了，如图 9-16 和图 9-17 所示。

图 9-13

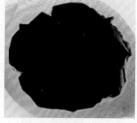

图 9-14

图 9-15

（4）添加装饰文字，另类水果制作完成，效果如图 9-18 所示。

图 9-16

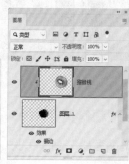

图 9-17

图 9-18

视频陪练：使用"剪贴蒙版"制作花纹文字版式

📄 案例文件 / 第 9 章 / 使用"剪贴蒙版"制作花纹文字版式

📹 视频教学 / 第 9 章 / 使用"剪贴蒙版"制作花纹文字版式 .mp4

案例概述：

本案例首先利用文字工具创建一组文字，然后使用斑点、条纹以及置入的光效素材等元素为文字创建剪贴蒙版，从而制作带有绚丽花纹的文字效果，如图 9-19 所示。

图 9-19

9.2　图层蒙版与合成

图层蒙版是常用的图像编辑合成工具之一，图层蒙版只需要通过控制蒙版的黑白关系即可控制图像的显示与隐藏，蒙版中黑色的区域表示图像为隐藏，白色的区域表示图像为显示，灰色区域表示半透明显示。图层蒙版的特点就是使用方法简单易操作，同时也更加便捷、自由。如图 9-20 和图 9-21 所示为使用图层蒙版制作的效果。

图 9-20　　　　　　图 9-21

9.2.1　认识图层蒙版

图层蒙版属于非破坏性编辑工具，通过黑白关系可控制图层的显示或隐藏。在图层蒙版中，黑色为隐藏，白色为显示，灰色为半透明显示。

准备两个图层，为上方的图层添加图层蒙版，如图 9-22 所示。此时图层蒙版为白色，按照图层蒙版"黑透、白不透"的工作原理，此时文档窗口中将完全显示"图层 1"的内容，如图 9-23 所示。

如果要全部显示"背景"图层的内容，可以选择"图层 1"的蒙版，然后用黑色填充蒙版，如图 9-24 和图 9-25 所示。

图 9-22　　　　　　　图 9-23　　　　　　　图 9-24

如果要以半透明方式显示当前图像，可以用灰色填充"图层 1"的蒙版，如图 9-26 和图 9-27 所示。

图 9-25　　　　　　　图 9-26　　　　　　　图 9-27

技巧提示：图层蒙版的其他填充方式

除了可以在图层蒙版中填充颜色之外，还可以填充渐变，使用不同的画笔工具来编辑蒙版。另外，还可以在图层蒙版中应用各种滤镜，如图 9-28 ～图 9-33 所示分别为填充渐变、使用画笔以及应用"纤维"滤镜以后的蒙版状态与图像效果。

图 9-28　　　　　　　　图 9-29　　　　　　　　图 9-30

图 9-31　　　　　　　　图 9-32　　　　　　　　图 9-33

9.2.2　使用图层蒙版合成画面

创建图层蒙版的方法有很多种，既可以直接在"图层"或"属性"面板中进行创建，也可以从选区中生成图层蒙版。

（1）选择要添加图层蒙版的图层，然后在"图层"面板下单击"添加图层蒙版"按钮 ，即可为当前图层添加一个图层蒙版，如图 9-34 所示。在图层蒙版中使用黑色画笔进行涂抹，可将图像隐藏，被涂抹的位置呈现透明状态，如图 9-35 所示。而使用白色画笔在蒙版中进行涂抹，被涂抹的区域会被显示出来。

图 9-34

图 9-35

（2）如果当前图像中存在选区，单击"图层"面板下的"添加图层蒙版"按钮 ，如图 9-36 所示。可以基于当前选区为图层添加图层蒙版，选区以外的图像将被蒙版隐藏，如图 9-37 所示。

图 9-36

图 9-37

实战案例：使用图层蒙版制作文具广告

视频讲解

📁 案例文件 / 第 9 章 / 使用图层蒙版制作文具广告

📺 视频教学 / 第 9 章 / 使用图层蒙版制作文具广告 .mp4

案例概述：

本案例主要使用"图层蒙版"将置入的文具素材的背景去除，将主体物放置在新的背景中，从而制作文具广告，如图 9-38 所示。

图 9-38

操作步骤：

（1）执行"文件"→"新建"命令，创建一个宽度为 1920 像素、高度为 720 像素的空白文档。执行"文件"→"置入嵌入对象"命令，将背景素材 1.jpg 置入画面中，调整其大小及位置后按 Enter 键完成置入。在"图层"面板中右击该图层，在弹出的快捷菜单中执行"栅格化图层"命令，将图层进行栅格化处理，如图 9-39 所示。

（2）此时置入的背景颜色过亮，需要适当压暗背景颜色。创建新图层，设置前景色为黑色，使用前景色填充快捷键 Alt+Delete 进行填充，效果如图 9-40 所示。

图 9-39

图 9-40

（3）在"图层"面板中选中黑色图层，设置面板中的"混合模式"为"明度"，"不透明度"为 40%，画面效果如图 9-41 所示。

（4）制作主体文字。单击工具箱中的"钢笔工具"按钮，在选项栏中设置"绘制模式"为"路径"，在画面上方绘制一段曲线路径，如图 9-42 所示。然后选择工具箱中的

"横排文字工具"，在选项栏中设置合适的字体、字号，设置文字颜色为白色，设置完毕后在曲线路径上方单击鼠标，建立文字输入的起始点，接着输入文字，文字输入完毕后按 Ctrl+Enter 快捷键，如图 9-43 所示。

图 9-41   图 9-42

（5）制作星形装饰。在工具箱中选择"自定形状工具"，在选项栏中设置"绘制模式"为"形状"，"填充"为黄色，"描边"为无，选择合适的形状。设置完成后在刚输入的字母"i"上方按住 Shift 键的同时单击鼠标左键并拖动，绘制一个星形，如图 9-44 所示。接着使用"自由变换"快捷键 Ctrl+T 调出定界框，将其旋转至合适的角度，如图 9-45 所示。星形调整完毕之后按 Enter 键结束变换。

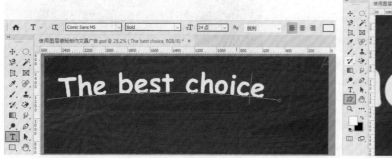
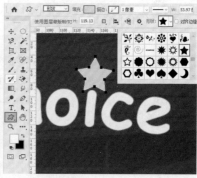

图 9-43   图 9-44

（6）向文字两侧置入装饰素材，调整其大小及位置，如图 9-46 所示。然后按 Enter 键并将其栅格化。

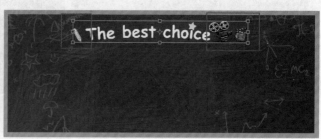

图 9-45   图 9-46

（7）选择工具箱中的"矩形工具"，在选项栏中设置"绘制模式"为"形状"，"填充"为墨绿色，"描边"为较浅的墨绿色，"描边粗细"为"1 点"。设置完成后在画面中间位置按住鼠标左键并拖动，绘制一个矩形，如图 9-47 所示。

（8）在"图层"面板中选中背景素材图层，使用快捷键 Ctrl+J 复制一个相同的图层，然后将复制的图层移动到面板的顶端，如图 9-48 所示。

图 9-47 图 9-48

（9）选中复制的图层，执行"图层"→"创建剪贴蒙版"命令，画面效果如图 9-49 所示。在"图层"面板中选中复制出的图层，设置面板中的"不透明度"为 20%，画面效果如图 9-50 所示。

 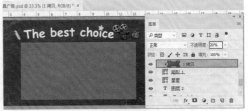

图 9-49 图 9-50

（10）制作画面中的分区线条。选择工具箱中的"钢笔工具"，在选项栏中设置"绘制模式"为"形状"，"填充"为无，"描边"为较浅的墨绿色，"描边粗细"为"0.5 点"。设置完成后在画面中合适的位置按住 Shift 键并拖动鼠标绘制一条直线，如图 9-51 所示。在"图层"面板中选中直线图层，使用快捷键 Ctrl+J 复制一个相同的图层，然后按住 Shift 键的同时按住鼠标左键将其向右拖动，如图 9-52 所示。

图 9-51 图 9-52

（11）继续使用同样的方法将画面中的横线绘制出来，如图 9-53 所示。

（12）选择工具箱中的"横排文字工具"，在选项栏中设置合适的字体、字号，设置文字颜色为深蓝色，设置完毕后在画面中合适的位置单击鼠标，建立文字输入的起始点，接着输入文字，然后按 Ctrl+Enter 快捷键，如图 9-54 所示。

图 9-53   图 9-54

（13）向画面中合适的位置置入文具盒素材，并将其栅格化，如图 9-55 所示。

（14）将文具盒素材从背景中抠出。选择工具箱中的"快速选择工具"，在选项栏中单击"添加到选区"按钮，然后选中文具盒部分的选区，如图 9-56 所示。接着基于选区添加图层蒙版，将背景隐藏，画面效果如图 9-57 所示。

图 9-55   图 9-56   图 9-57

（15）选择工具箱中的"钢笔工具"，在选项栏中设置"绘制模式"为"形状"，"填充"为无，"描边"为较浅的墨绿色，"描边粗细"为"2 点"。设置完成后在画面中合适的位置按住 Shift 键并拖动鼠标，绘制一条直线，如图 9-58 所示。在"图层"面板中选中直线图层，使用快捷键 Ctrl+J 复制一个相同的图层，然后按住 Shift 键的同时按住鼠标左键将其向下拖动，如图 9-59 所示。

图 9-58   图 9-59

（16）单击工具箱中的"横排文字工具"按钮，在选项栏中设置合适的字体、字号，设置文字颜色为白色，设置完毕后在画面中合适的位置单击鼠标建立文字输入的起始点，

接着输入文字，然后按 Ctrl+Enter 快捷键，如图 9-60 所示。接着执行"窗口"→"字符"命令，在弹出的"字符"面板中单击"仿斜体"按钮，效果如图 9-61 所示。

图 9-60

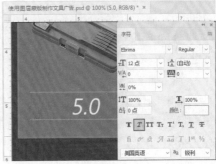

图 9-61

（17）使用同样的方法输入数字旁边的文字，如图 9-62 所示。

（18）为文字制作底色。创建一个新图层，选择工具箱中的"画笔工具"，在选项栏中单击 按钮，在弹出的"画笔设置"面板中选择"粉笔 2"画笔，设置"大小"为 50 像素，"间距"为 1%，参数设置如图 9-63 所示。在工具箱底部设置前景色为棕色，选择刚创建的空白图层，在文字上方按住鼠标左键进行拖动，如图 9-64 所示。

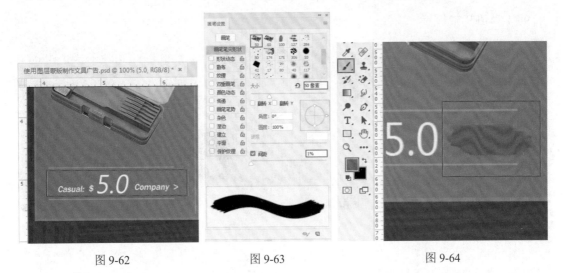

图 9-62   图 9-63   图 9-64

（19）在"图层"面板中将棕色底色图层移动到文字图层的下方，如图 9-65 所示。

（20）继续使用同样的方法将画面中的其他内容绘制出来，此时本案例制作完成，效果如图 9-66 所示。

图 9-65

图 9-66

实战案例：使用蒙版合成瓶中小世界

案例文件 / 第 9 章 / 使用蒙版合成瓶中小世界

视频教学 / 第 9 章 / 使用蒙版合成瓶中小世界 .mp4

案例概述：

本案例使用"图层蒙版"将带有海星的沙滩素材的局部进行隐藏，使之与漂流瓶相融合，对比效果如图 9-67 和图 9-68 所示。

操作步骤：

（1）执行"文件"→"打开"命令，打开背景文件，如图 9-69 所示。执行"文件"→"置入嵌入对象"命令，置入带有海星的素材并栅格化，然后对其执行"自由变换"命令，快捷键为 Ctrl+T，将其旋转到合适角度，如图 9-70 所示。

（2）选中该图层，单击"图层"面板底部的"添加图层蒙版"按钮，为当前图层添加图层蒙版。接着使用黑色柔角画笔在该图层蒙版上进行绘制，将超出瓶身的部分隐藏，如图 9-71 和图 9-72 所示。

图 9-67　　　　　图 9-68

图 9-69　　　图 9-70　　　图 9-71　　　图 9-72

（3）执行"文件"→"置入嵌入对象"命令，置入前景素材 3，然后执行"图层"→"栅格化"→"智能对象"命令，将该图层进行栅格化处理，如图 9-73 所示。接着使用"套索工具"，在选项栏中设置一定的羽化半径，在右侧绘制一块蓝色海底区域的选区，如图 9-74 所示。

（4）选中海底素材，使用复制和粘贴的快捷键（Ctrl+C 和 Ctrl+V）复制出单独的蓝色海水，放在瓶子下半部分，如图 9-75 所示。设置"不透明度"为 30%，如图 9-76 所示，最终效果如图 9-77 所示。

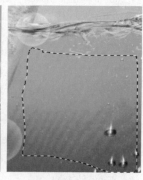

图 9-73　　　　　图 9-74

图 9-75　　　　　　　图 9-76　　　　　　　图 9-77

9.2.3 图层蒙版的编辑操作

（1）在 Photoshop 中可以将制作好的图层蒙版快速地赋予到其他图层上，或将其移动到其他图层上，以便在不同的图层上使用同样的蒙版效果。如果要将一个图层的蒙版复制到另一个图层上，可以按住 Alt 键将蒙版缩略图拖曳到另外一个图层上，如图 9-78 所示。此时图层上就会出现一个同样效果的蒙版，如图 9-79 所示。

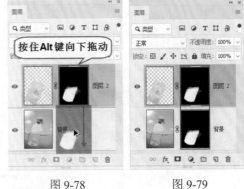

图 9-78　　　　　　　图 9-79

技巧提示：

单击选中要转移的图层蒙版的缩略图，并按住鼠标左键将蒙版拖曳到其他图层上，松开鼠标即可将该图层的蒙版转移到其他图层上。如果要将一个图层的蒙版替换另外一个图层的蒙版，可以将该图层的蒙版缩略图直接拖曳到另一个图层的蒙版缩略图上，即可完成替换。

（2）应用图层蒙版是指将图像中对应蒙版中的黑色区域删除，将白色区域保留下来，而灰色区域呈透明效果，并且删除图层蒙版。在图层蒙版缩略图上单击鼠标右键，在弹出的快捷菜单中执行"应用图层蒙版"命令，如图 9-80 所示。应用图层蒙版以后，蒙版效果将会应用到图像上，如图 9-81 所示。

（3）停用图层蒙版可以暂时隐藏蒙版效果。当需要该蒙版时可以再次启

图 9-80　　　　　　　图 9-81

用。如果要停用图层蒙版，可以执行"图层"→"图层蒙版"→"停用"命令，或在图层蒙版缩略图上单击鼠标右键，在弹出的快捷菜单中执行"停用图层蒙版"命令。使用该命令后，在"属性"面板的缩略图和"图层"面板中的蒙版缩略图中都会出现一个红色的交叉线 。

（4）如果要重新启用图层蒙版，可以再次执行"图层"→"图层蒙版"→"启用"命令，或在蒙版缩略图上单击鼠标右键，在弹出的快捷菜单中执行"启用图层蒙版"命令。

（5）删除图层蒙版可以彻底释放蒙版对图层的影响。如果要删除图层蒙版，可以选中图层，执行"图层"→"图层蒙版"→"删除"命令。

视频陪练：光效奇幻秀

PSD 案例文件 / 第 9 章 / 光效奇幻秀

📺 视频教学 / 第 9 章 / 光效奇幻秀 .mp4

案例概述：

本例使用了大量的光效素材，通过设置混合模式，将光效元素融入画面中。本案例需要使用到大量的素材，而想要使这些素材融入画面中，就需要为画面中的元素添加图层蒙版，隐藏局部，从而合成完整的画面效果，如图 9-82 所示。

图 9-82

综合案例：巴黎夜玫瑰

PSD 案例文件 / 第 9 章 / 巴黎夜玫瑰

📺 视频教学 / 第 9 章 / 巴黎夜玫瑰 .mp4

案例概述：

本案例将一张在影棚拍摄的人像合成到城市风光的场景中。在制作过程中主要使用了"钢笔工具""快速选择工具""图层蒙版"。为了让效果更加自然，还使用了"可选颜色"和"曲线"进行调色，如图 9-83 所示。

操作步骤：

（1）执行"文件"→"打开"命令，打开

图 9-83

天空背景素材，如图 9-84 所示。执行"文件"→"置入嵌入对象"命令，置入前景建筑素材文件，并将其进行栅格化处理，如图 9-85 所示。

图 9-84

图 9-85

（2）将素材中的蓝色天空去除。单击工具箱中的"钢笔工具"按钮，绘制建筑和地面部分的闭合路径，如图 9-86 所示。单击鼠标右键，在弹出的快捷菜单中执行"建立选区"

命令，得到这部分选区，然后为该图层添加图层蒙版，使背景部分隐藏，如图 9-87 所示。

图 9-86　　　　　　　　　　　　　　　　　图 9-87

（3）创建新的"可选颜色"调整图层，然后在调整图层上右击，在弹出的快捷菜单中执行"创建剪贴蒙版"命令，只对建筑图层做调整。设置"颜色"为"青色"，"青色"为 -100%，"洋红"为 -100%，"黄色"为 100%，如图 9-88 所示；设置"颜色"为"蓝色"，"青色"为 -100%，"洋红"为 42%，"黄色"为 100%，如图 9-89 所示，效果如图 9-90 所示。

图 9-88　　　　　　　　图 9-89　　　　　　　　　　　图 9-90

（4）置入人像素材并栅格化。接着选择工具箱中的"快速选择工具"，设置"绘制模式"为"添加到选区"，然后在人物处按住鼠标左键并拖动，得到人物部分选区，如图 9-91 所示。为该人像图层添加图层蒙版，使背景部分隐藏，如图 9-92 所示。

图 9-91　　　　　　　　　　　　　　　图 9-92

（5）提亮画面。创建一个"曲线"调整图层，在"属性"面板中对曲线的形态进行调整，如图 9-93 所示。效果如图 9-94 所示。

（6）新建一个"前景"图层组，首先置入前景花瓣素材文件，将其放置在裙子底部的位置，如图 9-95 所示。接着置入光效素材文件，适当旋转，放到左下角的位置，如图 9-96 所示。然后设置图层的"混合模式"为"滤色"，并为图层添加"图层蒙版"，再使用黑色画笔涂抹多余部分，如图 9-97 所示。

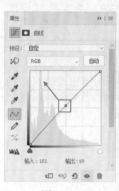
图 9-93

图 9-94

图 9-95

（7）将丝带和花朵素材置入，放在人物的腿部和手中，同时将素材图层进行栅格化处理，效果如图 9-98 所示。

图 9-96

图 9-97

图 9-98

（8）制作前景雪花效果。创建新图层，选择"画笔工具" ✎，设置前景色为白色，然后按 F5 键打开"画笔设置"面板，调整"画笔笔尖形状""形状动态""散布"选项的相关设置，如图 9-99 ～图 9-101 所示。在画布中按住鼠标左键并拖动，绘制雪花效果，如图 9-102 所示。

图 9-99

图 9-100

图 9-101

（9）继续新建图层，设置前景色为黄色，按 Alt+Delete 快捷键填充颜色，如图 9-103 所示。然后将"混合模式"设置为"正片叠底"，设置其图层的"不透明度"为 70%，然后为图层添加"图层蒙版"，并使用黑色画笔涂抹多余部分，如图 9-104 所示，效果如图 9-105 所示。

图 9-102　　　　　　　　图 9-103　　　　　　　　图 9-104

（10）将前景文字素材置入，同时将该图层进行栅格化处理，如图 9-106 所示。

图 9-105　　　　　　　　　　图 9-106

（11）将画面四角压暗。创建新的"曲线"调整图层，调整曲线形态，此时画面变暗，如图 9-107 所示。接着使用黑色画笔工具在蒙版的中间区域进行涂抹，如图 9-108 所示，此时画面四周变暗，而中间部分保持之前的亮度。本案例制作完成，最终效果如图 9-109 所示。

图 9-107　　　　　　图 9-108　　　　　　　　图 9-109

9.3 课后练习

初级练习：制作婚纱摄影版式

案例效果	可用素材

技术要点

图层蒙版。

案例概述

　　本案例的版面应用了多个素材，为了将不同的图像结合到一个版面中，需要使用"图层蒙版"将素材不需要的部分隐藏。

思路解析

　　1. 将背景素材打开，同时将人物素材 2.jpg 置入，然后使用"图层蒙版"将人物素材的背景隐藏。

　　2. 创建一个"照片滤镜"调整图层，对人物素材背景颜色色调进行调整，使其与背景色调相统一。

　　3. 置入素材 3.png 和 4.png，同时使用"图层蒙版"隐藏不需要的部分。

　　4. 置入人物素材 5.jpg，在图层蒙版中隐藏多余部分，然后为其添加描边效果。

　　5. 置入文字素材 6.png，完成案例制作。

制作流程

进阶练习：使用"图层蒙版"制作唯美小岛

案例效果	可用素材

技术要点

"钢笔工具""横排文字工具""图层样式""图层蒙版""画笔工具"。

案例概述

　　本案例的制作重点在于悬浮的小岛，小岛主要分为两个部分：土地和草地。土地的部分应用了泥土素材以及根系素材，借助"图层蒙版"隐藏多余部分，使之呈现岛屿的侧面效果；草地部分则需要借助"图层蒙版"从草坪素材中提取需要保留的部分，并绘制阴影以增强效果。

思路解析

　　1．将背景素材打开，置入根系素材，多次复制并旋转，同时结合"图层蒙版"，隐藏不需要的部分，从而制作小岛的底部效果。

　　2．置入泥土素材和草坪素材，同样使用"图层蒙版"隐藏多余部分。

　　3．使用"画笔工具"制作草地部分和小岛底部的阴影效果。

　　4．将前景素材置入。

制作流程

9.4　结课作业

为著名动画影片《白雪公主》设计一幅电影海报。

要求：

❧　海报尺寸为A4，竖幅。

❧　海报画面需要包含影片中的主要角色。

❧　画面需要包含影片名称。

❧　画面风格与影片风格相匹配，主题突出。

❧　素材可在网络中获取。

第 10 章

特效

在摄影的世界中，为了丰富照片的图像效果，摄影师们经常在相机的镜头前加上各种特殊的"镜片"，这样拍摄得到的照片就包含了所加镜片的特殊效果，这个镜片就是我们所说的"滤镜"。而在Photoshop中，滤镜的功能却不仅仅局限于摄影中的一些效果，Photoshop 滤镜菜单中的内容非常丰富，其中包含很多种滤镜，可以单独使用这些滤镜，也可以多个滤镜配合使用，从而制作奇妙的视觉效果。除了滤镜以外，通过对图层添加"样式"也可以制作各种各样的特殊效果。

本章学习要点：

- 熟练掌握图层透明度与混合模式的设置方法
- 掌握图层样式的使用方法
- 了解常用滤镜的使用方法

10.1 调整图层不透明度与混合模式

图层的混合模式与不透明度是图层特效的核心功能，它不仅能合成图层、制作选区和特殊效果，最重要的是不会对图像造成任何影响。通过对图层不透明度与混合模式的调整，可以制作多种多样的画面效果。

10.1.1 调整图层的不透明度和填充

"不透明度"选项控制着整个图层的透明属性，包括图层中的形状、像素以及图层样式；而"填充"选项只影响图层中绘制的像素和形状的不透明度。

（1）选择一个带有图层样式的图层，如图 10-1 和图 10-2 所示。

（2）如果将"不透明度"调整为 50%，如图 10-3 所示，可以观察到图像以及图层样式都变为了半透明的效果，如图 10-4 所示。

图 10-1   图 10-2

（3）与"不透明度"不同，将"填充"数值调整为 50%，如图 10-5 所示，可以观察到图像部分变成半透明效果，而图层样式则没有发生任何变化，如图 10-6 所示。

图 10-3   图 10-4   图 10-5   图 10-6

视频陪练：将风景融入旧照片中

📀案例文件 / 第 10 章 / 将风景融入旧照片中

📺视频教学 / 第 10 章 / 将风景融入旧照片中 .mp4

案例概述：

视频讲解

本案例制作的是一款做旧照片效果，首先需要对图像进行去色，使其变为单色调。然后通过混合模式使其与背景进行融合。最后去除照片生硬的边缘，使其与背景融合在一起，如图 10-7 和图 10-8 所示。

图 10-7   图 10-8

10.1.2　认识图层的混合模式

图层混合模式是指一个图层与其下图层的色彩叠加方式。图层的混合模式是 Photoshop 中的一项非常重要的功能，它不仅存在于"图层"面板中，甚至在使用绘画工具时也可以通过更改混合模式来调整绘制对象与下面图像的像素的混合方式。图层混合模式可以用来创建各种特效，并且不会损坏原始图像的任何内容，图 10-9 ～图 10-12 所示为使用混合模式制作的作品。

图 10-9　　　　　　　图 10-10　　　　　　　图 10-11　　　　　　　图 10-12

通常情况下，新建图层的混合模式为正常，除了正常以外，还有很多种混合模式，它们都可以产生迥异的合成效果。在"图层"面板中选择一个除"背景"以外的图层，单击面板顶部的下拉按钮，在弹出的下拉列表中可以选择一种混合模式。图层的混合模式分为 6 组，共 27 种，如图 10-13 所示。

（1）"组合模式组"中的混合模式需要降低图层的"不透明度"或"填充"数值才能起作用，这两个参数的数值越低，就越能看到下面的图像。在文档内打开两张图片，选择上方的图层，如图 10-14 所示。

图 10-13　　　　　　　　　　　　　　　　　　图 10-14

> 正常：这是 Photoshop 默认的模式。上层图像将完全遮盖下层图像，降低"不透明度"数值后才能与下层图像相混合，如图 10-15 所示是设置"不透明度"为 50% 时的混合效果。

> 溶解：该模式会使透明区域的像素离散，产生颗粒感。该模式经常与不透明度同

时使用。"不透明度"小于 100% 时，该数值越大，颗粒越多；数值越小，颗粒越少，如图 10-16 所示。

（2）"加深模式组"中的混合模式可以使图像变暗。在混合过程中，当前图层的白色像素会被下层较暗的像素替代。

↘ 变暗：比较每个通道中的颜色信息，并选择基色或混合色中较暗的颜色作为结果色，同时替换比混合色亮的像素，而比混合色暗的像素保持不变，如图 10-17 所示。

图 10-15　　　　　　　　图 10-16　　　　　　　　图 10-17

↘ 正片叠底：任何颜色与黑色混合产生黑色，任何颜色与白色混合保持不变，如图 10-18 所示。

↘ 颜色加深：通过增加上下层图像之间的对比度来使像素变暗，与白色混合后不产生变化，如图 10-19 所示。

↘ 线性加深：通过减小亮度使像素变暗，与白色混合不产生变化，如图 10-20 所示。

图 10-18　　　　　　　　图 10-19　　　　　　　　图 10-20

↘ 深色：通过比较两个图像的所有通道的数值总和，显示数值较小的颜色，如图 10-21 所示。

（3）"减淡模式组"与"加深模式组"产生的混合效果完全相反，它们可以使图像变亮。在混合过程中，图像中的黑色像素会被较亮的像素替换，而任何比黑色亮的像素都可能提亮下层图像。

图 10-21

↘ 变亮：比较每个通道中的颜色信息，并选择基色或混合色中较亮的颜色作为结果色，同时替换比混合色暗的像素，而比混合色亮的像素保持不变，如图 10-22 所示。

↘ 滤色：与黑色混合时颜色保持不变，与白色混合时产生白色，如图 10-23 所示。

↘ 颜色减淡：通过减小上下层图像之间的对比度来提亮底层图像的像素，如图 10-24 所示。

图 10-22

⤵ 线性减淡（添加）：与"线性加深"模式产生的效果相反，可以通过提高亮度来减淡颜色，如图 10-25 所示。

图 10-23   图 10-24   图 10-25

⤵ 浅色：通过比较两个图像的所有通道的数值总和，显示数值较大的颜色，如图 10-26 所示。

（4）"对比模式组"中的混合模式可以加强图像的差异。在混合时，50% 的灰色会完全消失，任何亮度值高于 50% 灰色的像素都可能提亮下层的图像，亮度值低于 50% 灰色的像素则可能使下层图像变暗。

⤵ 叠加：对颜色进行过滤并提亮上层图像，具体取决于底层颜色，同时保留底层图像的明暗对比，如图 10-27 所示。

⤵ 柔光：使颜色变暗或变亮，具体取决于当前图像的颜色。如果上层图像比 50% 灰色亮，则图像变亮；如果上层图像比 50% 灰色暗，则图像变暗，如图 10-28 所示。

图 10-26   图 10-27   图 10-28

⤵ 强光：对颜色进行过滤，具体取决于当前图像的颜色。如果上层图像比 50% 灰色亮，则图像变亮；如果上层图像比 50% 灰色暗，则图像变暗，如图 10-29 所示。

⤵ 亮光：通过增加或减小对比度来加深或减淡颜色，具体取决于上层图像的颜色。如果上层图像比 50% 灰色亮，则图像变亮；如果上层图像比 50% 灰色暗，则图像变暗，如图 10-30 所示。

⤵ 线性光：通过减小或增加亮度来加深

图 10-29   图 10-30

或减淡颜色，具体取决于上层图像的颜色。如果上层图像比 50% 灰色亮，则图像变亮；如果上层图像比 50% 灰色暗，则图像变暗，如图 10-31 所示。

- 点光：根据上层图像的颜色来替换颜色。如果上层图像比 50% 灰色亮，则替换比较暗的像素；如果上层图像比 50% 灰色暗，则替换较亮的像素，如图 10-32 所示。
- 实色混合：将上层图像的 RGB 通道值添加到底层图像的 RGB 值上。如果上层图像比 50% 灰色亮，则使底层图像变亮；如果上层图像比 50% 灰色暗，则使底层图像变暗，如图 10-33 所示。

图 10-31

图 10-32

图 10-33

（5）“比较模式组”中的混合模式可以比较当前图像与下层图像，将相同的区域显示为黑色，不同的区域显示为灰色或彩色。如果当前图层中包含白色，那么白色区域会使下层图像反相，而黑色不会对下层图像产生影响。

- 差值：上层图像与白色混合将反转底层图像的颜色，与黑色混合则不产生变化，如图 10-34 所示。
- 排除：创建一种与“差值”模式相似，但对比度更低的混合效果，如图 10-35 所示。
- 减去：从目标通道中相应的像素上减去源通道中的像素值，如图 10-36 所示。

图 10-34

图 10-35

图 10-36

- 划分：比较每个通道中的颜色信息，然后从底层图像中划分上层图像，如图 10-37 所示。

（6）使用“色彩模式组”中的混合模式时，Photoshop 会将色彩分为色相、饱和度和亮度 3 种成分，然后将其中的一种或两种应用在混合后的图像中。

- 色相：用底层图像的明亮度、饱和度以及上层图像的色相来创建结果色，如图 10-38 所示。
- 饱和度：用底层图像的明亮度、色相以及上层图像的饱和度来创建结果色，在饱和度为 0 的灰度区域应用该模式不会产生任何变化，如图 10-39 所示。

图 10-37

图 10-38

⮫ 颜色：用底层图像的明亮度以及上层图像的色相和饱和度来创建结果色，这样可以保留图像中的灰阶，对于为单色图像上色或给彩色图像着色非常有用，如图 10-40 所示。

⮫ 明度：用底层图像的色相、饱和度以及上层图像的明亮度来创建结果色，如图 10-41 所示。

图 10-39

图 10-40

图 10-41

视频讲解

实战案例：使用混合模式合成愤怒的狮子

PSD 案例文件 / 第 10 章 / 使用混合模式合成愤怒的狮子

📺 视频教学 / 第 10 章 / 使用混合模式合成愤怒的狮子 .mp4

案例概述：

本案例通过"混合模式"将火焰与烟雾混合到图像中，制作狮子喷火的效果，如图 10-42 所示。

操作步骤：

（1）创建新的空白文件，使用"渐变工具"在背景中填充深绿色系的径向渐变，如图 10-43 所示。置入狮子素材 1.jpg，从画面中可以看出狮子的边缘毛发非常细密，而背景大部分为黑色，所以可以考虑使用图层混合的方式将黑色的背景隐藏，实现合成的目的，如图 10-44 所示。

（2）将狮子图层命名为"动物"，单击"图层"面板中的混合模式选项，设置"混合模式"为"浅

图 10-42

图 10-43

色"，如图 10-45 所示，此时图像中大部分的背景被隐藏了，但是仍有些许残留。而狮子身上的黑色区域也被隐藏了，如图 10-46 所示。

图 10-44

图 10-45

图 10-46

（3）由于混合模式的设置并没有使背景完全隐藏，所以需要用橡皮擦将左侧多余部分擦除，如图 10-47 所示。

（4）将狮子面部缺失的部分进行"找回"。复制"动物"图层作为"动物 - 副本"，并将"混合模式"更改为"正常"。使用"橡皮擦工具"擦除狮子五官以外的部分，缺失的五官成功被找回了，如图 10-48 所示。

（5）置入烟雾素材 2.jpg，并将该图层进行栅格化处理。然后设置该图层"混合模式"为"滤色"，如图 10-49 所示，画面效果如图 10-50 所示。

  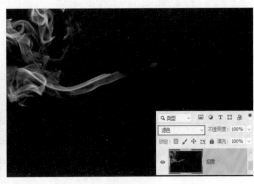

图 10-47　　　　　　图 10-48　　　　　　　　　图 10-49

（6）置入火焰素材 3.jpg 到文件中，同时将其栅格化，如图 10-51 所示。为了使火焰融入画面中，设置该图层的"混合模式"为"变亮"，并将多余部分擦除，一个活灵活现的狮子喷火效果就制作完成了，效果如图 10-52 所示。

图 10-50　　　　　　　图 10-51　　　　　　　　图 10-52

视频陪练：使用混合模式制作水果色嘴唇

视频讲解

[PSD] 案例文件 / 第 10 章 / 使用混合模式制作水果色嘴唇

📺 视频教学 / 第 10 章 / 使用混合模式制作水果色嘴唇 .mp4

案例概述：

想要使嘴唇呈现不同的颜色，首先需要绘制嘴唇形状的纯色图层，然后在"图层"面板中设置混合模式，以此更改嘴唇的颜色。本案例选择了黄、绿两种颜色，两种颜色为类似色，搭配起来协调、自然，在制作时也可以尝试其他的配色方案，例如红色与紫色的搭配、青色与蓝色的搭配等，本案例效果如图 10-53 所示。

图 10-53

10.2 使用图层样式

图层样式是应用于图层或图层组的一种或多种效果，利用"图层样式"功能可以很方便地使图层产生"描边""内阴影""外发光""投影"等效果。使用图层样式不仅可以丰富画面效果，更是强化画面主体的常用方式。

10.2.1 为图层添加样式

（1）如果要为一个图层添加图层样式，可以首先选择一个图层，如图 10-54 所示。执行"图层"→"图层样式"菜单下的子命令，如图 10-55 所示。也可以在"图层"面板中单击"添加图层样式"按钮 fx，在弹出的菜单中选择一种样式即可打开"图层样式"对话框，如图 10-56 所示。

图 10-54   图 10- 55

（2）在"图层样式"对话框中可进行参数的设置，样式名称前面的复选框内有☑标记的，表示在图层中添加了该样式。"图层样式"对话框的左侧列出了 10 种样式，单击其中一种样式的名称，可以选中该样式，同时切换到该样式的设置面板，如图 10-57 和图 10-58 所示。

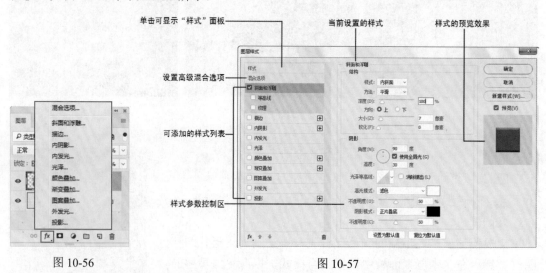

图 10-56   图 10-57

（3）有的图层样式名称后方带有一个 ✚ 按钮，表明该样式可以被多次添加，例如，单击"描边"样式后方的 ✚ 按钮，在"图层样式"列表中出现了另一个"描边"样式，可设置不同的描边大小和颜色，如图 10-59 所示。图 10-60 所示为添加两层"描边"样式的效果。

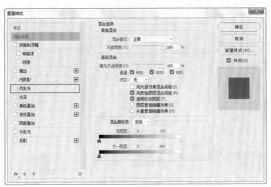
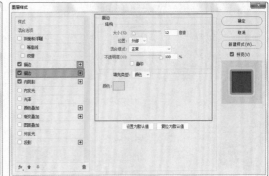

图 10-58　　　　　　　　　　　　　　　　图 10-59

（4）图层样式也会按照上下堆叠的顺序显示，上方的样式会遮挡下方的样式。在"图层样式"列表中可以对多个相同样式的上下排列顺序进行调整。例如，选中该图层 3 个描边样式中的一个，单击底部的"向上移动效果"按钮可以将该样式向上移动一层，单击"向下移动效果"按钮可以将该样式向下移动一层，如图 10-61 所示。

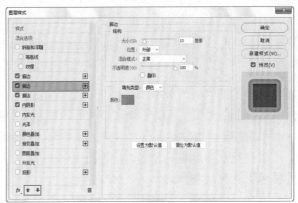

图 10-60　　　　　　　　　　　　　　　　图 10-61

（5）设置完成后单击"确定"按钮，添加了样式的图层的右侧会出现一个 fx 图标。再次对图层执行"图层"→"图层样式"命令或在"图层"面板中双击该样式的名称即可修改某个图层样式的参数，如图 10-62 和图 10-63 所示。

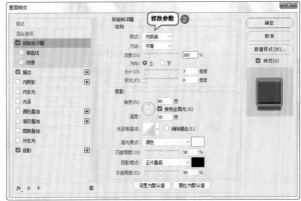

图 10-62　　　　　　　　　　　　　　　　图 10-63

✎ **高手小贴士：显示所有效果**

如果"图层样式"对话框左侧的列表中只显示了部分样式，那么可以单击左下角的 $fx.$ 按钮，执行"显示所有效果"命令，如图 10-64 所示，即可显示其他未启用的命令，如图 10-65 所示。

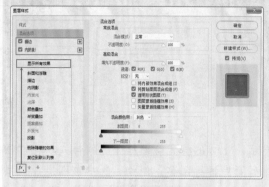

图 10-64 　　　　　　　　　　　　　　图 10-65

✎ **技巧提示："图层样式"对话框的使用方法**

在"图层样式"对话框的左侧列出了 10 种样式。样式名称前面的复选框内有 ☑ 标记的，表示已在图层中添加了该样式。单击一个样式的名称，可以为选中图层添加该样式，同时切换到该样式的设置界面中。单击样式名称前面的复选框标记 ☑，即可取消当前样式。

（6）添加了样式的图层右侧会出现一个图标 fx，再次对图层执行"图层"→"图层样式"命令或双击右侧图标，即可打开"图层样式"对话框。另外，双击图层下方的图层样式名称，也可以打开"图层样式"对话框。在展开的图层样式堆栈中单击该样式前面的眼睛图标 👁，可以隐藏或显示某一种样式，如图 10-66 所示。单击"效果"前面的眼睛图标 👁，可隐藏或显示图层的所有样式。

（7）当文档中有多个需要使用相同样式的图层时，可以选择需要复制的图层，然后执行"图层"→"图层样式"→"拷贝图层样式"命令，或者在图层名称上单击鼠标右键，在弹出的快捷菜单中执行"拷贝图层样式"命令。接着选择目标图层，执行"图层"→"图层样式"→"粘贴图层样式"命令，或者在目标图层上单击鼠标右键，在弹出的快捷菜单中执行"粘贴图层样式"命令，如图 10-67 所示，这样就可以进行图层样式的复制。

　　　　图 10-66 　　　　　　　　　　　　　　　　图 10-67

（8）如果要删除图层中的所有样式，可以选择该图层，然后执行"图层"→"图层样式"→"清除图层样式"命令。也可以在"图层"面板中将图标或将某个图层样式拖曳至"删除图层"按钮 🗑 上进行删除。

（9）若想将当前图层的图层样式栅格化到当前图层中，可以执行"图层"→"栅格化"→"图层样式"命令，栅格化的样式部分可以像普通图层一样进行编辑处理，但是不再具有可以调整图层参数的功能。

10.2.2　认识图层样式

Photoshop 中包含了斜面和浮雕、描边、内阴影、内发光、光泽、颜色叠加、渐变叠加、图案叠加、外发光与投影等 10 种图层样式。如图 10-68 和图 10-69 所示为原图和应用各图层样式的对比效果。

未添加图层样式

图 10-68　　　　　　　　　　　　　　　　　　图 10-69

1. 斜面和浮雕

（1）使用"斜面和浮雕"样式可以为图层添加高光与阴影，使图像产生立体的浮雕效果，常用于立体文字的模拟。选择一个需要赋予图层样式的图层，如图 10-70 所示。执行"图层"→"图层样式"→"斜面和浮雕"命令，为该图层添加"斜面和浮雕"样式，具体设置如图 10-71 所示，斜面和浮雕效果如图 10-72 所示。

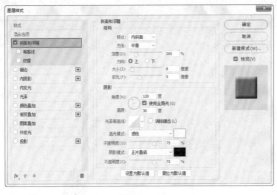

图 10-70　　　　　　　　　　　图 10-71　　　　　　　　　　　图 10-72

- 样式：选择斜面和浮雕的样式。
- 方法：用来选择创建浮雕的方法。选择"平滑"，可以得到比较柔和的边缘；选择"雕刻清晰"，可以得到最精确的浮雕边缘；选择"雕刻柔和"，可以得到中等水平的浮雕效果。
- 深度：用来设置浮雕斜面的应用深度，该值越高，浮雕的立体感越强。
- 方向：用来设置高光和阴影的位置，该选项与光源的角度有关。

- 大小：该选项表示斜面和浮雕阴影面积的大小。
- 软化：用来设置斜面和浮雕的平滑程度。
- 角度 / 高度："角度"选项用来设置光源的发光角度；"高度"选项用来设置光源的高度。
- 使用全局光：如果选中该复选框，那么所有浮雕样式的光照角度都将保持在同一个方向。
- 光泽等高线：选择不同的等高线样式，可以为斜面和浮雕的表面添加不同的光泽质感，也可以自己编辑等高线样式。
- 消除锯齿：当设置了光泽等高线时，斜面边缘可能会产生锯齿，选中该复选框可以消除锯齿。
- 高光模式 / 不透明度：这两个选项用来设置高光的混合模式和不透明度，后面的色块用于设置高光的颜色。
- 阴影模式 / 不透明度：这两个选项用来设置阴影的混合模式和不透明度，后面的色块用于设置阴影的颜色。

（2）使用"等高线"可以在浮雕中创建凹凸起伏的效果。选中"斜面和浮雕"样式下面的"等高线"样式，切换到"等高线"设置面板，如图 10-73 所示。设置等高线的"样式"和"范围"后的效果如图 10-74 所示。

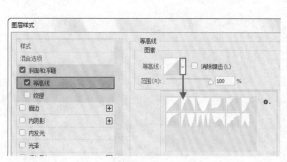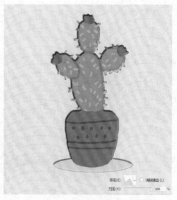

图 10-73　　　　　图 10-74

（3）选中"纹理"样式，切换到"纹理"设置面板，如图 10-75 所示。设置纹理"图案"、纹理"缩放"和"深度"后的效果如图 10-76 所示。

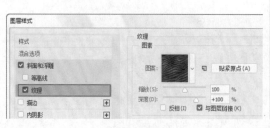

图 10-75　　　　　图 10-76

➥ 图案：单击"图案"选项右侧的 图标，可以在弹出的"图案"拾色器中选择一个图案，并将其应用到斜面和浮雕上。

➥ 从当前图案创建新的预设 ：单击该按钮，可以将当前设置的图案创建为一个新的预设图案，同时新图案会保存在"图案"拾色器中。

➥ 贴紧原点：将原点对齐图层或文档的左上角。

➥ 缩放：用来设置图案的大小。

➥ 深度：用来设置图案纹理的使用程度。

➥ 反相：选中该复选框后，可以反转图案纹理的凹凸方向。

➥ 与图层链接：选中该复选框后，可以将图案和图层链接在一起，这样在对图层进行变换等操作时，图案也会跟着一同变换。

2.　描边

通过"描边"样式可以使用颜色、渐变以及图案来描绘图像的轮廓边缘。图 10-77 所示为"描边"设置面板。图 10-78 所示分别为"颜色"描边、"渐变"描边和"图案"描边的效果。

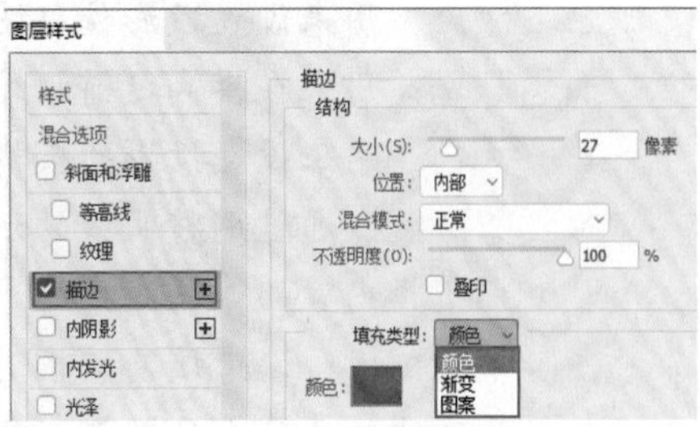

图 10-77

图 10-78

3.　内阴影

使用"内阴影"样式可以在紧靠图层内容的边缘内添加阴影，使图层内容产生凹陷效果，如图 10-79 所示为"内阴影"设置面板，图 10-80 所示为"内阴影"效果。

图 10-79

图 10-80

↳ 混合模式：用来设置内阴影与下面图层的混合方式，默认设置为"正片叠底"
模式。

↳ 阴影颜色：单击"混合模式"选项右侧的颜色块，可以设置内阴影的颜色。

↳ 不透明度：设置内阴影的不透明度。数值越低，投影越淡。

↳ 角度：用来设置内阴影应用于图层时的光照角度，指针方向为光源方向，相反方
向为投影方向。

↳ 使用全局光：当选中该复选框时，可以保持所有光照的角度一致；取消选中该复
选框时，可以为不同的图层分别设置光照角度。

↳ 距离：用来设置投影偏移图层内容的距离。

↳ 阻塞：用来在模糊之前收缩内阴影的杂边边界。

↳ 大小：用来设置投影的模糊范围，该值越高，模糊范围越广，反之投影越清晰。

↳ 等高线：通过调整曲线的形状来控制投影的形状，可以手动调整曲线形状，也可
以选择内置的等高线预设。

↳ 消除锯齿：选中该复选框时可以混合等高线边缘的像素，使投影更加平滑。该选
项对于尺寸较小且具有复杂等高线的投影比较实用。

↳ 杂色：用来在内阴影中添加杂色的颗粒感效果，数值越大，颗粒感越强。

4. 内发光

通过"内发光"样式可以沿图层内容的边缘向内创建发光效果，内发光的大多数参数
与"内阴影"相同。不同的是，"方法"用来设置发光的方式，选择"柔和"方法，发光
效果比较柔和；选择"精确"方法，可以得到精确的发光边缘。"源"选项用来控制光源
的位置。"范围"用于控制发光范围。"抖动"用于控制发光抖动数量，图 10-81 所示为"内
发光"样式设置面板，图 10-82 所示为"内发光"效果。

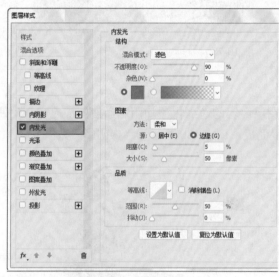

图 10-81

图 10-82

5. 光泽

使用"光泽"样式可以为图像添加光滑的具有光泽的内部阴影，通常用来制作具有光

泽质感的按钮和金属，图 10-83 所示为"光泽"设置面板，图 10-84 所示为"光泽"效果。

图 10-83　　　　　　　　　　　　图 10-84

6. 颜色叠加

通过"颜色叠加"样式可以在图像上叠加设置的颜色，并且可以通过模式的修改调整图像与颜色的混合效果，图 10-85 所示为"颜色叠加"设置面板，图 10-86 所示为"颜色叠加"效果。

图 10-85　　　　　　　　　　　　图 10-86

7. 渐变叠加

使用"渐变叠加"样式可以在图层上叠加指定的渐变色，不仅能够制作带有多种颜色的对象，更能够通过巧妙的渐变颜色设置制作凸起、凹陷等三维效果以及带有反光的质感效果，图 10-87 所示为"渐变叠加"设置面板，图 10-88 所示为"渐变叠加"效果。

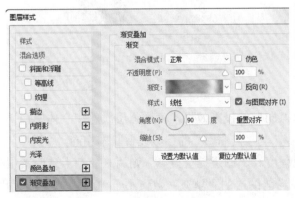

图 10-87　　　　　　　　　　　　图 10-88

8. 图案叠加

使用"图案叠加"样式可以在图像上叠加图案，与"颜色叠加""渐变叠加"样式相同，也可以通过混合模式的设置使叠加的"图案"与原图像进行混合，图 10-89 所示为"图案叠加"设置面板，图 10-90 所示为"图案叠加"效果。

图 10-89   图 10-90

9. 外发光

"外发光"样式与"内发光"样式相同，都可以模拟发光效果，参数选项也基本相同，只是"外发光"样式可以沿图层内容的边缘向外创建发光效果，可用于制作自发光效果以及人像或者其他对象的梦幻般的光晕效果，图 10-91 所示为"外发光"设置面板，图 10-92 所示为"外发光"效果。

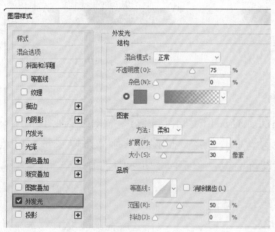

图 10-91   图 10-92

10. 投影

使用"投影"样式可以为图层模拟向后的投影效果，可增强层次感和立体感，平面设计中常用于需要突显的文字中。"投影"与"内阴影"的参数设置基本相同，"投影"是用"扩展"选项来控制投影边缘的柔化程度。"图层挖空投影"则用来控制半透明图层中投影的可见性。选中该复选框后，如果当前图层的"填充"数值小于 100%，则半透明图层中的投影不可见，如图 10-93 所示为"投影"设置面板，如图 10-94 所示为"投影"效果。

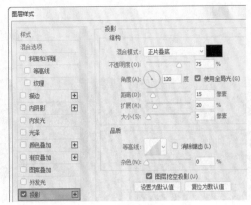

图 10-93 图 10-94

实战案例：文字标志设计

视频讲解

PSD 案例文件 / 第 10 章 / 文字标志设计

📺 视频教学 / 第 10 章 / 文字标志设计 .mp4

案例概述：

本案例主要使用文字工具在画面中添加文字，同时结合"图层样式"以及"图层蒙版"制作文字标志，如图 10-95 所示

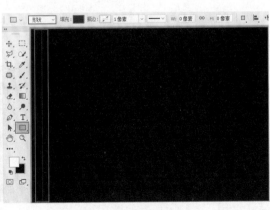

图 10-95

操作步骤：

（1）执行"文件"→"新建"命令，在弹出的"新建文档"对话框中设置"宽度"为 2476 像素，"高度"为 1749 像素，"分辨率"为 72 像素 / 英寸，"颜色模式"为"RGB 模式"，"背景内容"为透明。创建新文档后，设置前景色为黑色，然后按 Alt+Delete 快捷键填充画面，如图 10-96 所示。

（2）选择工具箱中的"矩形工具"，在选项栏中设置"绘制模式"为"形状"，"填充"为深灰色，"描边"为无。设置完成后在画面中按住鼠标左键并拖曳，绘制矩形，如图 10-97 所示。选择该图层，右击并在弹出的快捷菜单中执行"复制图层"命令，多次复制图层，按 Ctrl 键选择所有复制的图层，执行"图层"→"对齐"→"垂直居中"命令，继续执行"图层"→"分布"→"水平居中"命令，效果如图 10-98 所示。

图 10-96

图 10-97

（3）制作顶部光。新建图层，选择工具箱中的"画笔工具"，使用大小合适的"柔边圆"画笔，设置前景色为白色。设置完成后将光标移动到画面顶部边缘处并绘制，如图10-99所示。使用同样的方法制作下面的光，效果如图10-100所示。

图10-98   图10-99   图10-100

（4）制作渐变文字的底色。选择工具箱中的"矩形选框工具"，在画面中绘制矩形选区，如图10-101所示。新建图层，选择工具箱中的"渐变工具"，在选项栏中单击渐变色条，在弹出的"渐变编辑器"对话框中编辑一个土黄色系渐变，设置"渐变方式"为"径向渐变"。设置完成后将光标移动到画面中矩形选区的右侧，按住鼠标左键向左拖曳填充渐变，如图10-102所示。然后使用快捷键Ctrl+D取消选区。

（5）在画面中添加字母，单击工具箱中的"横排文字工具"按钮，在选项栏中设置合适的字体、字号和颜色。设置完成后在渐变矩形中间位置单击并输入文字，如图10-103所示。

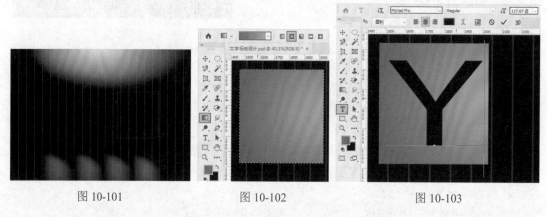

图10-101   图10-102   图10-103

（6）在"图层"面板中按Ctrl键加选渐变矩形图层和黑色文字，使用"合并图层"快捷键Ctrl+E将其合并为一个图层。接着使用"自由变换"快捷键Ctrl+T调出界定框，右击，在弹出的快捷菜单中执行"透视"命令，将光标定位在定界框左上角的定位点上，按住鼠标左键并向下拖曳，如图10-104所示。然后将光标定位在左侧中间的控制点上，按住鼠标左键并向右拖曳，如图10-105所示。操作完成后按Enter键。

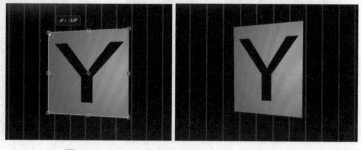

图10-104   图10-105

（7）为该图层执行"图层"→"图层样式"→"内发光"命令，在弹出的"图层样式"对话框中设置"混合模式"为"正片叠底"，阴影颜色为棕色，"不透明度"为75%，"角度"为120度，"距离"为21像素，"阻塞"为0%，"大小"为21像素，设置完成后单击"确定"按钮，如图10-106所示，效果如图10-107所示。

（8）制作白色有厚度的视觉效果。新建图层，选择工具箱中的"多边形套索工具"，在画面中绘制多边形选区，并填充白色，如图10-108所示。在"图层"面板中选择该图层，并将其拖曳到渐变文字下层，如图10-109所示。

图 10-106　　　　　　图 10-107　　　　　　图 10-108　　　　　　图 10-109

（9）使用同样的方法制作第二个字母，如图10-110所示。然后选择工具箱中的"多边形套索工具"，绘制一个选区，如图10-111所示。

（10）选择"A"所在图层，单击"图层"面板底部的"添加图层蒙版"按钮，将选区内的图形隐藏，如图10-112所示。

图 10-110　　　　　　　　图 10-111　　　　　　　　图 10-112

（11）选择"A"原始图层，单击鼠标右键，在弹出的快捷菜单中执行"复制图层"命令，删除复制出的图层的蒙版。然后选择该复制的图层，在"图层"面板中设置"混合模式"为"变亮"，如图10-113所示，效果如图10-114所示。

（12）添加白色厚度。选择工具箱中的"多边形套索工具"，在画面中绘制边缘多边形选区并填充白色，如图10-115所示。使用同样的方法制作字母"R"和"E"。为了得到不同的混合效果，可以对不同的字母图层设置不同的混合模式，效果如图10-116所示。

图 10-113　　　　　　　　图 10-114　　　　　　　　图 10-115

（13）添加文字角标。选择工具箱中的"矩形工具"，在选项栏中设置"绘制模式"

为 "形状"，"填充" 为白色，"描边" 为无，设置完成后在画面右下角位置绘制矩形，如图 10-117 所示。然后使用同样的工具绘制其他仅有边框的矩形，最终构成一个矩形框架，效果如图 10-118 所示。

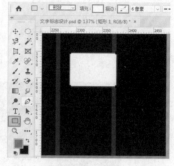

图 10-116　　　　　　　　　　图 10-117

（14）选择工具箱中的 "横排文字工具"，在选项栏中设置合适的字体、字号和颜色。然后在画面中右下角的白色矩形中单击并输入文字，如图 10-119 所示。使用同样的方法输入其他白色文字，本案例制作完成，效果如图 10-120 所示。

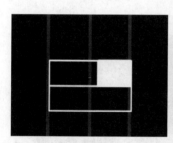

图 10-118　　　　　　图 10-119　　　　　　　　图 10-120

视频讲解

实战案例：烹饪用具网站

PSD 案例文件 / 第 10 章 / 烹饪用具网站

📺 视频教学 / 第 10 章 / 烹饪用具网站 .mp4

案例概述：

　　本案例的页面中包含大量的矢量图形，这些图形主要使用了 "矩形工具" "圆形工具" 进行绘制。其中文字内容使用了 "横排文字工具" 得到。为了丰富画面元素的效果，可以为图形和位图素材添加图层样式，案例效果如图 10-121 所示。

图 10-121

　　操作步骤：

　　（1）执行 "文件" → "新建" 命令，创建一个空白文档。选择工具箱中的 "矩形工具"，在选项栏中设置 "绘制模式" 为 "形状"，"填充" 为深红色，"描边" 为无。设置完成后在画面下方按住鼠标左键并拖动，绘制一个矩形，如图 10-122 所示。继续使用同样的方法将上方红色矩形绘制完成，如图 10-123 所示。

（2）制作标志文字。选择工具箱中的"横排文字工具"，在选项栏中设置合适的字体、字号，设置文字颜色为白色。然后在画面左上方位置单击鼠标，建立文字输入的起始点，接着输入文字，然后按 Ctrl+Enter 快捷键，如图 10-124 所示。继续使用同样的方法输入下方文字，如图 10-125 所示。

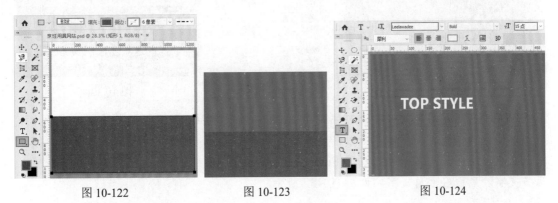

图 10-122　　　　　图 10-123　　　　　图 10-124

（3）制作导航栏。创建新图层，选择工具箱中的"矩形选框工具"，在文字右侧绘制一个矩形选区，如图 10-126 所示。

图 10-125　　　　　　　　图 10-126

（4）选择工具箱中的"渐变工具"，单击选项栏中的渐变色条，在弹出的"渐变编辑器"对话框中编辑一个从白色到淡粉色的渐变颜色，颜色编辑完成后单击"确定"按钮。接着在选项栏中单击"线性渐变"按钮，如图 10-127 所示。新建图层，在画面中按住鼠标左键从上至下拖动以填充渐变，释放鼠标后完成渐变填充操作，如图 10-128 所示。接着使用快捷键 Ctrl+D 取消选区。

（5）在"图层"面板中选中渐变矩形图层，执行"图层"→"图层样式"→"描边"命令，在弹出的"图层样式"对话框中设置"大小"为 7 像素，"位置"为"外部"，"混合模式"为"正常"，"不透明度"为 100%，"填充类型"为"颜色"，"颜色"为白色，如图 10-129 所示。设置完成后单击"确定"按钮，效果如图 10-130 所示。

图 10-127

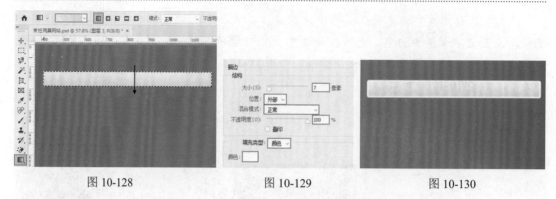

图 10-128　　　　　　图 10-129　　　　　　图 10-130

（6）单击工具箱中的"横排文字工具"按钮，在选项栏中设置合适的字体、字号，设置文字颜色为浅灰色，然后在画面中合适的位置单击鼠标，建立文字输入的起始点，接着输入文字，文字输入完毕后按 Ctrl+Enter 快捷键，如图 10-131 所示。使用同样的方法输入后方文字及画面右上角文字，如图 10-132 所示。

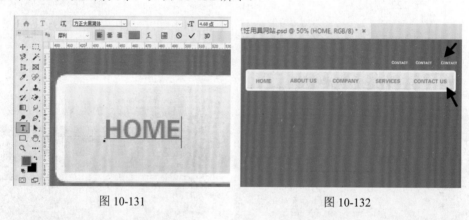

图 10-131　　　　　　　　　图 10-132

（7）选择工具箱中的"钢笔工具"，在选项栏中设置"绘制模式"为"形状"，"填充"为无，"描边"为浅灰色，"描边粗细"为 1.5 像素。设置完成后在画面中合适的位置按住 Shift 键的同时单击鼠标绘制竖线，如图 10-133 所示。

（8）在"图层"面板中选中竖线图层，使用快捷键 Ctrl+J 复制一个相同的图层，然后按住 Shift 键的同时按住鼠标左键，将其向右拖动，如图 10-134 所示。继续使用同样的方法将后方竖线绘制完成，如图 10-135 所示。

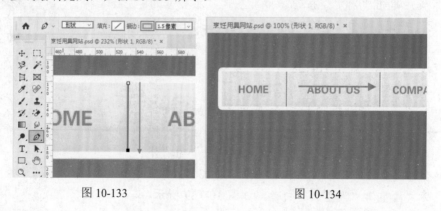

图 10-133　　　　　　　　　图 10-134

（9）选择工具箱中的"椭圆工具"，在选项栏中设置"绘制模式"为"形状"，"填充"

为白色，"描边"为无。设置完成后在画面中合适的位置按住 Shift 键的同时按住鼠标左键并拖动，绘制一个正圆形，如图 10-136 所示。使用之前复制移动竖线的方法将后方两个正圆复制出来并移动到合适的位置，如图 10-137 所示。

图 10-135　　　　　　　　　图 10-136　　　　　　　　图 10-137

（10）制作下方模块。首先制作第一个模块的底色，选择工具箱中的"矩形工具"，在选项栏中设置"绘制模式"为"形状"，"填充"为深红色，"描边"为无。设置完成后在标志文字下方按住鼠标左键并拖动，绘制一个矩形，如图 10-138 所示。

（11）在"图层"面板中选中深红色矩形图层，执行"图层"→"图层样式"→"描边"命令，在弹出的"图层样式"对话框中设置"大小"为 12 像素，"位置"为"外部"，"混合模式"为"正常"，"不透明度"为 100%，"填充类型"为"颜色"，"颜色"为白色，如图 10-139 所示。设置完成后单击"确定"按钮，效果如图 10-140 所示。

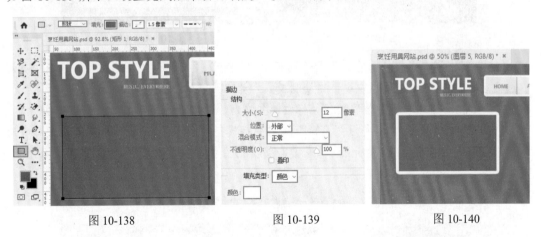

图 10-138　　　　　　　　　图 10-139　　　　　　　　图 10-140

（12）执行"文件"→"置入嵌入对象"命令，将勺子素材 1.png 置入画面中，调整其大小及位置后按 Enter 键完成置入。在"图层"面板中右击该图层，在弹出的快捷菜单中执行"栅格化图层"命令，如图 10-141 所示。

（13）使用之前制作文字的方法输入第一个模块中的文字，如图 10-142 所示。

（14）制作按钮。在"图层"面板中创建一个新组，将其命名为"按钮"，如图 10-143 所示。选中"按钮"图层组，使用之前制作模块底色的方法将按钮外框制作出来，如图 10-144 所示。

图 10-141

图 10-142   图 10-143   图 10-144

（15）选择工具箱中的"椭圆工具"，在选项栏中设置"绘制模式"为"形状"，"填充"为白色，"描边"为无。设置完成后在按钮左上方按住 Shift 键的同时按住鼠标左键并拖动，绘制一个正圆形，如图 10-145 所示。继续使用制作文字的方法将按钮上方文字制作出来，如图 10-146 所示。此时按钮制作完成。

图 10-145   图 10-146

（16）制作第二个模块。在"图层"面板中"按钮"图层组以外新建图层。选择工具箱中的"矩形工具"，在选项栏中设置"绘制模式"为"形状"，"填充"为橘色，"描边"为无。设置完成后在画面中合适的位置按住鼠标左键并拖动，绘制一个矩形，如图 10-147 所示。

（17）选中橘色矩形，执行"编辑"→"变换"→"斜切"命令，调出定界框，将光标定位在下方的控制点上，按住鼠标左键，将其向右拖动，使其变形，如图 10-148 所示。调整完毕后按 Enter 键结束变换。

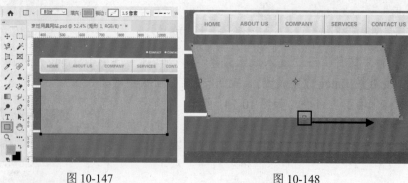

图 10-147   图 10-148

（18）在"图层"面板中选中第一个模块底色图层，单击鼠标右键，在弹出的快捷菜单中执行"拷贝图层样式"命令，如图 10-149 所示。选中橘色形状图层，单击鼠标右键，在弹出的快捷菜单中执行"粘贴图层样式"命令，如图 10-150 所示。此时第二个模块底色制作完成，如图 10-151 所示。

图 10-149　　　　　　　　图 10-150　　　　　　　　图 10-151

（19）向画面中置入水果素材 2.jpg，将其移动至合适的位置并栅格化，如图 10-152 所示。

（20）在"图层"面板中选中水果素材图层，执行"图层"→"图层样式"→"描边"命令，在弹出的"图层样式"对话框中设置"大小"为 5 像素，"位置"为"内部"，"混合模式"为"正常"，"不透明度"为 100%，"填充类型"为"颜色"，"颜色"为白色，如图 10-153 所示。设置完成后单击"确定"按钮，效果如图 10-154 所示。

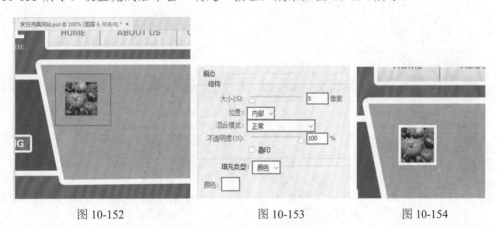

图 10-152　　　　　　　　图 10-153　　　　　　　　图 10-154

（21）选择工具箱中的"横排文字工具"，在选项栏中设置合适的字体、字号，设置文字颜色为深红色，设置完毕后在画面中合适的位置单击鼠标左键，建立文字输入的起始点，接着输入文字，文字输入完毕后按 Ctrl+Enter 快捷键，如图 10-155 所示。继续使用同样的方法输入下方文字，如图 10-156 所示。

图 10-155　　　　　　　　　　　图 10-156

（22）在"图层"面板中选中"按钮"图层组，使用快捷键 **Ctrl+J** 复制一个相同的图层组，将其移动至面板上方。回到画面中，将其向右移动，放置在第二个模块中合适的位置，如图 10-157 所示。选中复制的按钮底色，在工具箱中选中"矩形工具"，在选项栏中设置"填充"为深红色，如图 10-158 所示。

图 10-157   图 10-158

（23）向画面中置入电饭锅素材 3.png，放置在合适的位置并栅格化，如图 10-159 所示。

（24）继续使用制作模块底色的方法将下方其他 3 个模块底色制作完成，效果如图 10-160 所示。

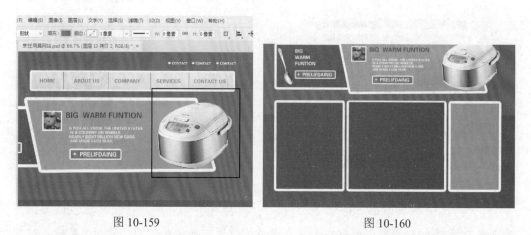

图 10-159   图 10-160

（25）选择工具箱中的"矩形工具"，在选项栏中设置"绘制模式"为"形状"，"填充"为暗红色，"描边"为无。设置完成后在下方第一个模块中合适的位置按住鼠标左键并拖动，绘制一个矩形，如图 10-161 所示。继续使用同样的方法将后两个模块中的深色矩形绘制出来，如图 10-162 所示。

图 10-161   图 10-162

（26）制作副标题文字。选择工具箱中的"横排文字工具"，在选项栏中设置合适的字体、字号，设置文字颜色为白色，设置完毕后在画面中合适的位置单击鼠标，建立文字输入的起始点，接着输入文字，文字输入完毕后按 Ctrl+Enter 快捷键，如图 10-163 所示。继续使用同样的方法输入下方正文及其他模块中的文字，如图 10-164 所示。

图 10-163　　　　　　　　　　　　　　　　图 10-164

（27）选择工具箱中的"矩形工具"，在选项栏中设置"绘制模式"为"形状"，"填充"为红色，"描边"为无。设置完成后在下方中间模块中合适的位置按住鼠标左键并拖动，绘制一个矩形，如图 10-165 所示。使用制作文字的方法在矩形中输入文字，如图 10-166 所示。

（28）将蓝莓素材 4.jpg 置入画面中合适的位置并调整大小，然后将其栅格化，如图 10-167 所示。

图 10-165

图 10-166

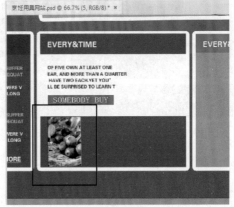

图 10-167

（29）在"图层"面板中选中蓝莓图层，使用"自由变换"快捷键 Ctrl+T 调出定界框，将其旋转至合适的角度，如图 10-168 所示。旋转完成后按 Enter 键完成操作。

（30）在"图层"面板中选中蓝莓图层，执行"图层"→"图层样式"→"描边"命令，在弹出的"图层样式"对话框中设置"大小"为 5 像素，"位置"为"内部"，"混合模式"为"正常"，"不透明度"为 100%，"填充类型"为"颜色"，"颜色"为白色，如图 10-169 所示，此时效果如图 10-170 所示。

图 10-168　　　　　　　　图 10-169　　　　　　　　图 10-170

（31）在左侧图层样式列表中单击"投影"样式，设置"混合模式"为"正片叠底"，颜色为黑色，"不透明度"为 35%，"角度"为 36 度，"距离"为 2 像素，"大小"为 1 像素，参数设置如图 10-171 所示。设置完成后单击"确定"按钮，效果如图 10-172 所示。

（32）在"图层"面板中选中蓝莓图层，使用快捷键 Ctrl+J 复制一个相同的图层并将其向右移动到合适的位置，接着使用"自由变换"快捷键 Ctrl+T 调出定界框，将其旋转至合适的角度，如图 10-173 所示。调整完毕之后按 Enter 键结束变换。继续使用同样的方法将右侧两张蓝莓图片制作出来，如图 10-174 所示。

图 10-171

图 10-172　　　　　　　　图 10-173　　　　　　　　图 10-174

（33）向画面中置入女孩素材 5.png，摆放在合适的位置并将其栅格化，如图 10-175 所示。

（34）在"图层"面板中单击面板下方的"创建新组"按钮，创建一个新组并将其命名为"产品组"，如图 10-176 所。

（35）在"图层"面板中选中之前制作的水果素材图层，使用快捷键 Ctrl+J 复制一个相同的图层，然后将此图层移动至"产品组"图层组中。回到画面中，将水果素材移动至最后一个模块中的合适位置，如图 10-177 所示。

（36）在"图层"面板中的"产品组"内，使用制作文字的方法输入最后一个模块中的说明文字，如图 10-178 所示。

图 10-175　　　　　　　图 10-176　　　　　　　图 10-177

（37）选择工具箱中的"矩形工具"，在选项栏中设置"绘制模式"为"形状"，"填充"为红色，"描边"为无。设置完成后在画面中合适的位置按住鼠标左键并拖动，绘制一个矩形，如图 10-179 所示。

（38）在"图层"面板中选中新绘制的矩形图层，执行"图层"→"图层样式"→"描边"命令，在弹出的"图层样式"对话框中设置"大小"为 2 像素，"位置"为"外部"，"混合模式"为"正常"，"不透明度"为 100%，"填充类型"为"颜色"，"颜色"为白色，如图 10-180 所示。设置完成后单击"确定"按钮，效果如图 10-181 所示。

图 10-178　　　　　　　图 10-179　　　　　　　图 10-180

（39）选择工具箱中的"横排文字工具"，在选项栏中设置合适的字体、字号，设置文字颜色为白色，设置完毕后在画面中合适的位置单击鼠标，建立文字输入的起始点，接着输入文字，文字输入完毕后按 Ctrl+Enter 快捷键，如图 10-182 所示。此时"产品组"中的所有文字及图形绘制完成。

图 10-181　　　　　　　图 10-182

（40）在"图层"面板中选中"产品组"图层组，使用快捷键 Ctrl+J 复制一个相同的图层组，然后按住 Shift 键的同时按住鼠标左键，将其整体向下拖动，进行垂直移动的操作，如图 10-183 所示。此时本案例制作完成，效果如图 10-184 所示。

图 10-183   图 10-184

视频讲解

实战案例：使用"图层样式"制作质感晶莹文字

📄 案例文件 / 第 10 章 / 使用"图层样式"制作质感晶莹文字

🖥 视频教学 / 第 10 章 / 使用"图层样式"制作质感晶莹文字 .mp4

案例概述：

本案例制作的是一款水晶质感的文字，为了模拟这种效果，使用了内阴影、外发光、内发光、斜面和浮雕图层样式，案例效果如图 10-185 所示。

图 10-185

操作步骤：

（1）执行"文件"→"打开"命令，打开背景素材文件，如图 10-186 所示。

（2）单击"横排文字工具"按钮，在其选项栏中设置合适的字体、字号，设置字体颜色为蓝色，设置完成后在画面中单击鼠标左键设置插入点，如图 10-187 所示，然后输入英文"Blue"，如图 10-188 所示。文字输入完成后按 Ctrl+Enter 快捷键完成操作。

图 10-186   图 10-187   图 10-188

（3）选择"Blue"图层，单击"图层"面板底部的"添加图层样式"按钮，打开"图层样式"对话框，选择"内阴影"样式，设置其"混合模式"为"强光"，颜色为蓝色，

"不透明度"为 71%，"距离"为 6 像素，"阻塞"为 26%，"大小"为 7 像素，如图 10-189 所示。接着启用"外发光"样式，设置其"不透明度"为 44%，设置颜色为黄色到透明的渐变，设置"扩展"为 10%，"大小"为 13 像素，如图 10-190 所示。

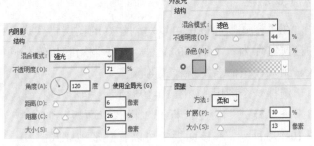

图 10-189   图 10-190

（4）继续启用"内发光"样式，设置其"混合模式"为"叠加"，"不透明度"为 100%，设置颜色为蓝色到透明的渐变，"源"为"居中"，"阻塞"为 6%，"大小"为 13 像素，如图 10-191 所示；再选中"斜面和浮雕"样式，设置"样式"为"内斜面"，"方法"为"平滑"，"深度"为 100%，"方向"为"上"，"大小"为 4 像素，"软化"为 1 像素，阴影"角度"为 120 度，阴影"高度"为 70 度，"高光模式"为"滤色"，颜色为淡蓝色，"不透明度"为 100%，"阴影模式"为"颜色加深"，颜色为黑色，"不透明度"为 19%，设置完成后单击"确定"按钮，如图 10-192 所示。

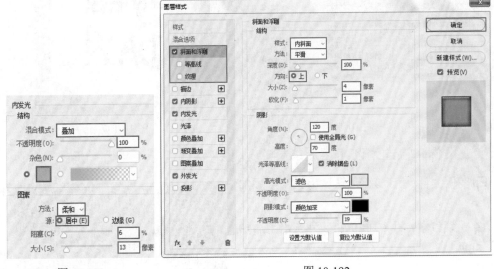

图 10-191   图 10-192

（5）文字"Blue"的完成效果如图 10-193 所示。然后置入前景素材文件，将其放在相应位置，并进行栅格化处理，此时本案例制作完成，最终效果如图 10-194 所示。

图 10-193   图 10-194

10.2.3 使用"样式"面板

在"样式"面板中可以对创建好的图层样式进行储存，方便随时使用，还可以将已有的样式储存为一个独立的文件，便于调用和传输。同样，在"样式"面板中也可以进行载入、删除、重命名图层样式等操作。

选择一个图层，如图 10-195 所示。执行"窗口"→"样式"命令，打开"样式"面板，如图 10-196 所示。在该面板中可以看到多种样式。选中一个图层，单击样式按钮，选择的图层会被添加样式，如图 10-197 所示。如果选择的是一个带有图层样式的图层，单击"创建新样式"按钮，即可将当前图层的样式存储在"样式"面板中。

图 10-195

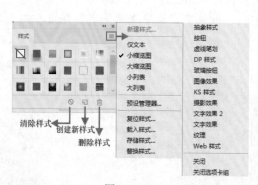

图 10-196

图 10-197

视频讲解

实战案例：快速为艺术字添加样式

PSD 案例文件 / 第 10 章 / 快速为艺术字添加样式

📺 视频教学 / 第 10 章 / 快速为艺术字添加样式 .mp4

案例概述：

艺术字应用的领域非常广泛，如标志设计、海报设计、网页广告设计等，因其效果多变、制作方法灵活，所以艺术字的应用也是平面设计师必备的技能。本案例将使用已有"样式"快速制作有趣的艺术字，如图 10-198 所示。

图 10-198

操作步骤：

（1）打开带有变形文字的分层文件，要将"样式"面板中的样式应用到图层中，可以首先在"图层"面板中选择变形文字图层，如图 10-199 和图 10-200 所示。

（2）执行"编辑"→"预设"→"预设管理器"命令，弹出"预设管理器"对话框，在"预设类型"下拉列表框中选择"样式"，接着单击右侧的"载入"按钮，如图 10-201 所

示。在弹出的"载入"对话框中选择需要载入的样式，然后单击"载入"按钮，如图 10-202
所示。此时回到"预设管理器"对话框中，可以看到在样式预览处，最后一个即为载入的
样式。单击"完成"按钮，完成操作样式的载入，如图 10-203 所示。

图 10-199　　　　　　　　图 10-200　　　　　　　　图 10-201

图 10-202　　　　　　　　　　　　　　图 10-203

✎答疑解惑：如何载入外挂样式？

执行"编辑"→"预设"→"预设管理器"
命令，在弹出的"预设管理器"对话框中
设置"预设类型"为"样式"，单击"载入"
按钮，选择样式文件，最后单击"完成"
按钮，如图 10-204 所示。

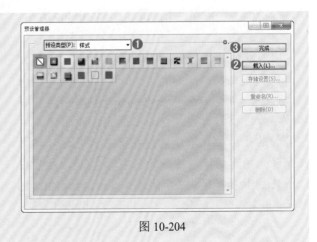

图 10-204

（3）执行"窗口"→"样式"命令，在弹出的"样式"面板中单击刚载入的样式，如
图 10-205 所示。

（4）此时可以看到"图层"面板中的变形文字图层上出现了多个图层样式，如图 10-206 所示。并且原图层外观也发生了变化，如图 10-207 所示。

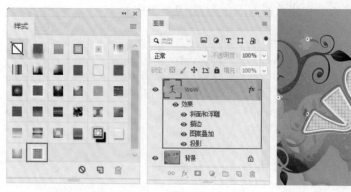

图 10-205　　　　　　　　图 10-206　　　　　　　　图 10-207

 技巧提示

有时使用外挂样式会出现与预期效果相差甚远的情况，这时可以检查是否该样式参数对于当前图像并不适合，所以可以在图层样式上单击鼠标右键，在弹出的快捷菜单中执行"缩放样式"命令进行调整。

视频讲解

实战案例：使用"图层样式"制作立体字母

PSD 案例文件 / 第 10 章 / 使用"图层样式"制作立体字母

视频教学 / 第 10 章 / 使用"图层样式"制作立体字母 .mp4

案例概述：

本案例首先使用"横排文字工具"在画面的中心位置输入文字，然后为该文字添加投影、外发光、内发光、斜面浮雕、光泽等多种图层样式，增强文字的立体效果，案例效果如图 10-208 所示。

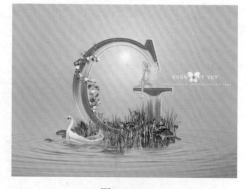

图 10-208

操作步骤：

（1）执行"文件"→"打开"命令，打开背景素材 1.jpg，如图 10-209 所示。单击工具箱中的"横排文字工具"按钮，在选项栏中设置合适的字体、字号，设置文字颜色为浅绿色，设置完成后在画面的中心位置单击鼠标左键插入光标，建立文字输入的起始点，接着输入字母"G"，然后按 Ctrl+Enter 快捷键确认文字的输入操作，如图 10-210 所示。

（2）执行"图层"→"图层样式"→"投影"

图 10-209

命令，在弹出的"图层样式"对话框中设置"混合模式"为"正片叠底"，"不透明度"为 62%，"角度"为 90 度，"距离"为 1 像素，"大小"为 10 像素，如图 10-211 所示，此时效果如图 10-212 所示。

图 10-210　　　　　　　　图 10-211　　　　　　　　图 10-212

（3）启用"外发光"图层样式，设置"混合模式"为"正常"，"不透明度"为 66%，颜色为黄色，"方法"为"柔和"，"大小"为 9 像素，"范围"为 10%，如图 10-213 所示，此时效果如图 10-214 所示。

（4）启用"内发光"图层样式，设置"混合模式"为"颜色减淡"，"不透明度"为 44%，编辑一种由黑色到白色再到黑色的渐变，设置"方法"为"柔和"，"源"为"边缘"，"阻塞"为 24%，"大小"为 18 像素，"范围"为 53%，如图 10-215 所示，此时效果如图 10-216 所示。

图 10-213　　　　　　图 10-214　　　　　　图 10-215　　　　　　图 10-216

（5）启用"斜面和浮雕"图层样式，设置"样式"为"内斜面"，"方法"为"平滑"，"深度"为 888%，"大小"为 79 像素，"角度"为 90 度，"高度"为 30 度，"高光模式"为"滤色"，颜色为白色，"不透明度"为 43%，"阴影模式"为"点光"，颜色为黑色，"不透明度"为 42%，如图 10-217 所示，此时效果如图 10-218 所示。

（6）启用"光泽"图层样式，设置"混合模式"为"叠加"，颜色为绿色，"不透明度"为 57%，"角度"为 90 度，"距离"为 10 像素，"大小"为 100 像素，如图 10-219 所示，此时效果如图 10-220 所示。

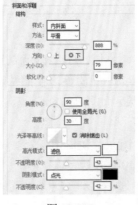

图 10-217　　　　　　　　图 10-218

（7）启用"渐变叠加"图层样式，设置"混合模式"为"正常"，"不透明度"为 20%，设置渐变颜色由浅绿到深绿，"样式"为"线性"，"角度"为 90 度，"缩放"为 100%，如图 10-221 所示。设置完成后单击"确定"按钮，效果如图 10-222 所示。

图 10-219 　　　　　　　图 10-220 　　　　　　　　图 10-221

（8）执行"文件"→"置入嵌入对象"命令，将前景素材 2.png 置入文档内，将其放置在画面中合适的位置并栅格化。此时本案例制作完成，最终效果如图 10-223 所示。

图 10-222 　　　　　　　　　　　　图 10-223

视频讲解

实战案例：打造朦胧的古典婚纱版式

PSD 案例文件 / 第 10 章 / 打造朦胧的婚纱版式

📺 视频教学 / 第 10 章 / 打造朦胧的古典婚纱版式 .mp4

案例概述：

合成讲究的是自然、协调，本案例就是通过对照片图层的不透明度进行调整，使照片与背景产生更好的混合效果，如图 10-224 所示。

图 10-224

操作步骤：

（1）打开背景素材 1.jpg，如图 10-225 所示。置入人像照片素材 2.jpg，摆放在合适位置并将其栅格化，如图 10-226 所示。

（2）选择人物图层，选择工具箱中的"橡皮擦工具"，在选项栏中设置合适的画笔大小，并降低橡皮擦的不透明度。设置完成后在人像照片的右半部分进行涂抹，如图 10-227 所示。

图 10-225　　　　　　　　　　　图 10-226

（3）为了使人像融合到画面中，需要在"图层"面板中选中该图层，并设置该图层的"不透明度"为 75%，如图 10-228 所示。此时人像照片混合到了背景中，显得非常柔和，效果如图 10-229 所示。

图 10-227　　　　　　　　　　图 10-228　　　　　　　　　图 10-229

（4）置入小照片素材 3.png，摆放在画面右下角，如图 10-230 所示。为了使其与画面的色调相混合，可降低该图层的"不透明度"为 90%，如图 10-231 所示。此时本案例制作完成，最终效果如图 10-232 所示。

图 10-230　　　　　　　　　　图 10-231　　　　　　　　　图 10-232

10.3　滤镜的使用方法

在"滤镜"菜单中包括特殊滤镜和滤镜组。其中，"滤镜库""自适应广角""Camera Raw 滤镜""镜头校正""液化""消失点"属于特殊滤镜，"3D""风格化""模糊""模糊画廊""扭曲""锐化""视频""像素化""渲染""杂色""其它"属于滤镜组，如图 10-233 所示。

在 Photoshop 中，滤镜的数量有很多种，作用也各有不同，但是使用滤镜的方法大致相同，都是在"滤镜"菜单中选择相应的滤镜组，然后在弹出的子菜单中选择需要的滤镜，有些滤镜有独立的对话框，可以在对话框中输入参数进行设置，个别的滤镜无须设置参数。

图 10-233

10.3.1 使用"滤镜库"

"滤镜库"是一个集合了多个滤镜的滤镜集合。在滤镜库中，可以对一张图片应用一个或多个滤镜，或对同一图像多次应用同一滤镜，另外还可以使用其他滤镜替换原有的滤镜。

（1）打开一张图片，如图 10-234 所示。执行"滤镜"→"滤镜库"命令，打开滤镜库对话框，如图 10-235 所示。

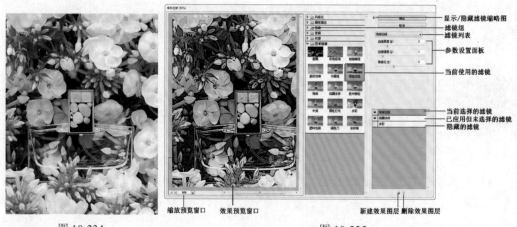

图 10-234　　　　　　　　　　图 10-235

（2）单击滤镜组名称展开滤镜组，单击选择一个滤镜，接着在右侧设置相应的参数。在设置过程中可以在左侧的窗口查看预览效果，设置完成后单击"确定"按钮，如图 10-236 所示，效果如图 10-237 所示。

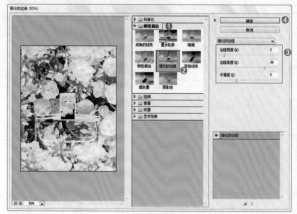 

图 10-236　　　　　　　　　　图 10-237

10.3.2　使用"液化"滤镜

"液化"滤镜是修饰图像和创建艺术效果的强大工具，常用于数码照片修饰，例如，人像身型调整、面部结构调整等。"液化"命令的使用方法比较简单，但功能相当强大，可以创建推、拉、旋转、扭曲和收缩等变形效果。执行"滤镜"→"液化"命令，打开"液化"对话框，默认情况下"液化"对话框以简洁的基础模式显示，很多功能处于隐藏状态，所以需要选中右侧面板中的"高级模式"，以显示完整的功能，如图 10-238 所示。

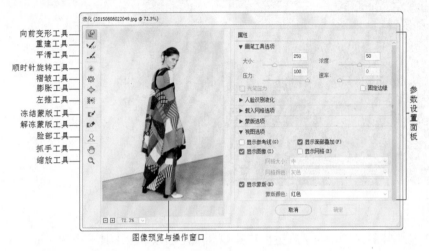

图 10-238

想要调整人物身形可以使用"液化"滤镜，单击左侧工具箱中的"向前变形工具"按钮，在右侧的工具选项中设置合适的画笔"大小""密度""压力"，设置完毕后将光标移动到人像腰部，并自左上向右下涂抹，如图 10-239 所示。此时可以看到，随着涂抹，腰部线条明显向右移动。用同样的方法适当调整画笔大小来调整腹部线条，如图 10-240 所示。

图 10-239

图 10-240

在处理细节部分时，为了避免影响其他区域，可以单击工具箱中的"冻结蒙版工具"
按钮，设置合适的画笔大小，在不想被影响的区域涂抹，如图 10-241 所示。接着单击"膨
胀工具"按钮，设置合适的画笔大小，在眼睛处单击即可使眼睛变大，如图 10-242
所示。

图 10-241

图 10-242

视频陪练：使用"液化"滤镜为美女瘦身

　　📁案例文件 / 第 10 章 / 使用"液化"滤镜为美女瘦身

　　🎬视频教学 / 第 10 章 / 使用"液化"滤镜为美女瘦身 .mp4

　　案例概述：

　　对于人物的身形调整可以使用"液化"滤镜，例如本案例就是通过"液化"滤镜进行瘦身，让美女的身材更加完美，如图 10-243 和图 10-244 所示。

图 10-243　　　　　图 10-244

10.3.3　其他滤镜的使用方法

　　除了滤镜库中的滤镜以外，在"滤镜"菜单中还有多种滤镜，有一些滤镜有设置对话框，有一些则没有。虽然滤镜的效果不同，使用方法却大同小异，接下来就讲解滤镜的基本使用方法。

　　（1）打开图像文件，如图 10-245 所示。执行"滤镜"→"像素化"→"马赛克"命令，如图 10-246 所示。

　　（2）在弹出的"马赛克"对话框中设置"单元格大小"为 25，在参数上方的预览图中可以观察到滤镜效果，如图 10-247 所示。单击"确定"按钮，完成为图像添加滤镜的操作，效果如图 10-248 所示。

图 10-245

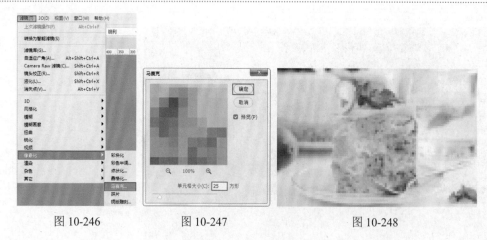

图 10-246 　　　　　　　图 10-247 　　　　　　　　　图 10-248

（3）要想重复使用上一次滤镜操作，可以使用快捷键 Ctrl+Alt+F。

10.4　认识滤镜组

　　Photoshop 的"滤镜"菜单的下半部分包含多个滤镜组，每个滤镜组子菜单中又包含多个滤镜，有一些滤镜有设置对话框，有一些则没有，执行相应的菜单命令即可进行该滤镜操作。由于篇幅限制，本章将简单介绍常见滤镜效果，具体滤镜参数请参阅资源包中的《Photoshop 滤镜使用手册》电子文档。

10.4.1　风格化

　　"风格化"组可以通过置换图像的像素和增加图像的对比度产生不同的作品风格。执行"滤镜"→"风格化"命令，可以看到这一滤镜组中的 8 种不同风格的滤镜，如图 10-249 所示，图 10-250 所示为一张图片的原始效果。

　　☑　查找边缘：该滤镜可以自动识别图像像素对比度变换强烈的边界，并在查找到的图像边缘勾勒出轮廓线，同时硬边会变成线条，柔边会变粗，从而形成一个清晰的轮廓，如图 10-251 所示。

　　☑　等高线：该滤镜用于自动识别图像亮部区域和暗部区域的边界，并用颜色较浅较细的线条勾勒出来，使其产生线稿的效果，如图 10-252 所示。

　　图 10-249 　　　　　　图 10-250 　　　　　　　　图 10-251 　　　　　　　图 10-252

↘　风：通过移动像素位置，产生一些细小的水平线条来模拟风吹效果，如图 10-253 所示。

↘　浮雕效果：该滤镜可以将图像的底色转换为灰色，使图像的边缘凸出来，生成在木板或石板上凹陷或凸起的浮雕效果，如图 10-254 所示。

↘　扩散：该滤镜可以分散图像边缘的像素，让图像形成一种类似于透过磨砂玻璃观察物体时的模糊效果，如图 10-255 所示。

↘　拼贴：该滤镜可以将图像分解为一系列块状，并使其偏离原来的位置，以产生不规则拼砖的图像效果，如图 10-256 所示。

　　图 10-253　　　　　　图 10-254　　　　　　图 10-255　　　　　　图 10-256

↘　曝光过度：该滤镜可以混合负片和正片图像，类似于将摄影照片短暂曝光的效果，如图 10-257 所示。

↘　凸出：该滤镜可以使图像生成具有凸出感的块状或者锥状的立体效果。使用此滤镜，可以轻松为图像构建 3D 效果，如图 10-258 所示。

↘　油画：该滤镜可以将图像转换为油画效果，如图 10-259 所示。

　　图 10-257　　　　　　图 10-258　　　　　　图 10-259

10.4.2　模糊

　　"模糊"滤镜组可以使图像产生模糊效果。执行"滤镜"→"模糊"命令可以看到这一滤镜组中多个不同风格的滤镜，如图 10-260 所示。图 10-261 所示为一张图片的原始效果。

↘　表面模糊：该滤镜可以在保留边缘的同时模糊图像，可以用该滤镜创建特殊效果并消除杂色或粒度，如图 10-262 所示。

> 动感模糊：该滤镜可以沿指定的方向（-360°～360°），以指定的距离（1～999）进行模糊，所产生的效果类似于在固定的曝光时间拍摄一个高速运动的对象，如图 10-263 所示。

> 方框模糊：该滤镜可以基于相邻像素的平均颜色值来模糊图像，生成的模糊效果类似于方块模糊，如图 10-264 所示。

图 10-260   图 10-261   图 10-262   图 10-263   图 10-264

> 高斯模糊：该滤镜可以向图像中添加低频细节，使图像产生一种朦胧的模糊效果，如图 10-265 所示。

> 进一步模糊：该滤镜可以平衡已定义的线条和遮蔽区域的清晰边缘旁边的像素，使变化显得柔和（该滤镜属于轻微模糊滤镜，并且没有参数设置对话框），如图 10-266 所示。

> 径向模糊：该滤镜用于模拟缩放或旋转相机时所产生的模糊，产生的是一种柔化的模糊效果，如图 10-267 所示。

> 镜头模糊：该滤镜可以向图像中添加模糊，模糊效果取决于模糊的"源"设置。如果图像中存在 Alpha 通道或图层蒙版，则可以为图像中的特定对象创建景深效果，使这个对象在焦点内，而使另外的区域变得模糊，如图 10-268 所示。

图 10-265   图 10-266   图 10-267   图 10-268

> 模糊：该滤镜用于在图像中有显著颜色变化的地方消除杂色，它可以通过平衡已定义的线条和遮蔽区域的清晰边缘旁边的像素来使图像变得柔和（该滤镜没有参数设置对话框），如图 10-269 所示。

> 平均：该滤镜可以查找图像或选区的平均颜色，再用该颜色填充图像或选区，以

创建平滑的外观效果，如图 10-270 所示。

↘ **特殊模糊**：该滤镜可以精确地模糊图像，如图 10-271 所示。

↘ **形状模糊**：该滤镜可以用设置的形状来创建特殊的模糊效果，如图 10-272 所示。

 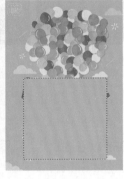  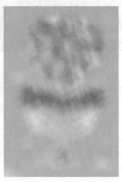

图 10-269   图 10-270   图 10-271   图 10-272

10.4.3 模糊画廊

"模糊画廊"滤镜组中的滤镜同样是对图像进行模糊处理的，但这些滤镜主要用于为数码照片制作特殊的模糊效果，如模拟景深效果、旋转模糊、移轴摄影、微距摄影等，如图 10-273 所示。图 10-274 所示为一张图片的原始效果。

图 10-273

↘ **场景模糊**：该滤镜可以使画面呈现不同区域不同模糊程度的效果，如图 10-275 所示。

↘ **光圈模糊**：使用该滤镜可将一个或多个焦点添加到图像中。可以根据不同的要求对焦点的大小与形状、图像其余部分的模糊数量以及清晰区域与模糊区域之间的过渡效果进行相应的设置，如图 10-276 所示。

图 10-274   图 10-275   图 10-276

↘ **移轴模糊**：使用该滤镜能够轻松地模拟"移轴摄影"的效果，如图 10-277 所示。

↘ **路径模糊**：使用该滤镜可以沿着一定方向进行画面模糊，使用该滤镜可以在画面中创建任何角度的直线或弧线的控制杆，像素沿着控制杆的走向进行模糊。"路径模糊"滤镜可以用于制作带有动效的模糊效果，并且能够制作多角度、多层次的模糊效果，如图 10-278 所示。

↘ **旋转模糊**：该滤镜可以一次性在画面中添加多个模糊点，还能够随意控制每个模糊点的模糊的范围、形状与强度。该滤镜可以用于模拟拍照时旋转相机所产生的模糊效果，以及旋转的物体产生的模糊效果，如图 10-279 所示。

图 10-277

图 10-278

图 10-279

10.4.4 扭曲

使用"扭曲"滤镜组可以使图像变形，产生各种扭曲变形的效果。执行"滤镜"→"扭曲"命令可以看到这一滤镜组中有9个不同风格的滤镜，如图 10-280 所示。图 10-281 所示为一张图片的原始效果。

图 10-280　　图 10-281

➘ 波浪：该滤镜是通过移动像素位置达到图像扭曲效果的，可以在图像上创建类似于波浪起伏的效果，如图 10-282 所示。

➘ 波纹：该滤镜能使图像产生类似水波的涟漪效果，常用于制作水面的倒影，如图 10-283 所示。

➘ 极坐标：该滤镜可以说是一种"极度变形"的滤镜，它可以将图像产生从拉直到弯曲、从弯曲至拉直的变形效果。也可以使平面坐标转换到极坐标，或从极坐标转换到平面坐标，如图 10-284 所示。

➘ 挤压：该滤镜可以将图像进行挤压变形。在弹出的对话框中，"数量"用于调整图像扭曲变形的程度和形式，如图 10-285 所示。

➘ 切变：该滤镜是将图像沿一条曲线进行扭曲，通过拖曳调整框中的曲线可以应用相应的扭曲效果，如图 10-286 所示。

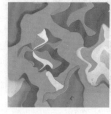
图 10-282

图 10-283

图 10-284

图 10-285

图 10-286

➘ 球面化：该滤镜可以使图像产生映射在球面上的凸起或凹陷的效果，如图 10-287 所示。

➘ 水波：该滤镜可以使图像按各种设定产生抖动的扭曲，并按同心环状由中心向外排布，产生的效果就像透过荡起阵阵涟漪的湖面一样，如图 10-288 所示。

➘ 旋转扭曲：该滤镜是以画面中心为圆点，按照顺时针或逆时针的方向旋转图像，从而产生类似漩涡的旋转效果，如图 10-289 所示。

➘ 置换：该滤镜需要两个图像文件才能完成，一个是进行置换变形的图像文件，另一个则是决定如何进行置换变形的文件，且该文件必须是 psd 格式。执行此滤镜时，它会按照这个"置换图"的像素颜色值对原图像文件进行变形，如图 10-290 所示。

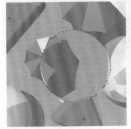  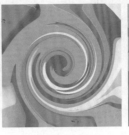 

图 10-287　　　　图 10-288　　　　图 10-289　　　　图 10-290

实战案例：奇妙的极地星球

[PSD] 案例文件 / 第 10 章 / 奇妙的极地星球

🖥 视频教学 / 第 10 章 / 奇妙的极地星球 .mp4

案例概述：

本案例制作的方法比较简单，但是效果却非常奇妙。对于超宽幅的风景照片，可以通过"极坐标"滤镜制作环绕一周的变形效果，然后进行缩放，得到"星球"效果，如图 10-291 和图 10-292 所示。

 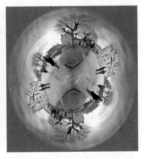

图 10-291　　　　　　　　　　　　图 10-292

操作步骤：

（1）执行"文件"→"新建"命令，创建一个新的比较宽的文档。然后将风景素材置入并栅格化，将其摆放在画面左侧，如图 10-293 所示。

图 10-293

（2）由于制作极地星球效果需要一个宽度较大的素材，所以需要复制风景素材图层并向右移动，摆放在右侧。在"图层"面板中按住 Ctrl 键选中两个图层，使用合并图层快捷键 Ctrl+E 将两个图层合并为一个图层，如图 10-294 所示。

图 10-294

（3）使用"自由变换"工具快捷键 Ctrl+T，单击鼠标右键，在弹出的快捷菜单中执行
"垂直翻转"命令，将图像进行垂直翻转，如图 10-295 所示。完成后按 Enter 键完成操作。

图 10-295

（4）将翻转的图层选中，执行"滤镜"→"扭曲"→"极坐标"命令，在弹出的"极
坐标"对话框中选中"平面坐标到极坐标"单选按钮，此时在
预览框中可以看到图中出现了拉伸的星球效果，如图 10-296
所示，效果如图 10-297 所示。

（5）再次使用"自由变换"工具快捷键 Ctrl+T 调出定界
框，将光标放在右侧定界框位置，按住鼠标左键的同时按住
Shift 键向左拖动，沿横向适当缩小，呈现出一个圆形的地球
形状，如图 10-298 所示。然后单击工具箱中的"裁剪工具"
按钮，在画面中绘制需要保留的区域，并按 Enter 键完成操
作，裁切掉多余的部分，效果如图 10-299 所示。

图 10-296

图 10-297

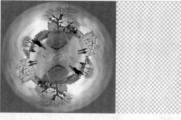

图 10-298

（6）此时画面的颜色饱和度较低，需要适当提高。执行"图层"→"新建调整图
层"→"色相/饱和度"命令，创建一个"色相/饱和度"调整图层。在"属性"面板中
设置"饱和度"为 39，如图 10-300 所示。最后可以使用"裁剪工具"裁掉画面中多余的
部分，本案例制作完成，效果如图 10-301 所示。

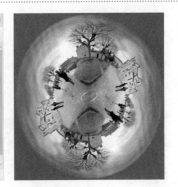

图 10-299　　　　　　　　图 10-300　　　　　　　　图 10-301

10.4.5　锐化

"锐化"滤镜组可以通过增强相邻像素之间的对比度来聚集模糊的图像。"锐化"滤镜组包含"USM 锐化""防抖""进一步锐化""锐化""锐化边缘""智能锐化"6 种滤镜，图 10-302 所示为滤镜菜单。首先打开一张图片，如图 10-303 所示。

➷ USM 锐化：使用该滤镜可以查找图像颜色发生明显变化的区域，然后将其锐化，如图 10-304 所示。

➷ 防抖：该滤镜能够挽救因相机抖动而造成的画面模糊。软件会分析相机在拍摄过程中的移动方向，然后应用一个反向补偿，消除模糊画面，如图 10-305 所示。

➷ 进一步锐化：该滤镜可以通过增加像素之间的对比度使图像变得清晰，但锐化效果不是很明显（该滤镜没有参数设置对话框），如图 10-306 所示。

图 10-302

图 10-303　　　　　　图 10-304　　　　　　图 10-305　　　　　　图 10-306

➷ 锐化：该滤镜与"进一步锐化"滤镜一样（该滤镜没有参数设置对话框），都可以通过增加像素之间的对比度使图像变清晰，但是其锐化效果没有"进一步锐化"滤镜的锐化效果明显，应用一次"进一步锐化"滤镜，相当于应用了 3 次"锐化"滤镜，如图 10-307 所示。

➷ 锐化边缘：该滤镜只锐化图像的边缘，同时会保留图像整体的平滑度（该滤镜没有参数设置对话框），如图 10-308 所示。

➡ 智能锐化：该滤镜的功能比较强大，它具有独特的锐化选项，可以设置锐化算法、控制阴影和高光区域的锐化量，如图 10-309 所示。

图 10-307　　　　　　　图 10-308　　　　　　　图 10-309

10.4.6　像素化

"像素化"组可以通过将图像分成一定的区域，将这些区域转变为相应的色块，再由色块构成图像，能够创造出独特的艺术效果。执行"滤镜"→"像素化"命令可以看到这一滤镜组中有 7 个不同风格的滤镜，如图 10-310 所示。图 10-311 所示为一张图片的原始效果。

➡ 彩块化：使用该滤镜可以将纯色或相近色的像素结成相近颜色的像素块，使图像产生手绘的效果。由于"彩块化"在图像上产生的效果不明显，在使用该滤镜时，可以通过重复按 Ctrl+F 快捷键，多次使用该滤镜加强画面效果。"彩块化"滤镜常用来制作手绘图像、抽象派绘画等艺术效果，如图 10-312 所示。

➡ 彩色半调：使用该滤镜可以在图像中添加网版化的效果，模拟在图像的每个通道上使用放大的半调网屏效果。应用"彩色半调"滤镜后，图像的每个颜色通道都将转化为网点，网点的大小会受图像亮度的影响，如图 10-313 所示。

➡ 点状化：使用该滤镜可以将图像中颜色相近的像素结合在一起，变成一个个的颜色点，并使用背景色作为颜色点之间的画布区域，如图 10-314 所示。

图 10-310　　　　图 10-311　　　　　图 10-312　　　　　图 10-313　　　　　图 10-314

⬎ 晶格化：通过该滤镜可以使图像中颜色相近的像素结块，形成多边形纯色晶格化效果，如图 10-315 所示。

⬎ 马赛克：该滤镜比较常用。使用该滤镜会将原有图像处理为以单元格为单位，而且每一个单元的所有像素颜色统一，从而使图像丧失原貌，只保留图像的轮廓，从而创建类似马赛克瓷砖的效果，如图 10-316 所示。

⬎ 碎片：使用该滤镜可以将图像中的像素复制 4 次，然后将复制的像素平均分布，并使其相互偏移，产生一种类似于重影的效果，如图 10-317 所示。

⬎ 铜版雕刻：使用该滤镜可以将图像用点、线条或笔划的样式转换为黑白区域的随机图案或彩色图像中完全饱和颜色的随机图案，如图 10-318 所示。

图 10-315　　　　图 10-316　　　　图 10-317　　　　图 10-318

10.4.7　渲染

"渲染"组可以改变图像的光感效果，主要用来在图像中创建火焰、图片边框、各种类型的树木、云彩状图案、纤维状图案以及模拟光反射效果。执行"滤镜"→"渲染"命令可以看到这一滤镜组中有多个不同风格的滤镜，如图 10-319 所示，图 10-320 所示为一张图片的原始效果。

⬎ 火焰：使用该滤镜可以轻松打造出沿路径排列的火焰，如图 10-321 所示。

⬎ 图片框：使用该滤镜可以在图像边缘处添加各种风格的花纹相框，如图 10-322 所示。

⬎ 树：使用该滤镜可以轻松创建多种类型的树，如图 10-323 所示。

图 10-319　　　图 10-320　　　　图 10-321　　　　图 10-322　　　　图 10-323

↳ **分层云彩**：该滤镜使用随机生成的介于前景色与背景色之间的值，将云彩数据和原有的图像像素混合，生成云彩照片。多次应用该滤镜可创建与大理石纹理相似的照片，如图 10-324 所示。

↳ **光照效果**：该滤镜通过改变图像的光源方向、光照强度等使图像产生更加丰富的光效。使用该滤镜不仅可以在 RGB 图像上产生多种光照效果，也可以使用灰度文件的凹凸纹理图产生类似 3D 的效果，并存储为自定样式，以在其他图像中使用，如图 10-325 所示。

↳ **镜头光晕**：该滤镜可以模拟亮光照射到相机镜头所产生的折射效果，从而使图像产生炫光的效果，常用于创建星光、强烈的日光以及其他光芒效果，如图 10-326 所示。

↳ **纤维**：该滤镜可以根据前景色和背景色来创建类似编织的纤维效果，原图像会被纤维效果代替，如图 10-327 所示。

↳ **云彩**：该滤镜可以根据前景色和背景色随机生成云彩图案，如图 10-328 所示。

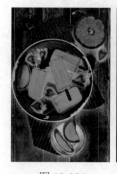  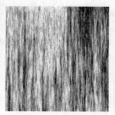 

图 10-324　　　图 10-325　　　图 10-326　　　图 10-327　　　图 10-328

10.4.8　杂色

"杂色"是指图像中随机分布的彩色像素点，"杂色"滤镜组可以为图像添加或去掉杂点，有助于将选择的像素混合到周围的像素中，可以矫正图像的缺陷，移去图像中不需要的痕迹。执行"滤镜"→"杂色"命令可以看到这一滤镜组中有 5 种不同风格的滤镜，如图 10-329 所示。图 10-330 所示为一张图片的原始效果。

 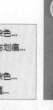

图 10-329　　　图 10-330

↳ **减少杂色**：该滤镜是通过融合颜色相似的像素实现杂色的减少，该滤镜还可以针对单个通道的杂色减少进行参数设置，如图 10-331 所示。

↳ **蒙尘与划痕**：该滤镜可以根据亮度的过渡差值，找出与图像反差较大的区域，并用周围的颜色填充这些区域，可以有效地去除图像中的杂点和划痕。但是该滤镜会降低图像的清晰度，如图 10-332 所示。

↳ **去斑**：该滤镜自动探测图像中颜色变化较大的区域，然后模糊除边缘以外的部分，减少图像中的杂点。该滤镜可以用于为人物磨皮，如图 10-333 所示。

↳ **添加杂色**：该滤镜可以在图像中添加随机像素，减少羽化选区或渐进填充中的条纹，使经过重大修饰的区域看起来更真实。并可以使混合时产生的色彩具有散漫的效果，如图 10-334 所示。

➔ 中间值：该滤镜可以搜索图像中亮度相近的像素，扔掉与相邻像素差异太大的像素，并用搜索到的像素的中间亮度值替换中心像素，使图像的区域平滑化，在消除或减少图像的动感效果时非常有用，如图 10-335 所示。

 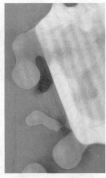   

图 10-331　　　　　图 10-332　　　　　图 10-333　　　　　图 10-334　　　　　图 10-335

综合案例：使用"滤镜库"制作插画效果

视频讲解

📁 案例文件 / 第 10 章 / 使用"滤镜库"制作插画效果
💻 视频教学 / 第 10 章 / 使用"滤镜库"制作插画效果 .mp4

案例概述：

本案例是将一张普通的人像摄影作品通过使用"滤镜库"中的滤镜，将其制作成矢量插画效果。并通过混合模式将其混合到旧纸张上，从而制作复古的感觉，如图 10-336 和图 10-337 所示。

图 10-336　　　　　　　　　　　　　　　　图 10-337

操作步骤：

（1）打开素材 1.jpg，如图 10-338 所示。执行"滤镜"→"滤镜库"命令，打开"艺术效果"滤镜组，选择"海报边缘"滤镜，设置"边缘厚度"为 0，"边缘强度"为 1，"海报化"为 0，设置完成后单击"确定"按钮返回文档窗口，此时照片产生了插画效果，如图 10-339 所示。

（2）继续置入纸张素材 2.jpg 并将其栅格化。然后设置该图层的"混合模式"为"正片叠底"，如图 10-340 所示。此时本案例制作完成，最终效果如图 10-341 所示。

图 10-338　　　　　　　　　　图 10-339

图 10-340　　　　　　　　　　图 10-341

10.5　课 后 练 习

初级练习：制作彩色速写

案例效果	可用素材
	1.jpg

技术要点

"查找边缘""混合模式""画笔工具"。

案例概述
本案例主要使用"查找边缘"滤镜制作人物的彩色速写效果。

思路解析
1．将人物素材打开，复制图层，并使用"查找边缘"滤镜进行处理。为了加强当前效果，将边缘化效果图层复制一份，并设置该图层的"混合模式"为"正片叠底"。 2．将原始人像图层移动至"图层"面板最上方，同时结合"图层蒙版"，将原始人物素材的局部图像显示出来，增强画面色感。 3．为了进一步增强画面的彩色效果，使用"画笔工具"在画面中绘制一些色彩并设置相应的混合模式，同时绘制一些白色，增强画面四角的亮度。 4．使用"横排文字工具"在画面中添加文字，丰富画面效果。

制作流程

进阶练习：月色荷塘

案例效果	可用素材	
	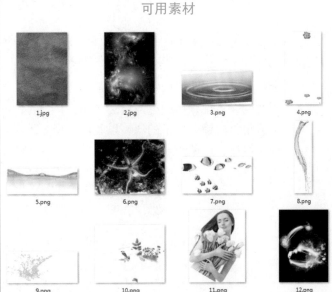	 视频讲解

技术要点
"画笔工具""图层蒙版""可选颜色""曲线""镜头光晕"。

案例概述

这是一个较复杂的合成案例，尤其是画面中的光效给人一种梦幻般的感觉。背景中的图形部分使用了多种图层样式以增强质感。人物部分需要进行适当的调色以使其能够融合到画面中，周边应用了多种光效素材，并设置了图层的混合模式，从而制作绚丽的光效效果。

思路解析

1. 使用"画笔工具"绘制背景底色，置入多种素材并设置合适的混合模式。

2. 使用"椭圆工具"配合"钢笔工具"在画面中绘制主体图形，同时添加相应的图层样式。

3. 添加人物素材与装饰素材，并对置入的人物素材进行颜色与明暗程度的调整。

4. 在画面中添加光效素材并绘制部分光效，以增强画面的色彩感和色彩亮度。

5. 再次创建"曲线"调整图层，增强画面对比度。

制作流程

10.6 结 课 作 业

以"画意·水墨"为主题制作风景照片转手绘效果，用作旅游网站的宣传图像。

要求：

➥ 选择与主题相匹配的照片作为素材。

➥ 画面能够体现诗情画意与自然之美。

➥ 可应用"滤镜库"中的滤镜以及调色命令。

➥ 构图协调、色调雅致。

Chapter 11
第 11 章

视频编辑与动画制作

　　Photoshop 可以通过使用"时间轴"面板进行动画以及视频的制作。"时间轴"包括两种模式："帧动画"和"时间轴"，这两种模式分别常用于制作动态图像以及进行简单的视频处理。

本章学习要点：

- 掌握时间轴动画的制作方法
- 掌握帧动画的制作方法

11.1 认识“时间轴”面板

动画是在一段时间内显示的一系列图像或帧。每一帧较前一帧都有轻微的变化，当连续、快速地浏览这些帧时就会产生运动或发生其他变化。在 Photoshop 中可以通过对时间轴的编辑与修改，来调整动画的效果，如图 11-1 所示为视频动画作品。

图 11-1

执行“窗口”→“时间轴”命令，可以打开“时间轴”面板。该面板主要用于组织和控制影片中图层和帧的内容，使这些内容随着时间的推移而发生相应的变化。单击选项下拉按钮，选择“创建视频时间轴”或“创建帧动画”选项，即可创建相应模式的动画，如图 11-2 所示。

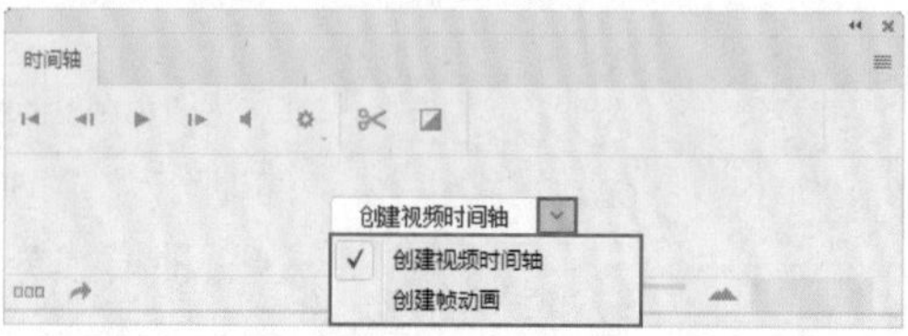

图 11-2

“时间轴”面板有“视频时间轴”与“帧动画”两种显示方式，如图 11-3 和图 11-4 所示。

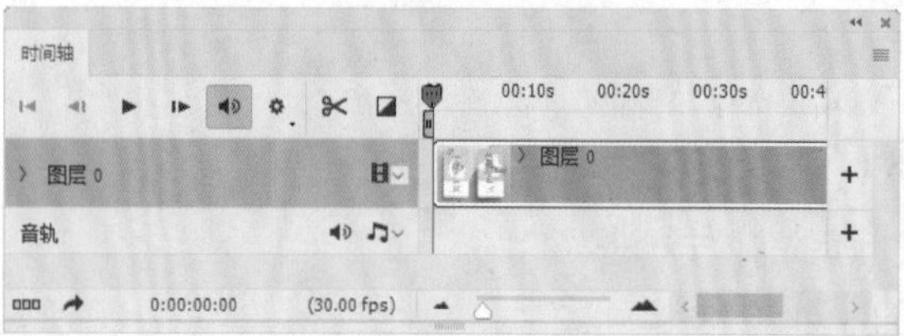

图 11-3

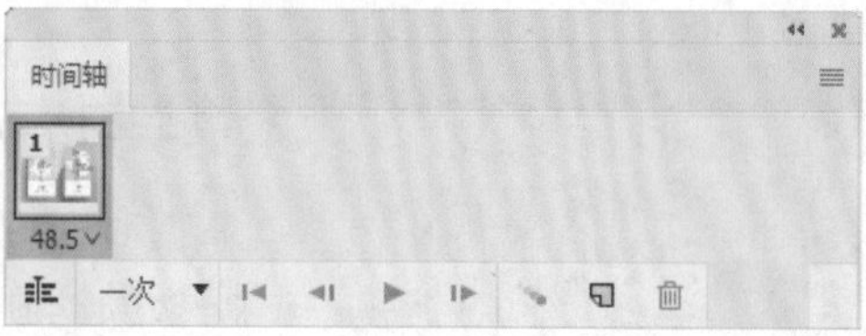

图 11-4

11.2 创建与编辑视频

11.2.1 “时间轴”面板

“时间轴”是将一段时间以一条或多条线的形式进行表达，它的工作原理就是定义一系列的小时间段——帧。这些帧随时间变化，每一个帧均可以改变网页元素的各种属性，以实现动画效果。“时间轴”是影视后期制作中常用的术语，也是编辑动态视频的一种方式。Photoshop 中的“时间轴”面板可以显示文档图层的帧持续时间和动画属性。“时间轴”面板主要用于组织和控制影片中图层和帧的内容，使这些内容随着时间的推移而发生相应的变化，如图 11-5 所示。

- 播放控件：其中包括“转到第一帧”、“转到上一帧”、“播放”和“转到下一帧”，是用于控制视频播放的按钮。

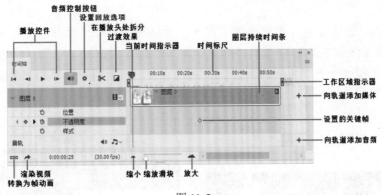

图 11-5

> 时间 - 变化秒表 ⏱：启用或停用图层属性的关键帧设置。
> 关键帧导航器 ◀ ◇ ▶：轨道标签左侧的箭头按钮用于将当前时间指示器从当前位置移动到上一个或下一个关键帧。单击中间的按钮可添加或删除当前时间的关键帧。
> 音频控制按钮 ◀：单击该按钮可以关闭或启用音频。
> 在播放头处拆分 ✂：单击该按钮可以在时间指示器 👹 所在位置拆分视频或音频。
> 过渡效果 ▣：单击该按钮并执行下拉菜单中的相应命令，可以为视频添加过渡效果，从而创建专业的淡化和交叉淡化效果。
> 当前时间指示器 👹：拖曳该按钮可以浏览帧或更改当前时间或帧。
> 时间标尺：根据当前文档的持续时间和帧速率，水平测量持续时间或帧计数。
> 图层持续时间条：指定图层在视频或动画中的时间位置。
> 工作区域指示器：拖曳位于顶部轨道任一端的蓝色标签，可以标记要预览或导出的动画或视频的特定部分。
> 向轨道添加媒体 / 音频 ＋：单击该按钮，可以打开一个对话框，将视频或音频添加到轨道中。
> 转换为帧动画 ▯▯▯：单击该按钮，可以将视频时间轴模式面板切换到帧动画模式。

实战案例：制作不透明度动画

📄 案例文件 / 第 11 章 / 制作不透明度动画
📺 视频教学 / 第 11 章 / 制作不透明度动画 .mp4
案例概述：

本例主要针对不透明度动画的制作方法进行练习。本案例使用了"时间轴"面板，通过在不同的时间点调整不同的不透明度值，并创建关键点，从而制作不透明度动画，如图 11-6 所示。

图 11-6

操作步骤：

（1）按 Ctrl+O 快捷键，在弹出的"打开"对话框中打开"素材"文件夹，先在该文件夹中选择第 1 张图像，然后选中"图像序列"复选框，如图 11-7 所示。接着在弹出的"帧速率"对话框中设置"帧速率"为 25，随即在弹出的对话框中单击"确定"按钮，如图 11-8 所示。

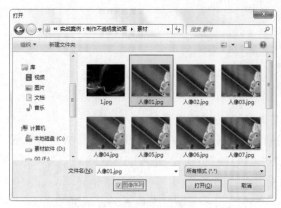

图 11-7　　　　　　　　　　　　　　　　　　图 11-8

（2）置入光效素材并栅格化，如图 11-9 所示，然后将其放置在"视频组 1"图层的上一层，并设置其"混合模式"为"滤色"，如图 11-10 所示，效果如图 11-11 所示。

图 11-9　　　　　　　　　图 11-10　　　　　　　　　图 11-11

（3）首先设置"光效"图层的"不透明度"为 0%，如图 11-12 所示，然后在"动画"面板中选择"光效"图层，单击该图层前面的 ▶ 图标，展开其属性列表，接着将"当前时间指示器" 🕰 拖曳到第 0:00:00:00 帧位置，最后单击"不透明度"属性前面的"时间 - 变化秒表"图标 🕐，为其设置一个关键帧，如图 11-13 所示。

图 11-12　　　　　　　　　　　　　　　　　　图 11-13

（4）将"当前时间指示器" 拖曳到第 0:00:00:22 帧位置，然后在"图层"面板中设置"光效"图层的"不透明度"为 100%，如图 11-14 所示。此时"时间轴"面板中会自动生成一个关键帧，如图 11-15 所示。

图 11-14　　　　　　　　　　　　　　　　　　　图 11-15

（5）单击"播放"按钮 ，可以观察到随着人像的移动，光效越来越明显，如图 11-16 所示。

图 11-16

11.2.2　导入视频文件和图像序列

在 Photoshop 中，可以直接打开视频或音频文件（如 mov、flv、avi、mp3、wma 等格式），也可以将视频文件导入已有文件中，还可以打开以图像序列形式存在的动态素材。

（1）执行"文件"→"导入"→"视频帧到图层"命令，在弹出的"打开"对话框中选择动态视频素材，如图 11-17 所示。单击"打开"按钮，Photoshop 会弹出"将视频导入图层"对话框，如图 11-18 所示（如果要导入所有的视频帧，可以在"将视频导入图层"对话框中选中"从开始到结束"单选按钮）。在"将视频导入图层"对话框中选中"仅限所选范围"单选按钮，然后按住 Shift 键的同时拖曳时间滑块，设置导入的帧范围，即可导入部分视频帧。

图 11-17　　　　　　　　　　　　　　　　　　　图 11-18

（2）如果需要打开序列素材，可执行"文件"→"打开"命令，打开序列文件所在文件夹中的"序列图"，在图像序列文件夹中选择第一个图像，并选中"图像序列"复选框，单击"打开"按钮，如图 11-19 所示。在弹出的"帧速率"对话框中设置动画的"帧速率"为 25，如图 11-20 所示。

（3）在弹出的对话框中单击"确定"按钮，如图 11-21 所示。

图 11-19

图 11-20

图 11-21

🔍 技巧提示：图像序列

当导入包含序列图像文件的文件夹时，每个图像都会变成视频图层中的帧。序列图像文件应该位于一个文件夹中（只包含要用作帧的图像），并按顺序命名（如 filename001、filename002、filename003 等）。如果所有文件具有相同的像素尺寸，则有可能成功创建动画。

【视频讲解】

视频陪练：制作位移动画——飞翔的鸟

📄 案例文件 / 第 11 章 / 制作位移动画——飞翔的鸟
📺 视频教学 / 第 11 章 / 制作位移动画——飞翔的鸟 .mp4
案例概述：

本案例主要通过使用"动画轴"面板，在不同时间状态下对某一图层的"位移"以及"不透明度"属性创建多个关键帧，从而制作位移动画以及透明度动画，案例效果如图 11-22 所示。

图 11-22

11.2.3 保存视频文件

如果未将工程文件渲染输出为视频，则最好将其存储为 PSD 文件，以保留之前所做的编辑操作。执行"文件"→"存储"或者"文件"→"存储为"命令均可储存为该格式文件。

11.2.4　渲染视频

在 Photoshop 中可以将视频导出为动态视频文件或图像序列。执行"文件"→"导出"→"渲染视频"命令，弹出"渲染视频"对话框，如图 11-23 所示。

图 11-23

- ❧ 位置：在"位置"选项组下可以设置文件的名称和位置。
- ❧ 文件选项：在该选项组中可以对渲染的类型进行设置，在下拉列表中选择 Adobe Media Encoder 可以将文件输出为动态影片，选择"Photoshop 图像序列"则可以将文件输出为图像序列。选择任何一种类型的输出模式都可以进行相应尺寸、质量等参数的调整。
- ❧ 范围：在"范围"选项组下可以设置要渲染的帧范围，包含"所有帧"和"当前所选帧"两种方式。
- ❧ 渲染选项：在该选项组下可以设置 Alpha 通道的渲染方式以及视频的帧速率。

11.3　制作动态图像

帧动画是一种常见的动画形式。其原理是在"连续的关键帧"中分解动画动作，也就是在时间轴的每帧上逐帧绘制不同的内容，使其连续播放而成为动画。逐帧动画具有非常大的灵活性，适合于表演细腻的动画。同时帧动画也有一定的缺点，它不但增加了负担，并且最终输出的文件量也很大，如图 11-24 和图 11-25 所示为帧动画作品。

图 11-24

图 11-25

11.3.1 帧动画"时间轴"面板

执行"窗口"→"时间轴"命令打开"时间轴"面板，单击"创建帧动画"按钮，如图 11-26 所示。在帧动画"时间轴"面板中，会显示动画中每个帧的缩览图。使用面板底部的工具可浏览各个帧、设置循环选项、添加和删除帧以及预览动画，图 11-27 所示为"时间轴"面板。

图 11-26　　　　　　　　　　　图 11-27

- ↘ 当前帧：当前选择的帧。
- ↘ 帧延迟时间：设置帧在回放过程中的持续时间。
- ↘ 循环选项：设置动画在作为动画 GIF 文件导出时的播放次数。
- ↘ 选择第一帧 ⏮：单击该按钮，可以选择序列中的第 1 帧作为当前帧。
- ↘ 选择前一帧 ◀：单击该按钮，可以选择当前帧的前一帧。
- ↘ 播放动画 ▶：单击该按钮，可以在文档窗口中播放动画。如果要停止播放，可以再次单击该按钮。
- ↘ 选择下一帧 ▶▶：单击该按钮，可以选择当前帧的下一帧。
- ↘ 过渡动画帧 ◥：在两个现有帧之间添加一系列帧，通过插值方法使新帧之间的图层属性均匀。
- ↘ 复制所选帧 ▣：通过复制"时间轴"面板中的选定帧向动画添加帧。
- ↘ 删除所选帧 🗑：将所选择的帧删除。
- ↘ 转换为视频时间轴 ▦：将帧模式"时间轴"面板切换到视频时间轴模式"时间轴"面板。

11.3.2 创建帧动画

在帧模式下，可以在"时间轴"面板中创建帧动画，每个帧表示一个图层配置。

（1）创建一个文档，将多张尺寸相同的图像依次置入其中并栅格化，如图 11-28 和图 11-29 所示。

图 11-28

图 11-29

（2）执行"窗口"→"时间轴"命令，打开"时间轴"面板，单击"创建帧动画"按钮。接着在打开的"帧动画"模式"时间轴"面板中设置"帧延迟时间"为 0.1 秒，并设置"循环模式"为"永远"，如图 11-30 所示。

（3）为了制作动态的效果，下面需要创建更多的帧。在"时间轴"面板中单击 5 次"复制所选帧"按钮 ，创建另外 5 帧，如图 11-31 所示。

（4）在"时间轴"面板中选择第 2 帧，回到"图层"面板中，将图层"6"隐藏起来，如图 11-32 所示。此时可以看到画面显示的是图层"5"的效果，如图 11-33 所示。

图 11-30

图 11-32

图 11-33

图 11-31

（5）"时间轴"面板中的第 2 帧的缩略图也发生了变化，如图 11-34 所示。

（6）继续在"时间轴"面板中选择第 3 帧，回到"图层"面板中，将图层"6"和图层"5"都隐藏起来，如图 11-35 所示。此时可以看到画面显示的是图层"4"的效果，如图 11-36 所示。

图 11-34

（7）并且"时间轴"面板中的第 3 帧的缩略图也发生了变化，如图 11-37 所示。

（8）依此类推，在第 4 帧上隐藏图层"6"、图层"5"和图层"4"，显示图层"3"；在第 5 帧上隐藏图层"6"、图层"5"、图层"4"和图层"3"，显示图层"2"；在第 6 帧上隐藏图层"6"、图层"5"、图层"4"、图层"3"和图层"2"，显示图层"1"，并且在动画帧面板中能够看到每帧都显示了不同的缩略图，此时可以单击底部的播放按钮预览当前效果，如图 11-38 所示。

图 11-35

图 11-36

图 11-37

图 11-38

（9）单击底部的停止按钮，停止播放，如图 11-39 所示。

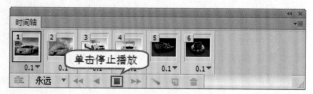

图 11-39

（10）如果需要更改某一帧的延迟时间，可以单击该帧缩略图下方的帧延迟时间下拉箭头，将其设置为 0.5，如图 11-40 所示。

（11）完成动画的设置后，执行"文件"→"存储为 Web 所用格式"命令，在弹出的"存储为 Web 所用格式"对话框中设置格式为 GIF，"颜色"为 256，"仿色"为 100%，单击底部的"存储"按钮，并选择输出路径即可，如图 11-41 所示。

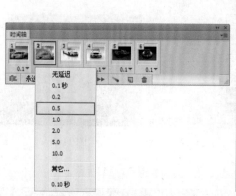

图 11-40

图 11-41

视频讲解

实战案例：创建帧动画

PSD 案例文件 / 第 11 章 / 创建帧动画

📺 视频教学 / 第 11 章 / 创建帧动画 .mp4

案例概述：

帧模式下可以在"动画"面板中创建帧动画，每个帧表示一个图层配置。本例主要是针对帧动画的制作方法进行练习，如图 11-42 所示。

图 11-42

操作步骤：

（1）将背景素材打开，然后置入金鱼素材并将图层栅格化。接着选择"金鱼"图层，设置该图层的"混合模式"为"正片叠底"，如图 11-43 所示。

（2）接着选择"金鱼"图层，使用快捷键 Ctrl+J 将图层复制一份，然后使用快捷键 Ctrl+T 调出定界框，单击鼠标右键，在弹出的快捷菜单中执行"水平翻转"命令，然后适当旋转合适的角度，向左上方移动。变换完成后按 Enter 键确定变换操作，如图 11-44 所示。

图 11-43

（3）继续使用相同的方法复制金鱼图层，调整金鱼的大小和位置。此时鱼缸中共有 5 条金鱼，"图层"面板中应有 5 个金鱼图层，如图 11-45 所示。

（4）执行"窗口"→"时间轴"命令打开"时间轴"面板，然后单击"创建帧动画"按钮，如图 11-46 所示。

图 11-44　　　　　　　　　　图 11-45

（5）接着在"时间轴"面板中，将延迟时间设置为 0.5 秒，设置循环为"永远"。接着单击 4 次"复制所选帧"按钮，此时"时间轴"面板中共有 5 帧，如图 11-47 所示。

图 11-46　　　　　　　　　　图 11-47

（6）单击选择第 1 帧，在"图层"面板中显示一条金鱼，隐藏另外 4 条金鱼，如图 11-48 所示。单击选择第 2 帧，显示两条金鱼，如图 11-49 所示。

图 11-48　　　　　　　　　　图 11-49

（7）以此类推，选择第 3 帧显示 3 条金鱼，如图 11-50 所示。选择第 4 帧显示 4 条金鱼，如图 11-51 所示。选择第 5 帧显示全部金鱼，如图 11-52 所示。

（8）单击"播放动画"按钮▶，可以进行动画的预览，效果如图 11-53 所示。

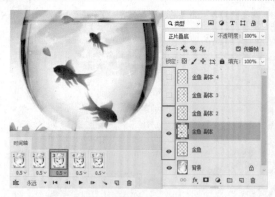
图 11-50

图 11-51

图 11-52

图 11-53

（9）编辑完视频图层后，可以将动画存储为 GIF 格式，以便在 Web 上观看。执行"文件"→"导出"→"存储为 Web 所用格式（旧版）"命令，将制作的动态图像进行输出。在弹出的"存储为 Web 所用格式"对话框中设置格式为 GIF，"颜色"为 256。设置完成后单击"存储"按钮，如图 11-54 所示。并在弹出的"将优化结果存储为"对话框中选择合适的存储路径，即将文档存储为 GIF 格式的动图图像。

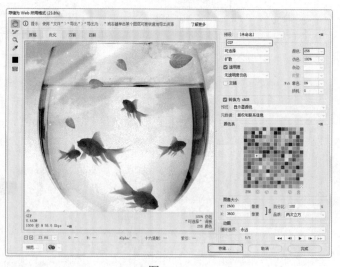
图 11-54

11.3.3　储存为 GIF 格式的动态图像

编辑完视频图层之后，可以将动画存储为 GIF 文件，以便在 Web 上观看。执行"文件"→"导出"→"存储为 Web 所用格式"命令，将制作的动态图像进行输出。在弹出的"存储为 Web 所用格式"对话框中设置格式为 GIF，"颜色"为 256，"仿色"为 100%，如图 11-55 所示。

在左下角单击"预览"按钮，可以在 Web 浏览器中预览该动画。通过这里可以更准确地查看为 Web 创建的预览效果。单击底部的"存储"按钮并选择输出路径，即可将文档储存为 GIF 格式的动态图像，如图 11-56 所示。

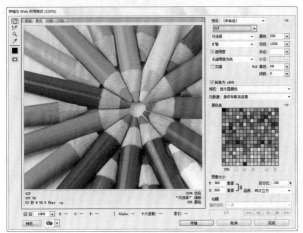

图 11-55

图 11-56

视频讲解

综合案例：宣传动画的制作

[PSD] 案例文件 / 第 11 章 / 宣传动画的制作

📺 视频教学 / 第 11 章 / 宣传动画的制作 .mp4

案例概述：

本案例制作的是一款娱乐栏目的宣传动画，主要通过"时间轴"面板制作人物逐渐显现的动画以及文字的位移动态效果，如图 11-57 所示。

图 11-57

操作步骤：

（1）执行"文件"→"打开"命令，打开素材源文件 1，素材中包含 3 个不同内容的图层，如图 11-58 和图 11-59 所示。

（2）执行"窗口"→"时间轴"命令，打开"时间轴"面板，在该面板中单击选项下拉按钮 🔽，选择"创建视频时间轴"选项，如图 11-60 所示。接着单击"创建视频时间轴"按钮，如图 11-61 所示。

图 11-58

图 11-59

（3）单击图层"1"的展开按钮，展开操作面板，如图 11-62 所示。按住鼠标左键并拖曳"当前时间指示器" 📍，将其拖曳到 15f 处，如图 11-63 所示。

图 11-60   图 11-61

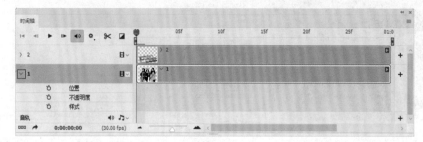

图 11-62

（4）执行"窗口"→"图层"命令，在"图层"面板中设置图层"1"的"不透明度"为 0%，如图 11-64 所示。

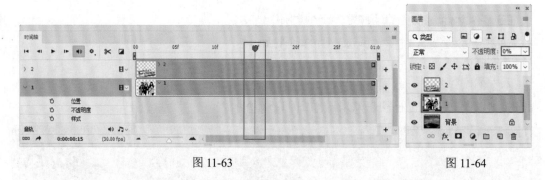

图 11-63   图 11-64

（5）单击"时间轴"面板上"不透明度"前面的"启用关键帧动画"按钮，为图层"1"添加关键帧，如图 11-65 所示。

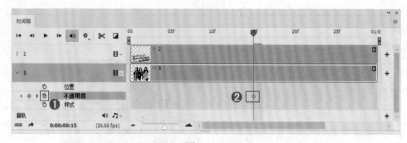

图 11-65

（6）在"时间轴"面板中将"当前时间指示器"拖曳到 01:00f 处，在"图层"面板中设置图层"1"的"不透明度"为 100%。此处会自动被添加关键帧，如图 11-66 所示。

（7）单击图层"2"的展开按钮，在"时间轴"面板中将"当前时间指示器"拖曳到 01:00f 处，单击"时间轴"面板上"位置"前面的"启用关键帧动画"按钮，为图层"2"

添加关键帧, 如图 11-67 所示。

图 11-66

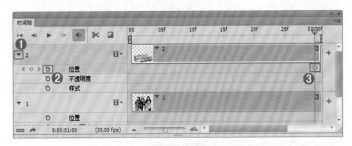

图 11-67

(8) 在"时间轴"面板中将"当前时间指示器"拖曳到 00f 的位置处, 单击"时间轴"面板上"位置"前面的"启用关键帧动画"按钮, 添加关键帧, 如图 11-68 所示。

(9) 在"图层"面板上选择图层"2", 将文字向右下角进行拖曳, 将其隐藏, 画面效果如图 11-69 所示。

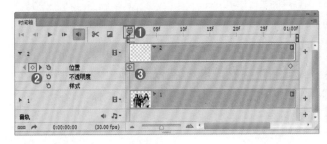

图 11-68   图 11-69

(10) 单击面板底部的播放按钮 ▶, 观看效果, 如图 11-70 所示。

图 11-70

(11) 继续选择图层"2", 执行"图层"→"图层样式"→"颜色叠加"命令, 在弹出的"图层样式"对话框中设置颜色为蓝色 (R:0, G:70, B:136), 单击"确定"按钮完成操作，如图 11-71 所示。

（12）单击"时间轴"面板上"样式"前面的"启用关键帧动画"按钮，添加关键帧，如图 11-72 所示。

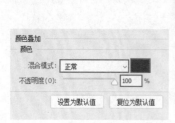

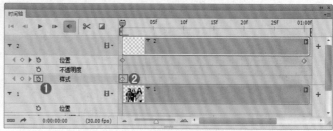

图 11-71 图 11-72

（13）在"时间轴"面板中将"当前时间指示器"拖曳到 25f 处，单击"时间轴"面板上"样式"前面的"启用关键帧动画"按钮，添加关键帧，如图 11-73 所示。

（14）在"图层"面板中双击图层"2"，在弹出的"图层样式"对话框中单击"颜色叠加"样式，设置颜色为粉色（R:238, G:58, B:156），如图 11-74 所示。

图 11-73 图 11-74

（15）在"时间轴"面板中将"当前时间指示器"拖曳到 01:00f 处，单击"时间轴"面板上"样式"前面的"启用关键帧动画"按钮，添加关键帧，如图 11-75 所示。

（16）在"图层"面板中选择图层"2"，按住鼠标左键拖曳图层样式按钮到"删除图层"按钮上，将图层样式删除，如图 11-76 所示。

图 11-75 图 11-76

（17）单击播放按钮 ► 预览动画效果，如图 11-77 所示。

图 11-77

11.4　课 后 练 习

初级练习：不透明度动画

案例效果	可用素材

技术要点

"时间轴"面板、"不透明度"动画的制作。

案例概述

本案例通过为主题产品的透明度属性添加关键帧，并在不同的关键帧位置设置不同的透明度，从而实现主体物逐渐显现的动画效果。

思路解析

1．打开"时间轴"面板，创建视频时间轴动画。

2．展开香水图层所在的轨道，在透明度的时间起始点处添加关键帧，此处设置不透明度为 0。

3．将时间指示器向后移动，添加关键帧并设定稍高一些的不透明度值。

4．用同样的方法，在后面继续添加关键帧并提高不透明度，播放即可产生动画。

制作流程

进阶练习：创建动画并渲染输出

案例效果	可用素材

技术要点

"时间轴"面板、位移动画的制作、输出为 Web 和设备可用格式。

案例概述

本案例主要通过向儿童照片中添加音符素材，并为音符素材制作位移动画，增强画面的动态效果。动画制作完成后需要将此动画输出为可以方便上传的 GIF 格式动态图像。

思路解析

1．打开儿童照片素材，并置入音符素材。

2．打开"时间轴"面板，创建视频时间轴动画。

3．为音符图层在不同的时间点添加位置关键帧，并依次更改位置。

4．动画制作完成后，使用"输出为 Web 和设备可用格式"命令，得到 GIF 格式动态图像。

制作流程

11.5　结 课 作 业

以"夏日女装特价"为主题制作 GIF 动图广告，此动图将被应用于电商网页广告中。

要求：

- 图像尺寸为 200 像素×200 像素。
- 画面效果简单、明了，需要包含文字和服装元素。
- 文字部分需要带有动态效果。

Chapter 12
第 12 章

Photoshop 综合应用

本章介绍 13 个综合案例，包括标志设计、图标设计、UI 设计、电商设计、网页设计、广告设计、海报设计、书籍设计、包装设计、照片处理、创意设计等方面。可以帮助读者快速掌握商业图形图像的设计理念和设计元素，顺利达到实战水平。

12.1 标志设计：图文结合的多彩标志设计

📄 案例文件 / 第 12 章 / 图文结合的多彩标志设计

📺 视频教学 / 第 12 章 / 图文结合的多彩标志设计.mp4

案例概述：

本例中的标志主要由多彩的图形以及文字构成，图形部分可以使用"多边形套索工具"绘制选区并进行填充得到，文字部分则需要使用"横排文字工具"分别输入并调整位置，如图 12-1 所示。

图 12-1

操作步骤：

Part 1 制作标志图形部分

（1）打开背景素材 1.jpg。新建图层，选择工具箱中的"多边形套索工具"，绘制一个四边形选区。同时设置前景色为蓝色，设置完成后使用快捷键 Alt+Delete 为其填充蓝色，如图 12-2 所示。填充完成后使用快捷键 Ctrl+D 取消选区。接着再次新建图层，设置前景色为较深的蓝色，用同样的方法绘制蓝色形状的侧面，效果如图 12-3 所示。

（2）使用同样的方式制作其他的彩色形状，如图 12-4 和图 12-5 所示。

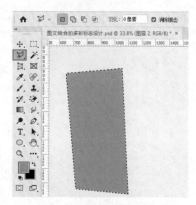

图 12-2

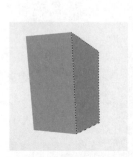

图 12-3

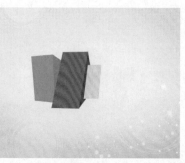

图 12-4

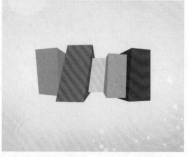

图 12-5

📢 思维点拨

标志是表明事物特征的记号，具有象征功能和识别功能，是企业形象、特征、信誉和文化的浓缩。标志的风格类型主要有几何型、自然型、动物型、人物型、汉字型、字母型和花木型等。标志主要包括商标、徽标和公共标志。按内容分类又可以分为商业性标志和非商业性标志。

（3）制作彩色图形在底部的投影效果。在背景图层上方新建图层，再次使用"多边形套索工具"绘制阴影选区，并为其填充黑色，如图 12-6 所示。使用快捷键 Ctrl+D 取消选区。然后在"图层"面板中设置该图层的"不透明度"为 20%，如图 12-7 所示，效果如图 12-8 所示。

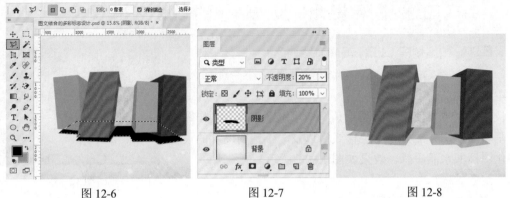

图 12-6　　　　　　　　图 12-7　　　　　　　　图 12-8

Part 2　制作文字部分

（1）在彩色方块上添加文字。选择工具箱中的"横排文字工具"，在选项栏中设置合适的字体、字号和颜色，设置完成后在画面中合适的位置单击，依次输入各个字母，如图 12-9 所示。然后继续使用该工具，输入其他大小不一的单个字母，同时对文字的摆放位置进行适当的调整，效果如图 12-10 所示。按住 Ctrl 键依次加选各个文字图层，使用快捷键 Ctrl+G 对其进行编组。

（2）选择编组的"文字"图层组，将其复制一份。同时将复制得到的图层组放在原图层组下方，并命名为"文字阴影"，如图 12-11 所示。接着使用快捷键 Ctrl+E 将其合并为一个图层，然后按 Ctrl+U 快捷键打开"色相/饱和度"对话框。在该对话框中设置"明度"为 -100，使该图层变为黑色，如图 12-12 所示。

图 12-9　　　　　　　　图 12-10　　　　　　　　图 12-11

（3）适当向下移动文字阴影图层，将其显示出来。同时设置该图层的"不透明度"为 30%，如图 12-13 所示。此时本案例制作完成，最终效果如图 12-14 所示。

图 12-12　　　　　　　　图 12-13　　　　　　　　图 12-14

12.2 图标设计：反光质感的圆形 APP 图标

图 PSD 案例文件 / 第 12 章 / 反光质感的圆形 APP 图标

📺 视频教学 / 第 12 章 / 反光质感的圆形 APP 图标 .mp4

案例概述：

本案例主要使用"椭圆工具"和"钢笔工具"制作图标的基本图形，并配合"图层样式"以及"不透明度"的设置强化图标的水晶质感，效果如图 12-15 所示。

操作步骤：

Part 1 制作图标圆形部分

（1）执行"文件"→"打开"命令，打开背景素材 1.jpg。选择工具箱中的"椭圆选框工具"，在选项栏中设置"羽化"为 35 像素。设置完成后在背景文字上方按住 Shift 键的同时按住鼠标左键并拖动，绘制一个正圆选区，如图 12-16 所示。然后新建图层，设置前景色为青色，设置完成后按 Alt+Delete 快捷键进行前景色填充，如图 12-17 所示。填充完成后使用快捷键 Ctrl+D 取消选区。

（2）单击工具箱中的"椭圆工具"按钮，在选项栏中设置"绘制模式"为"形状"，"填充"为颜色稍深一些的青色，"描边"为无。设置完成后在边缘羽化的正圆下方绘制正圆，如图 12-18 所示。

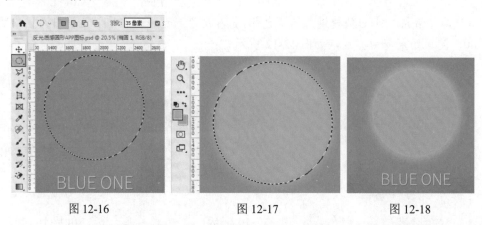

图 12-16   图 12-17   图 12-18

（3）继续使用"椭圆工具"，单击"填充"按钮，在弹出的下拉面板中设置填充方式为"渐变"，接着编辑一种蓝色系渐变，设置渐变模式为"径向"，"渐变角度"为 90 度，"缩放"为 100%。设置完成后在画面中青色正圆上继续绘制正圆，如图 12-19 所示。

（4）新建图层并命名为"阴影"。接着使用大小合适的黑色"柔边圆"画笔在画面中圆形底部涂抹，制作阴影效果，如图 12-20 所示。

图 12-19   图 12-20

（5）再次使用"椭圆工具"，在选项栏中设置一种蓝灰色的渐变，设置完成后在圆形顶部绘制椭圆形状，如图 12-21 所示。接着在"图层"面板中设置该图层的"不透明度"为 70%，如图 12-22 所示，效果如图 12-23 所示。

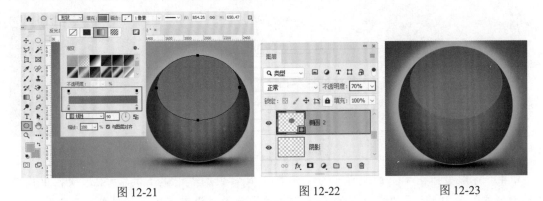

图 12-21　　　　　　　　　图 12-22　　　　　　　　　图 12-23

（6）使用同样的方法绘制顶部的另一个渐变椭圆形，如图 12-24 所示。

（7）载入底部正圆图形的选区，如图 12-25 所示。同时在"图层"面板顶部新建一个图层。然后使用较小笔尖的"柔边圆"画笔，设置前景色为青色。设置完成后在圆形底部涂抹，制作反光效果，如图 12-26 所示。

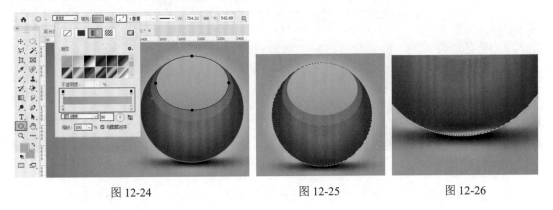

图 12-24　　　　　　　　　图 12-25　　　　　　　　　图 12-26

Part 2　制作图案部分

（1）制作图标图案。选择工具箱中的"钢笔工具"，在选项栏中设置"绘制模式"为"形状"，"填充"为青色，"描边"为无。设置完成后在画面中绘制形状，如图 12-27 所示。

（2）对绘制的形状添加图层样式。选择该图层，执行"图层"→"图层样式"→"内阴影"命令，在弹出的"图层样式"对话框中设置"混合模式"为"正片叠底"，颜色为深蓝色，"不透明度"为 100%，"角度"为 132 度，"距离"为 28 像素，"大小"为 158 像素，如图 12-28 所示。然后启用"投影"样式，设置"混合模式"为"正常"，颜色为青色，"角度"为 132 度，"距离"为 4 像素，"大小"为 5 像素，如图 12-29 所示。设置完成后单击"确定"按钮确认操作。

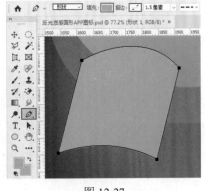

图 12-27

（3）选择形状图层，设置图层的"填充"为 0%，如图 12-30 所示。将添加的图层样式效果显示出来，画面效果如图 12-31 所示。然后使用同样的方式制作其他形状，效果如图 12-32 所示。

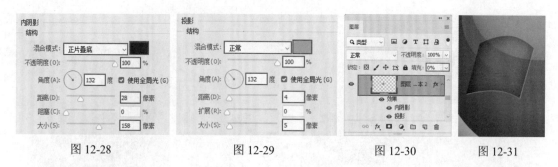

图 12-28　　　　　　　　图 12-29　　　　　　　　图 12-30　　　　　　　　图 12-31

（4）制作图标图案上的光泽部分。选择工具箱中的"钢笔工具"，在选项栏中设置"绘制模式"为"形状"，"填充"为蓝色，"描边"为无。设置完成后在图案下方绘制形状，如图 12-33 所示。接着单击选项栏中的"合并形状"按钮，继续绘制形状，如图 12-34 所示。此时绘制的两个形状在一个图层中，同时设置该图层的"不透明度"为 90%，效果如图 12-35 所示。

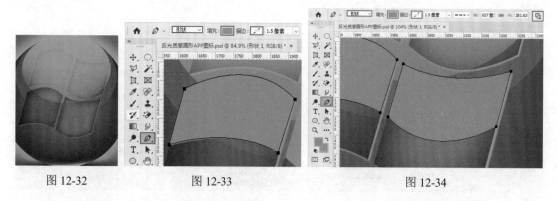

图 12-32　　　　　　　　图 12-33　　　　　　　　　　　图 12-34

（5）继续处理上方两个图形的色彩。新建一个图层，分别载入上方两个图形的选区，使用大小合适的"柔边圆"画笔，设置前景色为蓝色。设置完成后在顶部位置适当涂抹，添加颜色，效果如图 12-36 所示。继续绘制右侧图形的顶部色彩，取消选区后，效果如图 12-37 所示。按住 Ctrl 键依次加选所有图标图案图层，使用快捷键 Ctrl+G 进行编组。

（6）制作图案中间部位的高光效果。在"图层"面板最上方新建图层，使用大小合适的"柔边圆"画笔，设置前景色为青色，设置完成后在画面中心位置按住鼠标左键进行涂抹，如图 12-38 所示。

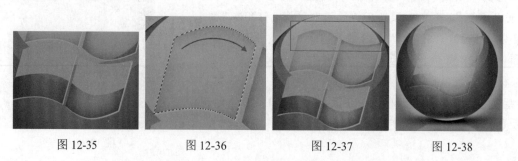

图 12-35　　　　　　　图 12-36　　　　　　　图 12-37　　　　　　　图 12-38

（7）此时涂抹的范围过大，需要将多余的部分隐藏。按住 Shift+Ctrl 快捷键依次单击 4 个图标主体图案的图层缩览图，载入 4 个图形的选区，如图 12-39 所示。然后在图层选中的状态下，为该图层添加图层蒙版，将选区以外的部位隐藏，最终画面效果如图 12-40 所示。

图 12-39

图 12-40

12.3　UI 设计：用户设置页面

[PSD] 案例文件 / 第 12 章 / 用户设置页面

📺 视频教学 / 第 12 章 / 用户设置页面 .mp4

案例概述：

本案例首先制作用户设置页面的平面效果，然后将平面效果转换为立体展示效果。平面图部分主要使用"矩形工具""椭圆工具""钢笔工具""横排文字工具"等进行制作，效果如图 12-41 和图 12-42 所示。

操作步骤：

Part1　制作界面上半部分

图 12-41

图 12-42

（1）执行"文件"→"新建"命令，在弹出的"新建文档"对话框中选择"移动设备"选项卡，并在左侧选择一个合适尺寸的预设，然后单击右下角的"创建"按钮，新建一个空白文档，如图 12-43 所示。接着为背景图层填充象牙白色，如图 12-44 所示。

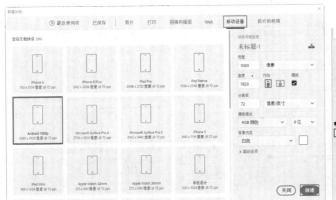

图 12-43

图 12-44

（2）在页面上方绘制矩形。单击工具箱中的"矩形工具"按钮，在选项栏中设置"绘制模式"为"形状"，"填充"为黄绿色，"描边"为无。设置完成后在页面上方按住鼠标左键并拖动进行绘制，如图 12-45 所示。

（3）制作头像图形。单击形状工具组中的"椭圆工具"按钮，设置"绘制模式"为"形状"，"填充"为象牙白，"描边"为无。设置完成后在画面中按住 Shift 键的同时按住鼠标左键并拖动，绘制圆形，如图 12-46 所示。

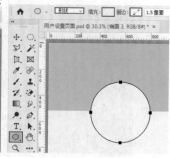

图 12-45   图 12-46

（4）执行"文件"→"置入嵌入对象"命令，置入人物素材 1.jpg，将其放在正圆上方，同时将该图层栅格化。接着使用"椭圆选框工具"在人像上绘制一个正圆选区，如图 12-47 所示。接着单击"图层"面板下方的"添加图层蒙版"按钮，为该图层添加图层蒙版，将素材中不需要的部分隐藏，如图 12-48 所示。将人物素材摆放在正圆中间，效果如图 12-49 所示。

图 12-47   图 12-48   图 12-49

（5）制作状态栏。首先在右上角的位置绘制电量图标。选择工具箱中的"圆角矩形工具"，在选项栏中设置"绘制模式"为"形状"，"填充"为无，"描边"为白色，"描边粗细"为 2 像素，"半径"为 5 像素。设置完成后绘制一个圆角矩形，如图 12-50 所示。接着选择工具箱中的"矩形工具"，在选项栏中设置"绘制模式"为"形状"，"填充"为浅青色，"描边"为无。设置完成后在圆角矩形内部绘制矩形，如图 12-51 所示。

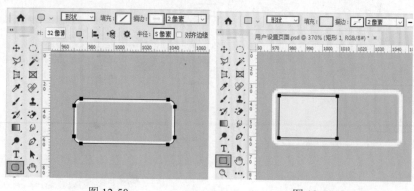

图 12-50   图 12-51

（6）绘制电量显示图标右侧的电极。单击工具箱中的"钢笔工具"按钮，在选项栏中设置"绘制模式"为"形状"，"填充"为白色，"描边"为无。设置完成后绘制一个半圆形，如图 12-52 所示。

（7）单击工具箱中的"横排文字工具"按钮，在选项栏中设置合适的字体、字号，设置文字颜色为白色。设置完后在画面中单击并输入文字，如图 12-53 所示。然后以同样的方式输入其他文字，如图 12-54 所示。

图 12-52　　　　　　　　图 12-53　　　　　　　　图 12-54

（8）在画面的左上角制作信号图形。使用"椭圆工具"，在选项栏中设置"绘制模式"为"形状"，"填充"为白色，"描边"为无。设置完成后在画面中绘制一个正圆形，如图 12-55 所示。在"图层"面板中单击选中该正圆图层，使用复制图层快捷键 Ctrl+J 复制一个相同的图层，然后按住 Shift 键的同时按住鼠标左键向右侧水平平移，如图 12-56 所示。

图 12-55

（9）用同样的方法继续复制 3 个正圆，并依次向右侧拖动，如图 12-57 所示。在"图层"面板中单击复制的最后一个正圆图层，在工具箱中选择"椭圆工具"，在选项栏中设置"填充"为无，"描边"为白色，"描边粗细"为 3 像素，此时正圆效果如图 12-58 所示。（为了使多个图形能够均匀排列，可以选中这些图层，并在"移动工具"的选项栏中单击"垂直居中对齐"和"水平居中对齐"按钮。）

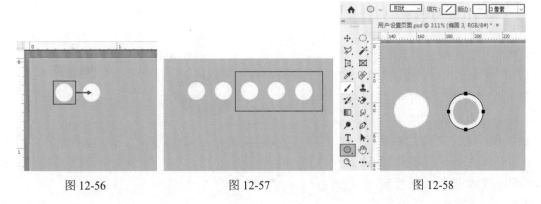

图 12-56　　　　　　　　图 12-57　　　　　　　　图 12-58

（10）选择工具箱中的"椭圆工具"，在选项栏中设置"绘制模式"为"形状"，"描边"为白色，"描边粗细"为 4 像素。设置完成后在画面中电量图标下方绘制一个圆形，如图 12-59 所示。然后使用"横排文字工具"在该描边正圆内输入"？"，如图 12-60 所示。

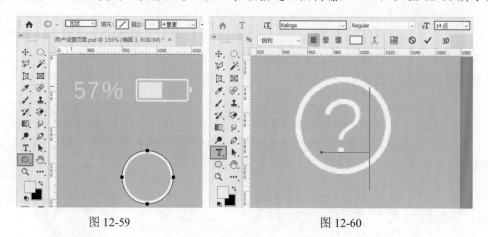

图 12-59   图 12-60

（11）制作菜单按钮。使用"椭圆工具"在信号圈下方位置绘制圆形，如图 12-61 所示。然后使用"矩形工具"，在选项栏中设置"绘制模式"为"形状"，"填充"为白色，在画面中绘制一个矩形。接着复制出另外两个矩形，并排列整齐，如图 12-62 所示。

（12）单击工具箱中的"横排文字工具"按钮，在选项栏中设置合适的字体、字号，设置文字颜色为白色。设置完成后在画面中单击并输入文字，如图 12-63 所示。

图 12-61   图 12-62   图 12-63

Part2 制作按钮

（1）制作图标。选择工具箱中的"圆角矩形工具"，在选项栏中设置"绘制模式"为"形状"，"描边"为灰色，"描边粗细"为 1 点，"半径"为 30 像素。设置完成后在画面中绘制圆角矩形，如图 12-64 所示。接着将圆角矩形进行复制，并调整到相应的位置，如图 12-65 所示。

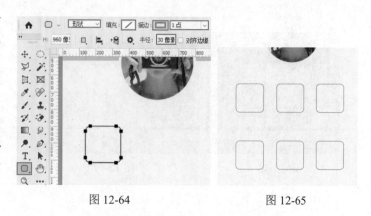

图 12-64   图 12-65

（2）执行"文件"→"置入嵌入对象"命令，置入素材 2.png，调整到合适位置后按 Enter 键确定置入操作，如图 12-66 所示。然后使用同样的方式置入其他素材，如图 12-67 所示。

（3）使用"横排文字工具"在图标下方输入文字，效果如图 12-68 所示。

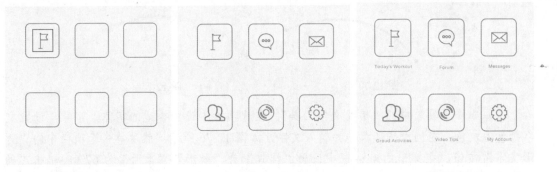

图 12-66　　　　　　　　　图 12-67　　　　　　　　　图 12-68

（4）制作消息提醒图标。选择工具箱中的"椭圆工具"，在选项栏中设置"绘制模式"为"形状"，"填充"为红色，在画面中绘制一个正圆形，如图 12-69 所示。接着为绘制的正圆添加描边效果。选择该图层，执行"图层"→"图层样式"→"描边"命令，在弹出的"图层样式"对话框中设置"大小"为 5 像素，"位置"为"外部"，"混合模式"为"正常"，"不透明度"为 100%，"颜色"为白色。设置完成后单击"确定"按钮，如图 12-70 所示，此时画面效果如图 12-71 所示。

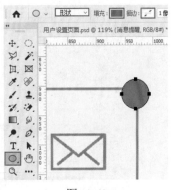

图 12-69

（5）使用"横排文字工具"在圆形上添加文字，如图 12-72 所示。然后使用同样的方式绘制另一个消息提醒，如图 12-73 所示。

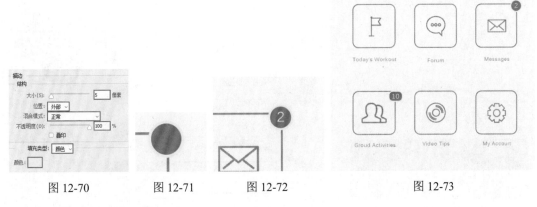

图 12-70　　　　图 12-71　　　　图 12-72　　　　　　　　图 12-73

Part3　制作界面底部控件

（1）选择工具箱中的"钢笔工具"，在选项栏中设置"绘制模式"为"形状"，"填充"为无，"描边"为浅绿色，"粗细"为 10 像素。设置完成后在画面底部绘制弧线，如图 12-74 所示。然后使用同样的方式绘制另一段灰色的弧线，如图 12-75 所示。

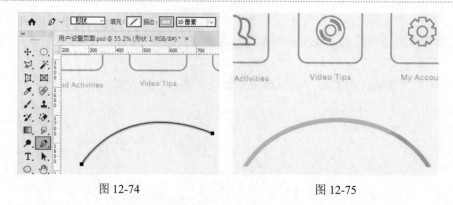

图 12-74   图 12-75

（2）选择工具箱中的"横排文字工具"，在选项栏中设置合适的字体、字号，设置文字颜色为灰色，在画面底部单击并输入文字，如图 12-76 所示。然后单击选项栏中的"变形文字"按钮，在弹出的对话框中设置"样式"为"扇形"，"弯曲"为 67%，单击"确定"按钮完成设置，如图 12-77 所示，此时画面效果如图 12-78 所示。

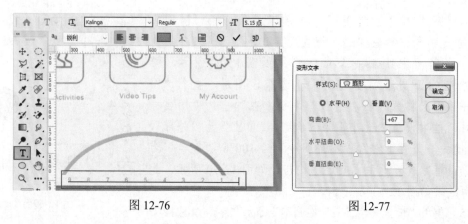

图 12-76   图 12-77

（3）继续使用"横排文字工具"在画面底部单击并输入其他文字，如图 12-79 所示，效果如图 12-80 所示。

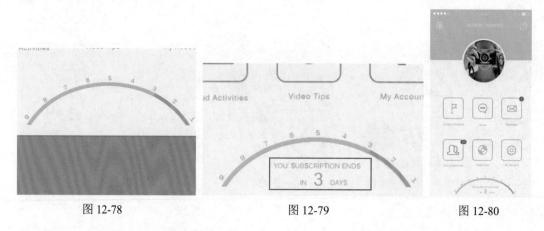

图 12-78   图 12-79   图 12-80

Part 4   制作界面光泽效果

（1）添加光泽。新建一个图层，使用"多边形套索工具"在界面的右上角绘制一个四边形选区，如图 12-81 所示。单击工具箱中的"渐变工具"按钮，在选项栏中单击渐变色条，在弹出的对话框中编辑一个白色到透明的渐变，设置完成后单击"确定"按钮，如图 12-82 所示。

（2）设置"渐变类型"为"线性渐变"，然后在选区内拖曳进行填充。填充完成后按 Ctrl+D 快捷键取消选择，如图 12-83 所示。选中该图层，设置"不透明度"为 50%，此时效果如图 12-84 所示。接着执行"文件"→"存储为"命令，将该文档存储为 JPEG 格式的文件，以备后面操作使用。

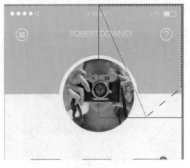

图 12-81

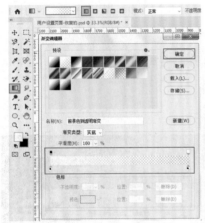

图 12-82

图 12-83

图 12-84

Part 5　制作界面展示效果

（1）执行"文件"→"打开"命令，打开背景素材 8.jpg，如图 12-85 所示。将存储为 JPEG 格式的平面效果图置入，同时将其缩放到合适大小，如图 12-86 所示。

（2）在图像上单击鼠标右键，在弹出的快捷菜单中执行"扭曲"命令，如图 12-87 所示。将光标定位到各个控制点处，按住鼠标左键并拖动，调整 4 个点的位置，使之与界面形状相匹配，如图 12-88 所示。操作完成后按 Enter 键或单击选项栏中的"提交变换"按钮即可，同时将该图层进行栅格化处理。

图 12-85

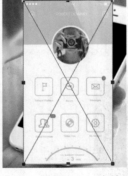

图 12-86

图 12-87

（3）由于软件界面右下角部位将人物的手指遮挡住了，所以选择工具箱中的"橡皮擦工具"，在选项栏中选择大小合适的笔尖，然后在右下角处拖动鼠标，擦除多余部分，如

图 12-89 所示。此时本案例制作完成，最终效果如图 12-90 所示。

 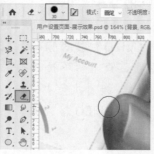 

图 12-88 　　　　　图 12-89 　　　　　图 12-90

12.4　电商设计：网店促销活动广告

PSD 案例文件 / 第 12 章 / 网店促销活动广告
📺 视频教学 / 第 12 章 / 网店促销活动广告 .mp4
案例概述：

　　本案例首先使用"画笔工具"在画面的四周绘制暗角效果，接着使用"横排文字工具"在画面中输入主体文字，并为文字添加适当的图层样式。最后使用"多边形套索工具"和"椭圆选框工具"制作立体效果，案例效果如图 12-91 所示。

操作步骤：

Part 1　制作广告背景

图 12-91

　　（1）执行"文件"→"新建"命令，创建一个新文档，然后为其填充黑色的前景色，如图 12-92 所示。

　　（2）执行"文件"→"置入嵌入对象"命令，将花纹素材文件 1.jpg 置入文档并将其栅格化。在"图层"面板中选中该图层，单击"添加图层蒙版"按钮 🔲 ，为该图层添加图层蒙版，接着选择工具箱中的"画笔工具"，使用黑色"柔边圆"画笔并适当降低画笔"不透明度"，在蒙版四周进行绘制，如图 12-93 所示。花纹四周呈现半透明的效果，进而显示出底部黑色图层，效果如图 12-94 所示。

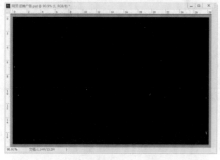  

图 12-92 　　　　　图 12-93 　　　　　图 12-94

（3）新建图层并填充紫色，设置该图层的"不透明度"为75%，如图12-95所示，效果如图12-96所示。

（4）复制紫色图层，设置该图层的"混合模式"为"颜色减淡"。接着为该图层添加图层蒙版，然后使用大小合适的半透明黑色"柔边圆"画笔在蒙版四周进行涂抹，如图12-97所示。使该图层只保留中间部分，如图12-98所示。

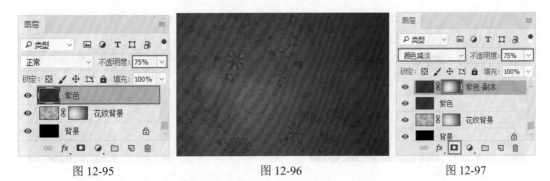

图 12-95   图 12-96   图 12-97

（5）提高画面的亮度。执行"图层"→"新建调整图层"→"曲线"命令，创建一个"曲线"调整图层。接着在"属性"面板中调整曲线形状，如图12-99所示。选择工具箱中的"画笔工具"，使用黑色"柔边圆"画笔在调整图层蒙版四周进行涂抹，使调整图层只对画面中心起作用，如图12-100所示，效果如图12-101所示。

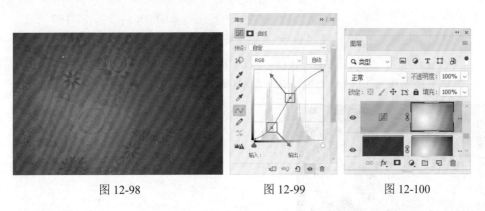

图 12-98   图 12-99   图 12-100

（6）继续新建图层，使用较大笔尖的半透明"柔边圆"画笔，设置前景色为黑色，设置完成后在画面四周涂抹，进一步压暗四周的亮度，如图12-102所示。

图 12-101   图 12-102

（7）执行"文件"→"置入嵌入对象"命令，将人像素材文件2.jpg置入文档内，调整大小后将其放置在画面的右下方并栅格化，如图 12-103 所示。接着选择工具箱中的"钢笔工具"，在选项栏中设置"绘制模式"为"路径"，设置完成后沿着人物的边缘绘制路径。绘制完成后按 Ctrl+Enter 快捷键将路径转换为选区。然后在"图层"面板中单击"添加图层蒙版"按钮，基于选区添加蒙版。此时人物背景部分将被隐藏，如图 12-104 所示，效果如图 12-105 所示。

图 12-103　　　　　　　　　　图 12-104　　　　　　　　　图 12-105

Part 2　制作广告文字

（1）单击工具箱中的"横排文字工具"按钮，在选项栏中设置合适的字体、大小，并设置文字颜色为黑色，设置完成后在画面中输入文字，效果如图 12-106 所示。然后执行"图层"→"图层样式"→"渐变叠加"命令，在弹出的"图层样式"对话框中设置"渐变"颜色为淡粉色系，设置"角度"为 90 度，"缩放"为 100%，如图 12-107 所示。

（2）启用"投影"图层样式，设置"混合模式"为"正常"，颜色为紫红色，"不透明度"为 100%，"距离"为 3 像素，"扩展"为 10%，"大小"为 5 像素，如图 12-108 所示。设置完成后单击"确定"按钮，效果如图 12-109 所示。

图 12-106　　　　　　　　　图 12-107　　　　　　　　　图 12-108

（3）使用同样的方法制作另外一组文字，如图 12-110 所示（可以在创建了第二组文字之后，复制第一组文字图层的样式，并将该样式粘贴到第二组文字图层上）。接着选择工具箱中的"矩形选框工具"，在文字下方绘制选区，如图 12-111 所示。

图 12-109　　　　　　　　　图 12-110

（4）在当前选区状态下，使用快捷键 Shift+Ctrl+I 将选区反选。接着在选区反选状态下为该图层添加图层蒙版，将选区内的部分文字隐藏，如图 12-112 所示，效果如图 12-113 所示。

图 12-111　　　　　　　　　图 12-112　　　　　　　　　图 12-113

（5）继续使用"横排文字工具"在右上角输入文字，如图 12-114 所示。接着在该文字图层选中的状态下，执行"图层"→"图层样式"→"内发光"命令，在弹出的"图层样式"对话框中设置颜色为红棕色，"方法"为"柔和"，选中"边缘"单选按钮，设置"大小"为 2 像素，如图 12-115 所示。

（6）启用"渐变叠加"图层样式，设置"渐变"为黄色系，"样式"为"线性"，"角度"为 90 度，如图 12-116 所示。继续加选"投影"图层样式，设置颜色为黑色，"不透明度"为 75%，"角度"为 120 度，"距离"为 3 像素，"大小"为 8 像素，如图 12-117 所示。

图 12-114　　　　　　　　　图 12-115　　　　　　　　　图 12-116

（7）设置完成后单击"确定"按钮，此时文字效果如图 12-118 所示。然后继续使用工具箱中的"横排文字工具"，在画面的左侧单击并输入较大的白色数字"1"，如图 12-119 所示。

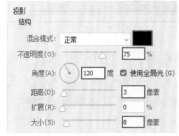

图 12-117　　　　　　　　　图 12-118　　　　　　　　　图 12-119

（8）针对数字图层执行"图层"→"图层样式"→"投影"命令，在弹出的"图层样式"对话框中设置"混合模式"为"正片叠底"，颜色为黑色，"不透明度"为75%，"角度"为120度，"距离"为10像素，"大小"为20像素，如图12-120所示，效果如图12-121所示。

（9）启用"描边"图层样式，设置"大小"为4像素，"位置"为"内部"，"填充类型"为"渐变"，编辑一种适当的渐变颜色，设置"样式"为"线性"，"角度"为-93度，"缩放"为77%，如图12-122所示，效果如图12-123所示。

图 12-120

图 12-121

（10）启用"图案叠加"图层样式，在"图案"下拉列表框中选择一种合适的图案，设置"缩放"为13%，如图12-124所示，效果如图12-125所示。

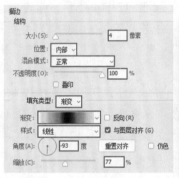
图 12-122

图 12-123

图 12-124

（11）启用"颜色叠加"图层样式，设置"混合模式"为"叠加"，颜色为橘黄色，如图12-126所示。设置完成后单击"确定"按钮，文字效果如图12-127所示。

图 12-125

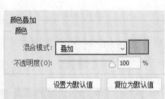
图 12-126

图 12-127

（12）选择工具箱中的"多边形套索工具"，在文字下方绘制一个矩形选区，填充白色，如图12-128所示。选择粉色渐变文字图层，单击鼠标右键，在弹出的快捷菜单中执行"拷贝图层样式"命令，在矩形图层上单击鼠标右键，在弹出的快捷菜单中执行"粘贴图层样式"命令，效果如图12-129所示。

（13）使用"横排文字工具"在矩形中输入合适的文字，如图12-130所示。接着按住

Shift+Ctrl 快捷键的同时，单击该文字图层和数字 1 所在图层的缩览图，载入这两个文字的选区，如图 12-131 所示。然后使用快捷键 Shift+Ctrl+I 将选区反选。

图 12-128　　　　　　　图 12-129　　　　　　　图 12-130

（14）在选区反选的状态下，选择绘制的矩形图层，为该图层添加图层蒙版，将选区内的图形隐藏，如图 12-132 所示。同时将小文字图层隐藏，让画面呈现出矩形内的镂空文字效果，如图 12-133 所示。

图 12-131　　　　　　　图 12-132　　　　　　　图 12-133

（15）在数字 1 右上角添加光效星星。新建图层，单击工具箱中的"画笔工具"按钮，使用合适大小的白色"柔边圆"画笔在画面中涂抹，如图 12-134 所示。然后使用"自由变换"快捷键 Ctrl+T 调出定界框，将圆形调整为条形，如图 12-135 所示。设置完成后按 Enter 键确认变换操作。

图 12-134　　　　　　　图 12-135

（16）多次复制条形，使用"自由变换"命令进行旋转，并将其放置在数字 1 的右上角，如图 12-136 所示。接着使用"多边形套索工具"在文字右侧绘制一个大小合适的选区，如图 12-137 所示。

图 12-136　　　　　　　图 12-137

Part 3　促销标签

（1）单击工具箱中的"渐变工具"按钮，在选项栏中设置"渐变类型"为"线性渐变"，接着单击渐变色条，在弹出的"渐变编辑器"对话框中编辑一种黄色系渐变。设置完成后单击"确定"按钮，如图 12-138 所示。新建图层，为选区填充黄色系渐变，如图 12-139 所示。填充完成后使用快捷键 Ctrl+D 取消选区。

（2）选中工具箱中的"椭圆选框工具"，按住 Shift 键并按住鼠标左键在渐变矩形左侧绘制一个正圆形选区，按 Delete 键将选中的部分删除，如图 12-140 所示。然后执行"图层"→"图层样式"→"内发光"命令，

图 12-138

在弹出的"图层样式"对话框中设置颜色为红棕色，"方法"为"柔和"，选中"边缘"单选按钮，设置"大小"为 10 像素，如图 12-141 所示。设置完成后单击"确定"按钮，效果如图 12-142 所示。

图 12-139　　　　　　图 12-140　　　　　　图 12-141　　　　　　图 12-142

（3）使用同样的方法制作标签的阴影效果，如图 12-143 所示。继续使用"画笔工具"在标签左侧绘制绳子，并结合图层蒙版，让画面呈现文字与绳子的遮挡关系，如图 12-144 所示。

（4）再次使用"横排文字工具"在标签上输入文字，并将其旋转至合适的角度，效果如图 12-145 所示。然后执行"图层"→"图层样式"→"描边"命令，在弹出的"图层样式"对话框中设置"大小"为 2 像素，"位置"为"外部"，颜色为红棕色，如图 12-146 所示。设置完成后单击"确定"按钮，案例最终效果如图 12-147 所示。

图 12-143　　　　　　　图 12-144　　　　　　　图 12-145

（5）执行"文件"→"储存为"命令，在弹出的"另存为"对话框中设置合适的文件名，设置格式为 JPEG。设置完成后单击"保存"按钮，如图 12-148 所示。然后在弹出的"JPEG 选项"对话框中对图像的品质进行设置，例如，在本案例中需要将该广告的大小限

制在 100K 以内，那么就可以适当降低图像品质。调节完成后单击"确定"按钮，完成文档的存储，如图 12-149 所示。此时本案例制作完成，效果如图 12-150 所示。

图 12-146　　　　图 12-147　　　　　　　　图 12-148

图 12-149　　　　　　　　　　　　图 12-150

12.5　网页设计：音乐主题网页界面

视频讲解

PSD 案例文件 / 第 12 章 / 音乐主题网页界面
📺 视频教学 / 第 12 章 / 音乐主题网页界面 .mp4
案例概述：

本案例主要分为两大部分：网页模块和人物素材。页面的导航栏、登录框等部分主要使用了矢量形状工具以及"钢笔工具"绘制基本图形，使用"横排文字工具"添加文字信息，并配合"图层样式"以及"画笔工具"为其增添质感。

人物素材部分则需要使用"曲线""色相 / 饱和度""色阶"命令对素材的亮度、饱和度进行调整，使添加的素材与画面整体风格相匹配，效果如图 12-151 所示。

图 12-151

操作步骤：

Part1　制作页面主体部分

（1）执行"文件"→"打开"命令，打开背景素材 1.jpg，如图 12-152 所示。

（2）制作画面右侧的登录模块。选择工具箱中的"圆角矩形工具"，在选项栏中设置"绘制模式"为"形状"，"填充"为深紫色，"描边"为无，"半径"为 40 像素。设置完成后在画面中绘制圆角矩形，效果如图 12-153 所示。

（3）在圆角矩形图层下方新建图层，使用大小合适的"柔边圆"画笔，设置前景色为洋红色，设置完成后在圆角矩形下方底边位置进行涂抹，使矩形与背景之间产生空间感，如图 12-154 所示。同时设置该图层的"不透明度"为 8%，如图 12-155 所示。

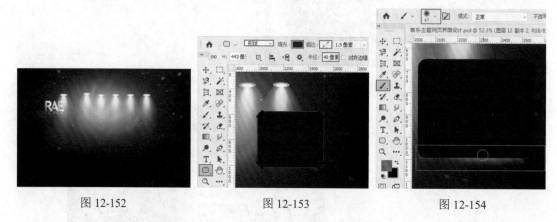

图 12-152　　　　　　　　图 12-153　　　　　　　　图 12-154

（4）选中圆角矩形图层，按住 Ctrl 键并单击图层缩览图，载入选区，如图 12-156 所示。在圆角矩形图层上方新建图层，选择工具箱中的"矩形选框工具"，在选项栏中单击"从选取减去"按钮。设置完成后将圆角矩形下方的选区减去，效果如图 12-157 所示。

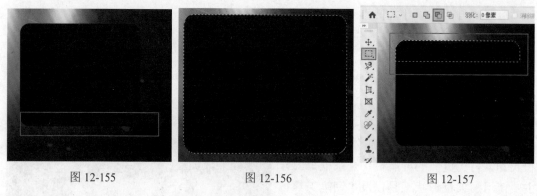

图 12-155　　　　　　　　图 12-156　　　　　　　　图 12-157

（5）在当前选区状态下，单击工具箱中的"渐变工具"按钮，在选项栏中设置"渐变类型"为"线性渐变"。接着单击渐变色条，在弹出的"渐变编辑器"对话框中编辑一种白色到透明的渐变。设置完成后单击"确定"按钮，如图 12-158 所示。然后在选区中按住鼠标左键并拖动，为选区填充渐变。填充完成后使用快捷键 Ctrl+D 取消选区，如图 12-159 所示。

（6）使用同样的方式，在相同的位置添加紫色系的线性渐变，如图 12-160 所示。

（7）选择工具箱中的"矩形工具"，在选项栏中设置"绘制模式"为"形状"，"填充"为灰色，"描边"为"无"。设置完成后在圆角矩形上绘制矩形，如图 12-161 所示。

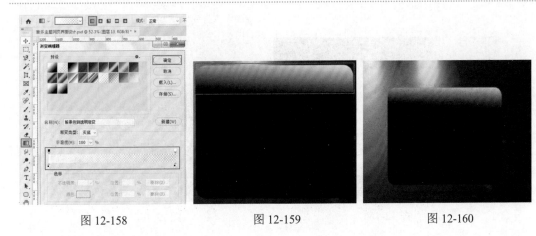

图 12-158　　　　　　　图 12-159　　　　　　　图 12-160

（8）为该矩形添加图层样式。执行"图层"→"图层样式"→"斜面和浮雕"命令，在弹出的"图层样式"对话框中设置"样式"为"内斜面"，"方法"为"平滑"，"深度"为100%，"方向"为"上"，"大小"为4像素，"角度"为120度，"高度"为30度，阴影"不透明度"为0%，如图 12-162 所示。然后启用"描边"图层样式，设置"大小"为3像素，"位置"为"外部"，"不透明度"为52%，"填充类型"为"渐变"，编辑一种白色到黑色的渐变，设置"样式"为"对称的"，"角度"为90度，"缩放"为150%，如图 12-163 所示。

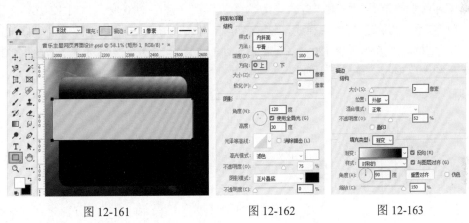

图 12-161　　　　　　　图 12-162　　　　　　　图 12-163

（9）启用"内阴影"图层样式，设置"混合模式"为"正片叠底"，颜色为黑色，"不透明度"为53%，"角度"为180度，"距离"为12像素，"大小"为65像素，如图 12-164 所示。接着启用"渐变叠加"图层样式，设置"不透明度"为19%，编辑一种白色到透明的渐变，设置"样式"为"线性"，"角度"为90度，"缩放"为36%，如图 12-165 所示，设置完成后单击"确定"按钮。接着在"图层"面板中设置"填充"为0%，此时画面效果如图 12-166 所示。

（10）选择工具箱中的"圆角矩形工具"，在选项栏中设置"绘制模式"为"形状"，颜色为紫色，"半径"为8像素。设置完成后在矩形中按住鼠标左键并拖动，绘制圆角矩形，如图 12-167 所示。

图 12-164　　　　　　　图 12-165

图 12-166   图 12-167

（11）添加图层样式。执行"图层"→"图层样式"→"斜面和浮雕"命令，在弹出的"图层样式"对话框中设置"样式"为"描边浮雕"，"方法"为"平滑"，"深度"为75%，"方向"为"上"，"大小"为 6 像素，"软化"为 0 像素，"角度"为 120 度，"高度"为 25 度，选择合适的光泽等高线，设置"高光模式"为"颜色减淡"，阴影的"不透明度"为60%，选中"消除锯齿"复选框，如图 12-168 所示。接着启用"描边"图层样式，设置"大小"为 3 像素，"位置"为"外部"，"不透明度"为 93%，"填充类型"为"渐变"，编辑一种灰色系的渐变，设置"样式"为"线性"，"角度"为 0 度，如图 12-169 所示。

（12）启用"内阴影"图层样式，设置"混合模式"为"正片叠底"，颜色为黑色，"不透明度"为 50%，"角度"为 120 度，"距离"为 1 像素，"大小"为 5 像素，如图 12-170 所示，设置完成后单击"确定"按钮。接着在"图层"面板中设置"填充"为 20%，效果如图 12-171 所示。

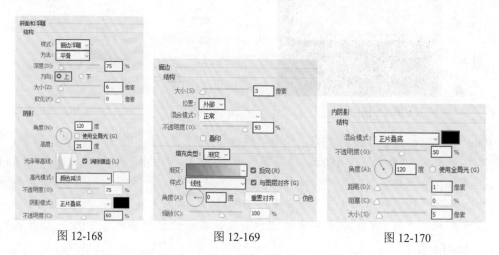

图 12-168   图 12-169   图 12-170

（13）复制圆角矩形，将其放置在已有圆角矩形下方，如图 12-172 所示。

（14）执行"文件"→"置入嵌入对象"命令，将按钮素材置于画面中合适的位置并将其栅格化，如图 12-173 所示。

（15）复制按钮素材图层，置于原素材的下方，将其垂直翻转，摆放在下方，如图 12-174所示。为其添加图层蒙版，使用黑色"柔边圆"画笔涂抹多余部分，同时设置"不透明度"为 31%，如图 12-175 所示。制作的倒影效果如图 12-176 所示。

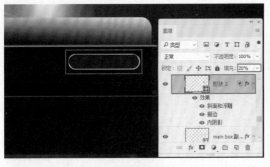
图 12-171

图 12-172

图 12-173

图 12-174

图 12-175

（16）新建图层，使用大小合适的"柔边圆"画笔，设置前景色为白色，设置完成后在按钮右侧进行涂抹，添加光效，如图 12-177 所示。

（17）在画面中添加文字。选择工具箱中的"横排文字工具"，在选项栏中设置合适的字体、字号，设置文字颜色为白色，设置完成后在圆角矩形内单击并输入文字。然后按Ctrl+Enter 快捷键确认操作，如图 12-178 所示。

图 12-176

图 12-177

图 12-178

（18）为文字添加图层样式。执行"图层"→"图层样式"→"斜面和浮雕"命令，在弹出的"图层样式"对话框中设置"样式"为"内斜面"，"方法"为"平滑"，"深度"为1000%，"方向"为"上"，"角度"为 90 度，"高度"为 30 度，"高光模式"为"滤色"，颜色为白色，"不透明度"为 40%，"阴影模式"为"正常"，颜色为蓝色，"不透明度"为92%，如图 12-179 所示。接着启用"内阴影"图层样式，设置颜色为白色，"不透明度"为42%，"角度"为 90 度，"大小"为 1 像素，如图 12-180 所示。

（19）启用"渐变叠加"图层样式，编辑一种白色到透明的渐变，设置"样式"为"线性"，"角度"为 90 度，如图 12-181 所示。启用"图案叠加"图层样式，在"图案"

下拉列表框中选择一个合适的图案，如图 12-182 所示。

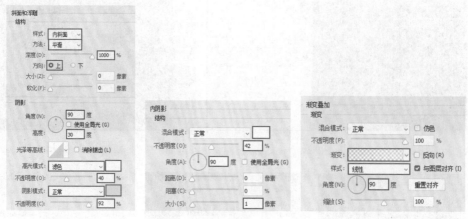

图 12-179　　　　　　图 12-180　　　　　　图 12-181

（20）启用"投影"图层样式，设置颜色为黑色，"不透明度"为 40%，"角度"为 90度，"距离"为 1 像素，"大小"为 3 像素，如图 12-183 所示。设置完成后单击"确定"按钮，此时画面效果如图 12-184 所示。

图 12-182　　　　　　图 12-183　　　　　　图 12-184

（21）继续使用"横排文字工具"，选择合适的字体、字号，设置文字颜色为淡黄色，设置完成后在小的圆角矩形左侧单击并输入文字，如图 12-185 所示。

（22）将该文字图层选中，执行"图层"→"图层样式"→"渐变叠加"命令，在弹出的"图层样式"对话框中编辑一种黄色系的渐变，设置"样式"为"线性"，"角度"为90 度，如图 12-186 所示。接着启用"投影"图层样式，设置"混合模式"为"正片叠底"，颜色为红色，"不透明度"为 75%，"角度"为 120 度，"距离"为 1 像素，如图 12-187 所示。设置完成后单击"确定"按钮，效果如图 12-188 所示。

图 12-185　　　　　　图 12-186　　　　　　图 12-187

（23）使用同样的方法制作其他文字，效果如图 12-189 所示。

（24）选择工具箱中的"自定形状工具"，在选项栏中设置"绘制模式"为"形状"，"填充"为黄色，"描边"为无，在"形状"下拉面板中选择一种合适的箭头形状。设置完成后在文字左侧绘制图形，如图 12-190 所示。

图 12-188

图 12-189

图 12-190

（25）选择箭头右侧的文字图层，单击鼠标右键，在弹出的快捷菜单中执行"拷贝图层样式"命令，接着选中刚刚绘制箭头的图层，执行"粘贴图层样式"命令，为其添加与文字图层相同的图层样式，如图 12-191 所示。然后使用同样的方法绘制另外一个箭头，此时其中一个区域的效果制作完成，如图 12-192 所示。

（26）使用同样的方法制作其他的模块区域，效果如图 12-193 所示。

图 12-191

图 12-192

图 12-193

Part2　制作人物部分

（1）执行"文件"→"置入嵌入对象"命令，将人像素材 3.png 置于画面中合适的位置，并将其栅格化，如图 12-194 所示。

（2）再次置入人像素材 4.jpg，将其放置在画面的左侧，并将其栅格化，如图 12-195 所示。选择工具箱中的"钢笔工具"，在选项栏中设置"绘制模式"为"路径"，设置完成后勾勒出人像轮廓，建立选区后基于选区为该图层添加图层蒙版，将背景部分隐藏，效果如图 12-196 所示。

图 12-194

图 12-195　　　　　　　　　　　　　　　　图 12-196

（3）通过观察可以看到，素材 4.jpg 的人物肤色饱和度较低，需要适当提高。执行"图层"→"新建调整图层"→"色相/饱和度"命令，创建一个"色相/饱和度"调整图层。在弹出的"属性"面板中设置"饱和度"为 36。然后单击"此调整剪切到此图层"按钮，使调整效果只针对下方图层，如图 12-197 所示，效果如图 12-198 所示。

（4）提高人物的亮度。执行"图层"→"新建调整图层"→"色阶"命令，创建一个"色阶"调整图层。在"属性"面板中调节色阶的滑块，以调整画面的亮度，或者直接设置适当的数值。然后单击"此调整剪切到此图层"按钮，使调整效果只针对下方图层，如图 12-199 所示，效果如图 12-200 所示。

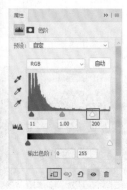

图 12-197　　　　　　　　　图 12-198　　　　　　　　　图 12-199

（5）继续提高素材 4.jpg 人物的亮度。创建一个"曲线"调整图层，在"属性"面板中对曲线形状进行调整。然后单击"此调整剪切到此图层"按钮，使调整效果只针对下方图层，如图 12-201 所示，效果如图 12-202 所示。

（6）对画面整体亮度进行调整。创建一个"曲线"调整图层，在"属性"面板中对曲线的形状进行调整，如图 12-203 所示。此时本案例制作完成，最终效果如图 12-204 所示。

图 12-200　　　　　　　　　　　图 12-201

图 12-202　　　　　图 12-203　　　　　　　　图 12-204

12.6　广告设计：创意饮品广告

视频讲解

PSD 案例文件 / 第 12 章 / 广告设计：创意饮品广告

视频教学 / 第 12 章 / 广告设计：创意饮品广告 .mp4

案例概述：

本案例使用渐变、画笔、钢笔等工具制作背景，使用"魔棒工具"为主体物抠图，并利用多种抠图技法抠出画面中的其他元素，同时利用混合模式为画面添加绚丽的光效，丰富画面效果，如图 12-205 所示。

操作步骤：

Part1　制作广告背景

（1）按 Ctrl+N 快捷键，创建一个竖版的空白文档。接着选择工具箱中的"渐变工具"，在"渐变编辑器"对话框中编辑一种绿色系径向渐变，设置完成后单击"确定"按钮，如图 12-206 所示。设置完成后为背景图层填充渐变色，如图 12-207 所示。

图 12-205　　　　　　　图 12-206　　　　　　　　图 12-207

（2）绘制光线。首先新建图层，设置前景色为白色，接着单击工具箱中的"画笔工具"按钮，在选项栏中选择一个圆形画笔，设置"大小"为 1 像素，"硬度"为 100%，如图 12-208 所示。然后单击工具箱中的"自由钢笔工具"按钮，在选项栏中的自由钢笔选项中设置"曲线拟合"为 10 像素。由于将曲线拟合的数值设置得较高，所以使用"自由钢笔工具"可以很轻易地绘制比较圆滑的曲线。曲线绘制完成后单击鼠标右键，在弹出的快捷菜单中执行"描边路径"命令，在弹出的对话框中设置"工具"为"画笔"，设置完成后单击"确定"按钮，如图 12-209 所示。

（3）在路径选中的状态下，单击鼠标右键，在弹出的快捷菜单中执行"删除路径"命令，此时可以看到路径上出现了白色的描边，如图 12-210 所示。继续使用"画笔工具"，将笔尖大小调整得稍大一些，设置完成后在光线上单击，绘制光斑，效果如图 12-211 所示。新建图层，使用大小合适的"柔边圆"画笔，设置其"不透明度"与"流量"均为 40%，同时设置前景色为黄色。设置完成后在画面中心涂抹，如图 12-212 所示。

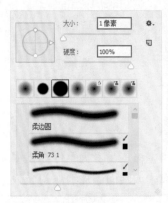 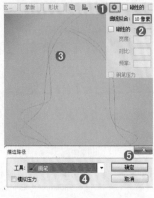 

图 12-208　　　　　图 12-209　　　　　图 12-210

（4）执行"文件"→"置入嵌入对象"命令，置入素材 1.png，同时将该图层栅格化，如图 12-213 所示。接着为该图层添加一个空白图层蒙版，然后使用大小合适的半透明黑色"柔边圆"画笔在素材的四周进行涂抹，隐藏部分效果。同时设置其"混合模式"为"滤色"，"不透明度"为 65%，如图 12-214 所示，效果如图 12-215 所示。

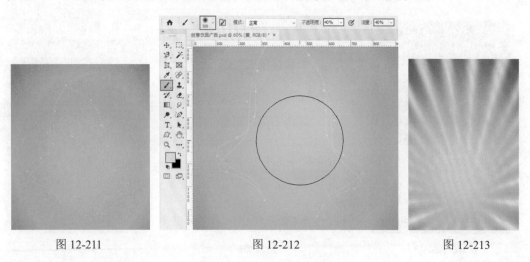

图 12-211　　　　　图 12-212　　　　　图 12-213

（5）新建图层并命名为"浅绿"，接着单击工具箱中的"钢笔工具"按钮，在选项栏中设置"绘制模式"为"形状"，"填充"为浅绿色，"描边"为无，设置完成后在画面底部绘制形状，如图 12-216 所示。

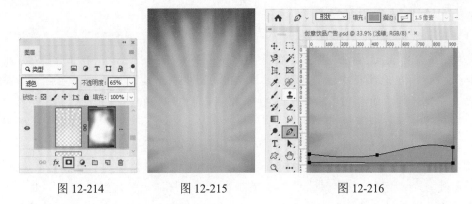

图 12-214　　　　　　图 12-215　　　　　　　图 12-216

（6）使用快捷键 Ctrl+J 复制当前"浅绿"图层，同时将其命名为"深绿"。接着将该图层向下适当移动，载入选区并填充较深的绿色，如图 12-217 所示。复制"浅绿""深绿"两个图层，在将复制得到的图层选中的状态下执行"编辑"→"变换"→"垂直翻转"命令，将其垂直翻转并移动到画面顶部，效果如图 12-218 所示。

（7）置入商标素材，调整大小并放在画面的左下角，同时执行"图层"→"栅格化"→"智能对象"命令，将该图层进行栅格化处理。接着单击工具箱中的"横排文字工具"按钮，在画面下半部分绘制文本框，然后在选项栏中设置合适的字体、字号、对齐方式和颜色。设置完成后在文本框中输入段落文字，如图 12-219 所示。

图 12-217　　　　　　图 12-218　　　　　　　图 12-219

（8）置入水花素材文件并进行栅格化，如图 12-220 所示。然后在"图层"面板中设置其"混合模式"为"变暗"，为其添加图层蒙版，使用黑色画笔涂抹多余的部分，将其隐藏，如图 12-221 和图 12-222 所示。

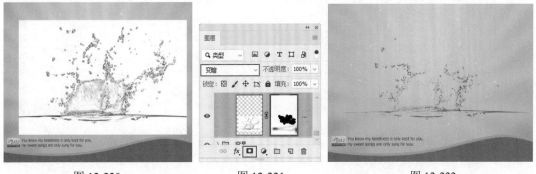

图 12-220　　　　　　图 12-221　　　　　　　图 12-222

Part2　制作饮品主体部分

（1）置入饮料素材，执行"图层"→"栅格化"→"智能对象"命令，将该图层进行栅格化处理。由于瓶子素材的背景为白色，所以需要去掉白色背景。单击工具箱中的"魔棒工具"按钮，在选项栏中设置"容差"为 20，选中"连续"复选框。在白色背景处单击，载入背景选区，如图 12-223 所示。接着单击鼠标右键，在弹出的快捷菜单中执行"选择反向"命令，将选区反选得到瓶子选区。然后以当前选区为该图层添加图层蒙版，如图 12-224 所示。此时可以看到背景部分被隐藏，效果如图 12-225 所示。

（2）对瓶子的色调进行更改。执行"图层"→"新建调整图层"→"色相/饱和度"命令，创建一个"色相/饱和度"调整图层。在"属性"面板中设置"色相"为 -32，"饱和度"为 2。接着单击面板下方的"此调整剪切到此图层"按钮，使调整效果只针对下方图层，如图 12-226 所示，效果如图 12-227 所示。

图 12-223　　　　　　图 12-224　　　　　　图 12-225　　　　　　图 12-226

（3）复制并合并饮料图层和调整图层，命名为"倒影"。选择该图层，执行"编辑"→"变换"→"垂直翻转"命令，将瓶子进行垂直翻转，同时将其摆放在饮料瓶的下方，如图 12-228 所示。设置其"不透明度"为 36%，并使用黑色画笔涂抹底部，隐藏不需要的部分，如图 12-229 和图 12-230 所示。

图 12-227　　　　　　图 12-228　　　　　　图 12-229　　　　　　图 12-230

（4）置入商标素材，摆放在饮料瓶上并将其栅格化，如图 12-231 所示。接着设置该图层的"混合模式"为"浅色"，并为其添加图层蒙版，使用黑色"柔边圆"画笔涂抹商标两侧，如图 12-232 所示。使其与饮料瓶两侧阴影的色调相一致，如图 12-233 所示。

（5）置入柠檬水花素材，摆放在瓶子的下半部分，并将其栅格化，如图 12-234 所示。接着设置该图层的"混合模式"为"变暗"，"不透明度"为 53%。然后添加图层蒙版，并涂抹多余部分，如图 12-235 所示。使之融合到饮料瓶中，如图 12-236 所示。

图 12-231　　　　　　图 12-232　　　　　　图 12-233　　　　　　图 12-234

（6）制作瓶子底部的投影。在瓶子倒影图层下方新建一个图层，使用大小合适的半透明"柔边圆"画笔，设置前景色为黑色，在瓶子底部位置涂抹，制作阴影效果，如图 12-237 所示。然后置入柠檬素材，放在瓶子后面，并将其栅格化，如图 12-238 所示。

图 12-235　　　　　　图 12-236　　　　　　图 12-237　　　　　　图 12-238

（7）制作瓶子的装饰效果。置入光效素材文件，放在瓶子的右半部分并栅格化，如图 12-239 所示。然后设置其"混合模式"为"滤色"，如图 12-240 所示。

（8）继续置入柠檬素材，将光标放在定界框一角，进行适当的旋转，如图 12-241 所示。旋转完成后按 Enter 键完成操作，同时将该图层进行栅格化处理。接着单击工具箱中的"魔棒工具"按钮，在选项栏中单击"添加到选区"按钮，设置"容差"为 20，选中"连续"复选框。设置完成后在白色背景处单击，得到背景部分选区，按 Delete 键删除白色背景，如图 12-242 所示。

图 12-239　　　　　　图 12-240　　　　　　图 12-241

（9）制作柠檬倒影。将柠檬复制出一个图层，进行垂直翻转后将其摆放在之前柠檬的下方位置。然后使用透明度为 50% 的"橡皮擦工具"，将复制的柠檬擦除，使其成为半透明效果（也可以为其添加图层蒙版，在蒙版中绘制半透明的黑色），如图 12-243 所示。然后在柠檬倒影图层下方新建一个图层，使用大小合适的半透明"柔边圆"画笔，设置前景色为深灰色。设置完成后在柠檬底部涂抹，制作投影效果，如图 12-244 所示。

图 12-242　　　　　　　图 12-243　　　　　　　图 12-244

（10）置入树叶、青蛙、蝴蝶等前景素材文件，并进行栅格化处理，如图 12-245 所示。接着置入水花素材文件，由于该素材带有白色的背景，所以设置"混合模式"为"划分"，如图 12-246 所示。将其融合到画面中，如图 12-247 所示。

图 12-245　　　　　　　图 12-246　　　　　　　图 12-247

（11）继续置入光效素材文件，放在画面中的瓶子上方，并进行栅格化处理，如图 12-248 所示。接着设置其"混合模式"为"滤色"，"不透明度"为 66%。然后为其添加图层蒙版，使用大小合适的黑色"柔边圆"画笔进行涂抹，隐藏部分效果，如图 12-249 所示，效果如图 12-250 所示。

图 12-248　　　　　　　图 12-249　　　　　　　图 12-250

（12）置入气泡素材，放在画面下方位置并将其栅格化。由于气泡素材的背景是黑色的，如图 12-251 所示，所以设置其"混合模式"为"滤色"，将背景隐藏，如图 12-252 所示。

（13）创建一个"曲线"调整图层，在"属性"面板中调整曲线形状，增强画面的亮度与对比度，如图 12-253 所示。此时本案例制作完成，最终效果如图 12-254 所示。

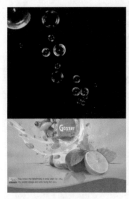 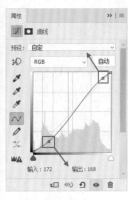 

　　图 12-251　　　　　　图 12-252　　　　　　图 12-253　　　　　　图 12-254

12.7　海报设计：喜剧电影海报

[PSD] 案例文件 / 第 12 章 / 喜剧电影海报

📺 视频教学 / 第 12 章 / 喜剧电影海报 .mp4

案例概述：

　　本案例的画面由大量图像元素构成，而要使不同的素材能够和谐地出现在同一个画面中，就需要对各个图层进行调色操作。画面中的文字部分使用了多种图层样式，制作出了富有质感的文字，如图 12-255 所示。

操作步骤：

Prat 1　制作背景

图 12-255

　　（1）使用快捷键 Ctrl+N 打开"新建文档"对话框，新建一个 A4 尺寸的新文件。下面开始制作带有透视感的地板，以增加画面的空间感。将地板素材 1.jpg 置入文件中，单击鼠标右键，在弹出的快捷菜单中执行"斜切"命令，将光标放在定界框顶部，按住鼠标左键向左拖动，如图 12-256 所示。

　　（2）在当前自由变换的状态下，单击鼠标右键，在弹出的快捷菜单中执行"透视"命令，对其进行适当的透视操作。然后执行"缩放"命令，将其进行适当放大。操作完成后按 Enter 键提交当前操作，如图 12-257 所示。

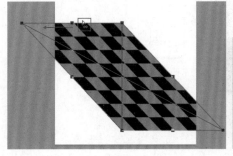

　　　　　图 12-256　　　　　　　　　　　图 12-257

（3）新建图层，单击工具箱中的"渐变工具"按钮，在选项栏中单击"径向渐变"按钮，在"渐变编辑器"对话框中编辑一种由黑色到透明的渐变，如图 12-258 所示。编辑完成后在画布中由上至下进行拖曳填充，如图 12-259 所示。

（4）置入教室图片素材 2.jpg，放在画面上方，并将其栅格化，如图 12-260 所示。此时可以看到"地板"与"教室"的衔接处太过生硬，所以下面处理一下衔接部分。选择教室图层，为该图层添加图层蒙版，然后使用大小合适的黑色"柔边圆"画笔在蒙版中进行涂抹，让衔接位置的过渡更加自然，如图 12-261 所示，效果如图 12-262 所示。

图 12-258

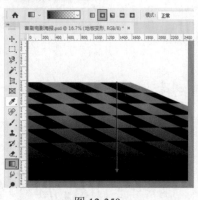

图 12-259

图 12-260

图 12-261

（5）为"教室"照片进行调色。执行"图层"→"新建调整图层"→"曲线"命令，创建一个"曲线"调整图层。在"属性"面板中选择 RGB 复合通道，对曲线整体进行调整，增强画面的明暗对比度，如图 12-263 所示。接着设置"通道"为"红"，将曲线向右下角拖曳，减少画面中的红色调，如图 12-264 所示。然后设置"通道"为"绿"，继续将曲线向右下角拖动，减少画面中含有的绿色调，如图 12-265 所示。

图 12-262

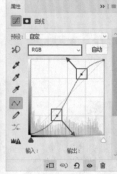

图 12-263

图 12-264

图 12-265

（6）设置"通道"为"蓝"，将曲线向左上角拖曳，增加画面中的蓝色调。调整完成后单击面板底部的"此调整剪切到此图层"按钮，将调色效果只针对下方图层，如图 12-266

所示，此时画面效果如图 12-267 所示。

（7）制作教室素材的暗角效果。再次新建一个"曲线"调整图层，将曲线向右下角拖曳，降低画面的亮度，如图 12-268 所示，调整完成后，单击"曲线"属性面板底部的"此调整剪切到此图层"按钮，将调色效果只针对"教室"图层，效果如图 12-269 所示。单击该调整图层的图层蒙版，使用大小合适的黑色"柔边圆"画笔在蒙版中涂抹，隐藏部分调整效果，效果如图 12-270 所示。

| 图 12-266 | 图 12-267 | 图 12-268 | 图 12-269 |

（8）将素材 3.png 置入，摆放在画面上方位置，同时将该图层进行栅格化处理，如图 12-271 所示。选择该图层，执行"图层"→"图层样式"→"外发光"命令，在弹出的"图层样式"对话框中设置"混合模式"为"滤色"，"不透明度"为 75%，颜色为黄色，"方法"为"柔和"，"扩展"为 10%，"大小"为 65 像素，如图 12-272 所示。设置完成后，单击"确定"按钮，效果如图 12-273 所示。

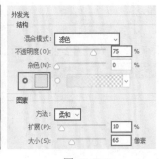

| 图 12-270 | 图 12-271 | 图 12-272 |

（9）此时置入的旋转灯的色调与画面整体不相符，需要进行适当的调整。执行"图层"→"新建调整图层"→"可选颜色"命令，创建一个"可选颜色"调整图层。在"属性"面板中设置"颜色"为"中性色"，"青色"为 25%，"洋红"为 20%，"黄色"为 −35%。参数设置完成后，单击面板底部的"此调整剪切到此图层"按钮，将调色效果只针对下方图层，如图 12-274 所示，效果如图 12-275 所示。

图 12-273

（10）置入放射灯光素材 5.png，放在旋转灯下方，并进行栅格化处理。接着选择该图层，为其添加图层蒙版，同时将蒙版填充为黑色，将灯光素材隐藏。然后使用大小合适的"柔边圆"画笔，设置前景色为白色。设置完成后在蒙版中涂抹，将部分灯光的放射效果显示出来。同时设置"混合模式"为"滤色"，如图 12-276 所示，效果如图 12-277 所示。

图 12-274　　　　　图 12-275　　　　　图 12-276　　　　　图 12-277

Prat 2　制作中景装饰

（1）制作"撕纸"效果。新建图层，单击工具箱中的"套索工具"按钮 ，在画布的左上角绘制选区，如图 12-278 所示。接着将前景色设置为浅灰色，使用前景色填充快捷键 Ctrl+Delete 将选区填充为灰色，如图 12-279 所示。填充完成后使用快捷键 Ctrl+D 取消选区。

图 12-278

（2）选择该图层，执行"图层"→"添加图层样式"→"投影"命令，在弹出的对话框中设置"混合模式"为"正片叠底"，颜色为黑色，"不透明度"为 75%，"角度"为 120 度，"距离"为 5 像素，"大小"为 90 像素。设置完成后单击"确定"按钮，如图 12-280 所示，画面效果如图 12-281 所示。

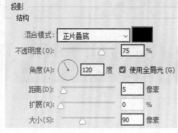

图 12-279　　　　　图 12-280　　　　　图 12-281

（3）使用同样的方法制作另一处"撕纸"效果，如图 12-282 所示。然后使用"横排文字工具"在画面中单击输入文字，并在自由变换状态下，将文字进行适当的旋转，最后摆放至合适的位置，效果如图 12-283 所示。

（4）将喇叭素材 5.png 置入画面中，并将该图层复制一份，将复制后的图层水平翻转后，并移动到合适的位置，如图 12-284 所示。然后将铅笔素材 6.png 置入，摆放在合适的位置并进行栅格化处理，如图 12-285 所示。

图 12-282　　　　　　　图 12-283　　　　　　　图 12-284

（5）为置入的铅笔添加投影效果。将该素材图层选中，执行"图层"→"添加图层样式"→"投影"命令，在弹出的"图层样式"对话框中设置"混合模式"为"正片叠底"，颜色为黑色，"不透明度"为 75%，"角度"为 120 度，"距离"为 15 像素，"大小"为 5 像素。设置完成后单击"确定"按钮，如图 12-286 所示，效果如图 12-287 所示。

图 12-285　　　　　　　图 12-286　　　　　　　图 12-287

（6）将人物素材 7.jpg 置入，放在铅笔素材上方。接着单击工具箱中的"快速选择工具"按钮，在选项栏中单击"添加到选区"按钮，设置大小合适的笔尖。设置完成后将光标放在人物上方并拖动，随着拖动得到人像选区，如图 12-288 所示。然后基于选区为人像添加图层蒙版，将人物的白色背景隐藏，如图 12-289 所示，效果如图 12-290 所示。

图 12-288　　　　　　　图 12-289　　　　　　　图 12-290

（7）为人物添加外发光效果。将该图层选中，执行"图层"→"添加图层样式"→"外发光"命令，在弹出的"图层样式"对话框中设置"不透明度"为 75%，颜色为黑色，

"方法"为"柔和"，"大小"为 5 像素。设置完成后单击"确定"按钮，如图 12-291 所示。此时可以看到在人物周围多了一圈黑色的外发光效果，人物效果如图 12-292 所示。

（8）此时人物素材存在肤色较暗、整体对比度不强等问题，需要进行调整。执行"图层"→"新建调整图层"→"曲线"命令，创建一个"曲线"调整图层。在"属性"面板中首先选择 RGB 通道，将曲线向左上角拖动，提高人物肤色的亮度，如图 12-293 所示。接着选择"红"通道，同样将曲线向左上角拖动，增加画面中的红色调，如图 12-294 所示。

| 图 12-291 | 图 12-292 | 图 12-293 | 图 12-294 |

（9）选择"蓝"通道，继续将曲线向左上角拖曳，增加画面中的蓝色调，让人物皮肤变得白皙。调整完成后单击面板底部的"此调整剪切到此图层"按钮，使调整效果只针对下面的人物素材图层，如图 12-295 所示，效果如图 12-296 所示。

（10）将人像素材 8.jpg 置入文件中，使用同样的方法进行蒙版抠图，添加"外放光"图层样式，并使用"曲线"进行调色处理，效果如图 12-297 所示。

| 图 12-295 | 图 12-296 | 图 12-297 |

Prat 3 制作前景

（1）制作主体文字效果。将黑板素材 9.png 置入，将其摆放在人物前方位置。接着选择"黑板"图层，执行"图层"→"图层样式"→"投影"命令，在弹出的对话框中设置"混合模式"为"正片叠底"，颜色为黑色，"不透明度"为 75%，"角度"为 120 度，"距离"为 15 像素，"大小"为 10 像素。设置完成后单击"确定"按钮，如图 12-298 所示，画面效果如图 12-299 所示。

（2）此时黑板的投影不是很明显，在这里使用"画笔工具"进行绘制，让黑板在画面中更加凸出。在黑板图层下方新建图层，并将该图层命名为"投影"。然后使用大小合适的"柔边圆"画笔，设置前景色为黑色，沿着黑板的轮廓进行涂抹，进一步为黑板添加投影效果，如图 12-300 所示，效果如图 12-301 所示。

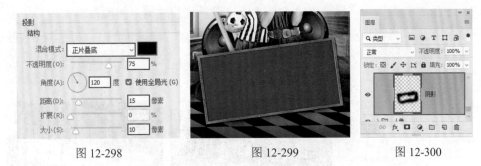

图 12-298　　　　　　　图 12-299　　　　　　　图 12-300

（3）提高黑板素材的亮度。执行"图层"→"新建调整图层"→"曲线"命令，创建一个"曲线"调整图层。在"属性"面板中将曲线向左上角拖动，提高画面亮度。然后单击该面板底部的"此调整剪切到此图层"按钮，使调整效果只针对下方的黑板素材图层，如图 12-302 所示，画面效果如图 12-303 所示。

（4）此时黑板还存在着没有明暗对比的情况。单击选择该曲线调整图层的图层蒙版缩览图，在蒙版中填充黑白色系的线性渐变。此时只有黑板中心的部分被提亮，如图 12-304 所示，效果如图 12-305 所示。

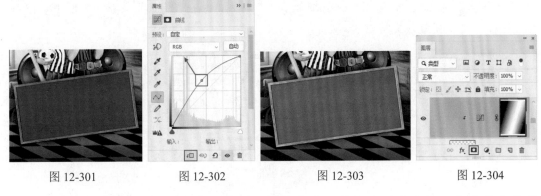

图 12-301　　　　　图 12-302　　　　　图 12-303　　　　　图 12-304

（5）制作画面中的炫彩文字。使用"横排文字工具"在画布中输入文字并将其旋转至合适的角度，如图 12-306 所示。接着将文字图层选中，执行"图层"→"图层样式"→"描边"命令，在弹出的"图层样式"对话框中设置"大小"为 5 像素，"位置"为"外部"，"填充类型"为"颜色"，"颜色"为白色，如图 12-307 所示。

图 12-305　　　　　图 12-306　　　　　图 12-307

（6）启用"图层样式"对话框中的"投影"样式，设置"混合模式"为"正片叠底"，颜色为黑色，"不透明度"为 75%，"角度"为 120 度，"距离"为 21 像素，"大小"为 10 像素。

设置完成后单击"确定"按钮，如图 12-308 所示，效果如图 12-309 所示。

（7）选择文字图层，使用快捷键 Ctrl+J 将该图层进行复制，同时将添加的图层样式删除，并将复制后的文字图层命名为"上层文字"。然后将文字颜色更改为白色。最后，在"移动工具"状态下按 2～3 次键盘上的"←"和"↑"按钮，将复制后的文字向左上轻移，将下方的文字效果显示出来，效果如图 12-310 所示。

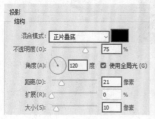  

图 12-308　　　　　　　　　图 12-309　　　　　　　　　图 12-310

（8）将素材中提供的样式，在载入文档中，以备后面操作时使用。执行"编辑"→"预设"→"预设管理器"命令，在弹出的"预设管理器"对话框中，在"预设类型"下拉列表框中选择"样式"，接着单击右侧的"载入"按钮，如图 12-311 所示。在弹出的"载入"对话框中选择"10.asl"，接着单击"载入"按钮，如图 12-312 所示。此时回到"预设管理器"对话框中，可以看到新增加了两个样式，单击"完成"按钮，如图 12-313 所示。这样样式就被载入文档中了。

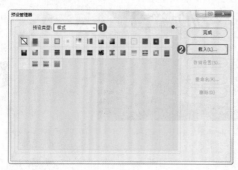 

图 12-311　　　　　　　　　　　　　图 12-312

（9）使用"样式"面板为文字添加图层样式。执行"窗口"→"样式"命令，打开"样式"面板，选择文字图层，在"样式"面板中选择上一步载入的样式，然后单击，此时文字就被快速赋予了绚丽的样式，如图 12-314 和图 21-315 所示。

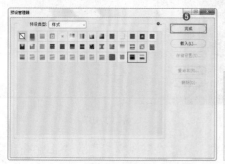  

图 12-313　　　　　　　　图 12-314　　　　　　　　图 12-315

✍**技巧提示：**

> 如果当前"样式"面板中没有需要的样式，可以单击"样式"面板的菜单按钮，在下拉菜单中执行"载入样式"命令，在弹出的"载入"对话框中选择"10.asl"，即可将样式载入"样式"面板中。

（10）使用同样的方法制作其他炫彩效果的文字，如图 12-316 所示。

（11）继续将卡通素材 11.png 置入，放在文字的左下角位置，如图 12-317 所示。接着为其添加刚刚载入的金色图层样式，如图 12-318 所示，效果如图 12-319 所示。

图 12-316

图 12-317

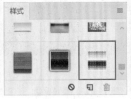
图 12-318

图 12-319

（12）此时图层样式的效果与卡通人物素材不协调，下面将样式进行缩放。执行"图层"→"图层样式"→"缩放效果"命令，在弹出的"缩放图层效果"对话框中设置"缩放"为 40%，如图 12-320 所示，效果如图 12-321 所示。

（13）将书本素材 12.jpg 和照片素材 13.png 置入文件中，放在主体文字的上方和下方，效果如图 12-322 所示。

（14）在画面的底部添加段落文字。选择工具箱中的"横排文字工具"，在选项栏中设置合适的字体、字号和颜色，单击"居中对齐文本"按钮▤。设置完成后在画面底部按住鼠标左键并拖动，绘制文本框，然后在文本框中输入合适的文字。此时本案例制作完成，效果如图 12-323 所示。

图 12-320

图 12-321　　　　　　图 12-322

图 12-323

视频讲解

12.8　书籍设计：文艺小说装帧设计

案例文件 / 第 12 章 / 书籍设计：文艺小说装帧设计
视频教学 / 第 12 章 / 书籍设计：文艺小说装帧设计 .mp4
案例概述：
书籍封面的图像部分主要由插画素材和画笔绘制相结合得到，再结合"横排文字工具"，在画面中添加点文字和段落文字得到封面的平面图。然后使用"自由变换"对平面图进行扭曲变形等操作，得到带有立体感的效果，案例效果如图 12-324 所示。

图 12-324

操作步骤：

Part 1　平面制作

（1）执行"文件"→"新建"命令，新建一个宽度为 1239 像素、高度为 883 像素的空白文档，同时将背景图层隐藏。接着制作千纸鹤封面的平面图。创建新组并命名为"千纸鹤"，然后选择工具箱中的"矩形工具"，在选项栏中设置"绘制模式"为"形状"，"填充"为白色，"描边"为无。设置完成后在画面中绘制矩形，如图 12-325 所示。

（2）置入水彩画风格的背景素材 1.png，并将该图层进行栅格化处理。此时该素材在画面中有多余的部分，需要进行局部隐藏。将该图层选中，添加图层蒙版。然后使用大小合适的平头湿水彩画笔，设置前景色为黑色，在画面中涂抹，将不需要的部分隐藏，如图 12-326 所示，效果如图 12-327 所示。

图 12-325　　　　　　　　图 12-326　　　　　　　　图 12-327

（3）置入千纸鹤花纹素材，摆放在水彩画素材中，同时将该图层进行栅格化处理，如图 12-328 所示。

（4）在画面中添加文字。选择工具箱中的"横排文字工具"，在选项栏中设置合适字体、字号和颜色。设置完成后在画面左上角单击并输入文字，如图 12-329 所示。然后按 Ctrl+Enter 快捷键完成操作。最后使用该工具继续单击并输入其他文字，效果如图 12-330 所示。

图 12-328　　　　　　　　图 12-329　　　　　　　　图 12-330

（5）在画面中添加段落文字。继续使用"横排文字工具"，在选项栏中设置合适的字体、字号和颜色，同时单击"居中对齐文本"按钮。设置完成后在已有文字下方绘制文本框，然后在文本框中输入合适的文字，如图 12-331 所示。

（6）对段落文字的行距进行调整。将段落文字图层选中，执行"窗口"→"字符"命令，在弹出的"字符"面板中设置"行距"为 15 点，如图 12-332 所示，效果如图 12-333 所示。

图 12-331　　　　　　　　　图 12-332　　　　　　　　　图 12-333

（7）将前景装饰素材置入，摆放在画面中的合适位置，并进行栅格化处理，如图 12-334 所示。然后使用"横排文字工具"在画面下方单击并输入文字。此时千纸鹤封面的平面效果图制作完成，如图 12-335 所示。

（8）复制"千纸鹤"组，并将其重命名为"稻田"。然后删除"千纸鹤"组中的素材图片，置入新的素材图片，摆放在相应的位置，效果如图 12-336 所示

图 12-334　　　　　　　　　图 12-335　　　　　　　　　图 12-336

🔊**答疑解惑**：如何保留原有图层蒙版而只改变图片？

首先置入需要更换的图片，如图 12-337 和图 12-338 所示。然后单击并拖曳原有素材蒙版到新置入的素材图层中，拖曳完毕后，原有素材图层将还原最原始的图片效果，因此只需删除图片即可，如图 12-339 和图 12-340 所示。而对于新置入的素材图层，则添加制作完成后的图层蒙版，如图 12-341 所示，效果如图 12-342 所示。

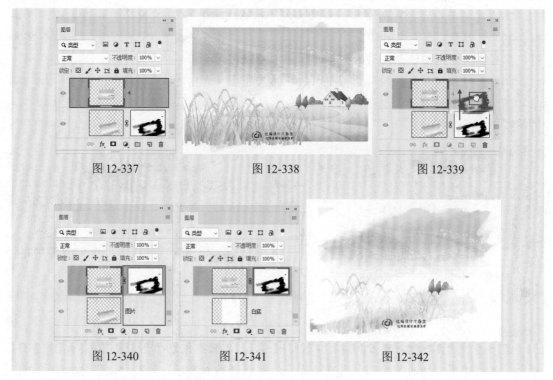

图 12-337　　　　　图 12-338　　　　　图 12-339

图 12-340　　　　　图 12-341　　　　　图 12-342

（9）选择工具箱中的"横排文字工具"，对文字内容和颜色进行更改。此时两本图书的封面制作完成，效果如图 12-343 和图 12-344 所示。

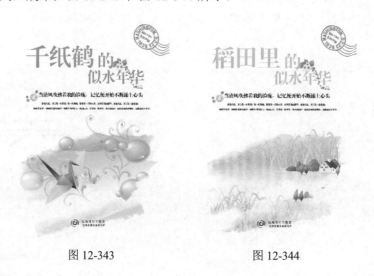

图 12-343　　　　　图 12-344

Part 2　书籍装帧立体效果

（1）置入背景素材，调整大小，使其充满整个画布，同时将该图层进行栅格化处理，如图 12-345 所示。

（2）创建新组并命名为"千纸鹤装帧"。接着将千纸鹤图层组复制一份，使用快捷键 Ctrl+E 将复制得到的图层组合并为一个图层，然后将合并图层放在"千纸鹤装帧"图层组中。选择合并图层，使用"自由变换"工具快捷键 Ctrl+T 调出定界框，单击鼠标右键，在弹出的快捷菜单中执行"变形"命令，对封面进行适当的变形，让其呈现视觉上的立体感，如图 12-346 所示。

图 12-345　　　　　　　　　　　图 12-346

（3）绘制侧面的书脊。选择工具箱中的"钢笔工具"，在选项栏中设置"绘制模式"为"形状"，"填充"为白色，"描边"为无。设置完成后在封面左侧绘制图形，如图 12-347 所示。接着创建新图层，设置"柔边圆"画笔的"大小"为 5 像素，前景色为黑色。设置完成后使用"钢笔工具"在侧面中间拖曳出一条直线路径，然后右击，在弹出的快捷菜单中执行"描边路径"命令，如图 12-348 所示。

图 12-347　　　　　　　　　　　图 12-348

（4）在弹出的"描边路径"对话框中设置"工具"为"画笔"，设置完成后单击"确定"按钮，如图 12-349 所示，效果如图 12-350 所示。

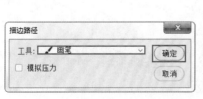 

图 12-349　　　　　　　　　　　图 12-350

（5）将画笔路径图层选中，执行"滤镜"→"模糊"→"高斯模糊"命令，在弹出的"高斯模糊"对话框中设置参数，如图 12-351 所示，效果如图 12-352 所示。

（6）继续使用"钢笔工具"绘制底部路径，并对绘制的路径进行描边，如图 12-353 所示。然后使用"画笔工具"制作书页的效果，如图 12-354 所示。

图 12-351

图 12-352

图 12-353

（7）添加阴影。在书籍装帧下方新建图层，使用"多边形套索工具"绘制阴影形状并填充黑色，如图 12-355 所示。然后在阴影图层选中的状态下，执行"滤镜"→"模糊"→"高斯模糊"命令，在弹出的对话框中设置"半径"为 35 像素，如图 12-356 所示。使用"橡皮擦工具"适当擦除阴影多余部分，使画面更加融合，效果如图 12-357 所示。

图 12-354

图 12-355

图 12-356

（8）用同样的方法制作另外一本书的立体效果，并摆放在已有书籍下方。然后将前景光斑素材置入，此时本案例制作完成，效果如图 12-358 所示。

图 12-357

图 12-358

12.9　包装设计：月饼礼盒包装

PSD 案例文件 / 第 12 章 / 包装设计：月饼礼盒
包装

📺 视频教学 / 第 12 章 / 包装设计：月饼礼盒
包装 .mp4

案例概述：

本案例需要制作月饼礼盒的平面设计图，并
利用"自由变换"以及绘图工具绘制礼盒的立体
展示效果，如图 12-359 所示。

操作步骤：

Part 1　制作月饼包装平面图

图 12-359

（1）按 Ctrl+N 快捷键新建一个大小为 2000 像素 ×1500 像素的文档，同时将背景图层
隐藏。首先制作月饼礼盒的顶面平面图。新建图层，命名为"边框"，接着选择工具箱中
的"矩形工具"，在选项栏中设置"绘制模式"为"形状"，"填充"为无，"描边"为金色
系的线性渐变，"渐变角度"为 -45 度，"缩放"为 100%，"描边宽度"为 40 像素。设置
完成后绘制一个渐变的描边矩形，如图 12-360 所示。

（2）选中金色边框图层，执行"图层"→"图层样式"→"外发光"命令，在弹出的
"图层样式"对话框中设置"不透明度"为 39%，颜色为黑色，"方法"为"柔和"，"大小"
为 7 像素，如图 12-361 所示。接着启用"内发光"样式，设置"混合模式"为"滤色"，"不
透明度"为 75%，颜色为黄色，"方法"为"柔和"，"源"为"边缘"，"阻塞"为 1%，"大小"
为 7 像素，如图 12-362 所示。设置完成后单击"确定"按钮，效果如图 12-363 所示。

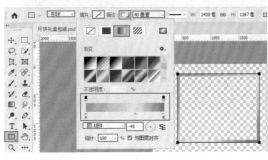

图 12-360

图 12-361

图 12-362

（3）继续使用"矩形工
具"，在选项栏中设置"绘制
模式"为"形状"，"填充"为
深红色，"描边"为无。设置
完成后在描边矩形内部绘制矩
形，如图 12-364 所示。然后将
该图层命名为"底色"。

图 12-363

图 12-364

（4）置入底纹素材 1.png，调整大小并将该图层进行栅格化处理。接着设置该素材图层的"混合模式"为"滤色"，将素材中的黑色都过滤掉。然后单击鼠标右键，在弹出的快捷菜单中执行"创建剪贴蒙版"命令，创建剪贴蒙版，将素材中多余的部分隐藏，如图 12-365 所示，效果如图 12-366 所示。

（5）置入转角处的花纹素材 2.png，放在画面右上角。接着使用"移动工具"，按住 Alt 键并拖曳，复制出 3 个副本，如图 12-367 所示。然后分别在自由变换状态下，单击鼠标右键，在弹出的快捷菜单中执行"水平翻转"或"垂直翻转"命令，依次放置在每个转角位置，如图 12-368 所示。此时背景部分制作完成。

| 图 12-365 | 图 12-366 | 图 12-367 |

（6）置入沙金质地素材 3.jpg，调整大小后放置在右侧并栅格化，如图 12-369 所示。接着将该素材复制一份，放在与右侧相对应的左侧部位，如图 12-370 所示。然后按住 Ctrl 键加选这两个图层，使用快捷键 Ctrl+E 将其合并为一个图层。

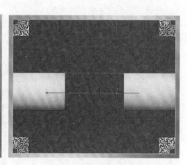

| 图 12-368 | 图 12-369 | 图 12-370 |

技巧提示：使用标尺

为了保证两个沙金素材在同一水平线上，可以按 Ctrl+R 快捷键打开标尺，然后自上而下拖曳出一条辅助线，使素材能精确对齐。

（7）由于沙金素材的颜色明暗对比度太强，需要进行处理。将该合并图层选中，执行"图层"→"图层样式"→"渐变叠加"命令，在弹出的"图层样式"对话框中设置"混合模式"为"变亮"，"不透明度"为 42%，"渐变"颜色为浅金色渐变，"样式"为"线性"，"角度"为 90 度，如图 12-371 所示。设置完成后单击"确定"按钮，此时可以看到沙金素材部分的颜色明显柔和了很多，效果如图 12-372 所示。

图 12-371

（8）新建一个图层并命名为"横纹"。使用"钢笔工具" ∅ 绘制其中一个图形单元的路径，如图 12-373 所示。在路径状态下右击，在弹出的快捷菜单中执行"建立选区"命令，载入选区。然后设置前景色为黄色，使用快捷键 Alt+Delete 为选区填充黄色，如图 12-374 所示。完成后使用快捷键 Ctrl+D 取消选区。（该位置不使用"形状"绘制模式，是因为要绘制图形的转折点较多。如果在"形状"绘图模式下绘制，会将部分转折点遮挡住，无法进行精确的绘制。）

图 12-372

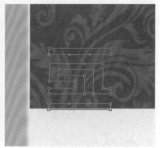

图 12-373

（9）选择工具箱中的"移动工具"，按住 Alt 键移动并复制出上下两排连续的花纹（可以首先复制出第一排的多个图形，进行对齐和分布操作后，再复制出第二排花纹），并合并为一个图层，效果如图 12-375 所示。接着执行"图层"→"图层样式"→"外发光"命令，在弹出的"图层样式"对话框中设置"不透明度"为 39%，颜色为黑色，"方法"为"柔和"，"大小"为 7 像素，如图 12-376 所示。

图 12-374

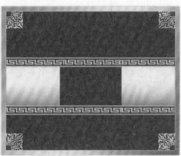

图 12-375

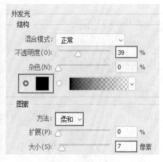

图 12-376

（10）启用"内发光"图层样式，设置"混合模式"为"滤色"，"不透明度"为 75%，颜色为黄色，"方法"为"柔和"，"源"为"边缘"，"阻塞"为 1%，"大小"为 3 像素，如图 12-377 所示。继续启用"渐变叠加"样式，设置"不透明度"为 93%，"渐变"颜色为金色渐变，"样式"为"线性"，"角度"为 115 度，"缩放"为 150%，如图 12-378 所示。设置完成后单击"确定"按钮，效果如图 12-379 所示。

图 12-377

图 12-378

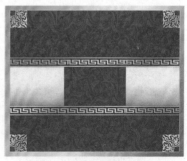

图 12-379

（11）置入印章素材 4.jpg，放在沙金图层上方并栅格化，如图 12-380 所示。然后设置该图层的"混合模式"为"叠加"，此时可以看到印章素材与沙金质感融为一体，如图 12-381 所示。接着按 Ctrl+J 快捷键复制出一个印章，放置在左侧，如图 12-382 所示。按照同样的方法继续在上面添加印章，如图 12-383 所示。

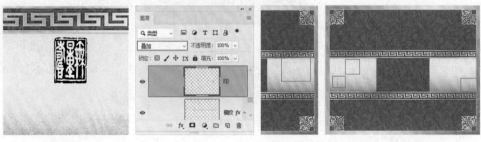

图 12-380　　　　　　图 12-381　　　　　　图 12-382　　　　　　图 12-383

（12）在金沙上方添加文字。选择"直排文字工具"，在选项栏中设置合适的字体、字号和颜色，单击"顶端对齐"按钮。接着打开"字符"面板，单击"下划线"按钮，如图 12-384 所示。设置完毕后在画面中输入文字，然后载入沙金素材图层选区，再回到文字图层，添加一个图层蒙版，将多余的文字部分隐藏。同时设置该文字图层的"混合模式"为"正片叠底"，"不透明度"为 59%，如图 12-385 所示，效果如图 12-386 所示。

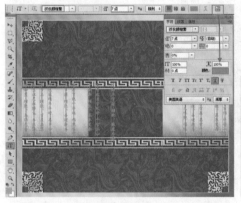

图 12-384　　　　　　　　　　图 12-385　　　　　　　　　　图 12-386

（13）制作主体部分。新建一个"主体"图层组，置入花纹素材 5.png，放在画面中间位置并栅格化，如图 12-387 所示。然后在"横纹"图层上单击鼠标右键，在弹出的快捷菜单中执行"拷贝图层样式"命令，如图 12-388 所示。回到"花纹"图层，单击鼠标右键，在弹出的快捷菜单中执行"粘贴图层样式"命令，如图 12-389 所示。此时可以看到花纹图层上出现了相同的图层样式，效果如图 12-390 所示。

图 12-387　　　　　　图 12-388　　　　　　图 12-389　　　　　　图 12-390

（14）选择工具箱中的"椭圆工具"，在选项栏中设置"绘制模式"为"形状"，"填充"为无，"描边"为黑色，"粗细"为 30 像素。设置完成后按住 Shift 键的同时按住鼠标左键并拖动，在画面中间位置绘制一个正圆，如图 12-391 所示。由于之前复制了横纹的图层样式，所以在黑色圆环图层上单击鼠标右键，在弹出的快捷菜单中执行"粘贴图层样式"命令，即可添加相同的图层样式，效果如图 12-392 所示。

图 12-391

（15）将大圆环图层选中，在原有图层样式基础上，添加"投影"图层样式。启用"投影"样式，设置"混合模式"为"正片叠底"，颜色为黑色，"不透明度"为 75%，"角度"为 120 度，"距离"为 5 像素，"大小"为 5 像素，如图 12-393 所示。设置完成后单击"确定"按钮，效果如图 12-394 所示。

图 12-392

图 12-393

图 12-394

（16）继续使用"椭圆工具"，在描边正圆内部绘制一个深红色的正圆，如图 12-395 所示。

（17）置入花朵底纹素材 6.png，放在暗红圆形中央并栅格化。接着执行"图层"→"图层样式"→"内发光"命令，在弹出的"图层样式"对话框中设置"混合模式"为"滤色"，"不透明度"为 63%，颜色为黄色，"方法"为"柔和"，"源"为"边缘"，"大小"为 24 像素，如图 12-396 所示。设置完成后单击"确定"按钮，效果如图 12-397 所示。

图 12-395

图 12-396

图 12-397

（18）置入圆形底纹素材 7.png，放在大圆环左侧并栅格化，如图 12-398 所示。然后复制金色大圆环，并适当缩放，得到金色的小圆环，如图 12-399 所示。接着置入手绘花朵素材 8.png，放置在顶部位置并栅格化，如图 12-400 所示。

图 12-398

图 12-399

图 12-400

（19）制作主体文字效果。选择工具箱中的"圆角矩形工具"，在选项栏中设置"绘制模式"为"形状"，"填充"为深红色，"描边"为橘色，"粗细"为 5 像素，"半径"为 6 像素。设置完成后在小圆环右侧绘制图形，如图 12-401 所示，同时将其命名为"颜色"。

（20）将圆角矩形图层选中，执行"图层"→"图层样式"→"投影"命令，在弹出的"图层样式"对话框中设置"混合模式"为"正片叠底"，颜色为黑色，"不透明度"为 75%，"角度"为 120 度，"距离"为 5 像素，"大小"为 5 像素。设置完成后单击"确定"按钮，如图 12-402 所示，效果如图 12-403 所示。

图 12-401

图 12-402

图 12-403

（21）置入底纹素材 9.jpg，调整大小后放在圆角矩形中并栅格化，如图 12-404 所示。接着载入圆角矩形图层选区，回到底纹图层上，添加图层蒙版，将素材中不需要的部分隐藏。然后设置该图层的"混合模式"为"颜色加深"，如图 12-405 所示，效果如图 12-406 所示。

图 12-404

图 12-405

图 12-406

（22）选择工具箱中的"直排文字工具" iT，在选项栏中设置合适的字体、字号和颜色，设置完成后在圆角矩形内单击并输入文字。文字输入完成后按 Ctrl+Enter 快捷键完成操作，如图 12-407 所示。

（23）将文字图层选中，执行"图层"→"图层样式"→"渐变叠加"命令，在弹出的"图层样式"对话框中编辑一个橘色系的渐变，设置"样式"为"线性"，"角度"为135 度，如图 12-408 所示。设置完成后单击"确定"按钮，效果如图 12-409 所示。

（24）再次置入沙金素材 3.jpg，将其放在文字上并栅格化。接着载入文字图层选区，回到沙金图层，为其添加图层蒙版，如图 12-410 所示，让文字呈现沙金质地的效果，如图 12-411 所示。

图 12-407

图 12-408

图 12-409

图 12-410

（25）执行"图层"→"图层样式"→"投影"命令，在弹出的对话框中设置"混合模式"为"正片叠底"，颜色为黑色，"不透明度"为 75%，"角度"为 120 度，"距离"为3 像素，"大小"为 5 像素，如图 12-412 所示。接着启用"描边"样式，设置"大小"为2 像素，"位置"为"居中"，编辑一种金色系的渐变，设置"样式"为"线性"，"角度"为 90 度，如图 12-413 所示。设置完成后单击"确定"按钮，效果如图 12-414 所示。

图 12-411

图 12-412

图 12-413

图 12-414

（26）首先将素材中提供的样式载入，接着选择工具箱中的"直排文字工具"，在选项栏中设置合适的字体、字号和颜色，设置完成后在已有文字左下角单击并输入文字，如图 12-415 所示。然后执行"窗 口"→"样 式"命令，打开"样式"面板，选择刚载入的金色样式，如图 12-416 所示，为文字添加样式效果，如图 12-417 所示。

图 12-415

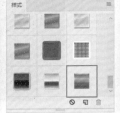
图 12-416

图 12-417

技巧提示：使用外挂样式库

执行"编辑"→"预设"→"预设管理器"命令，打开"预设管理器"对话框，在"预设类型"下拉列表框中选中"样式"选项，单击"载入"按钮，载入样式素材，如图 12-418 所示。

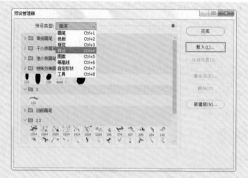

图 12-418

（27）增强画面的对比度。执行"图层"→"新建调整图层"→"亮度 / 对比度"命令，创建一个"亮度 / 对比度"调整图层。在"属性"面板中设置"对比度"为 100，如图 12-419 所示。在图层蒙版中使用"矩形选框工具"绘制一个与顶面大小相同的矩形选框，然后使用反向选择快捷键 Shift+Ctrl+I 将选区反选，同时将选区填充为黑色，如图 12-420 所示。到此平面图制作完成，效果如图 12-421 所示。

图 12-419   图 12-420   图 12-421

Part 2   制作月饼包装立体效果

（1）在不影响其他图层的情况下，使用快捷键 Shift+Ctrl+Alt+E 将平面图效果盖印合并到一个图层，将其命名为"月饼平面图"。接着置入背景素材 11.jpg，调整大小，使其充满整个画布，然后将其栅格化，如图 12-422 所示。

（2）月饼包装立体效果主要包括礼盒和手提袋两部分，首先制作手提袋效果。新建一个"手提袋"图层组，并在其中创建新图层，使用"多边形套索工具" 绘制一个选区，同时填充选区为红色，如图 12-423 所示。继续使用"多边形套索工具"在侧面绘制多个选区，依次填充不同明度的红色，制作立体效果，如图 12-424 所示。

图 12-422   图 12-423

（3）将手提袋的图层合并为一层，执行"图层"→"图层样式"→"投影"命令，在弹出的"图层样式"对话框中设置"混合模式"为"正片叠底"，颜色为黑色，"不透明度"为96%，"角度"为92度，"距离"为11像素，"大小"为38像素，如图12-425所示。设置完成后单击"确定"按钮，效果如图12-426所示。

图 12-424

图 12-425

图 12-426

（4）复制一个"月饼平面图"图层，使用"自由变换"快捷键 Ctrl+T 调出定界框，单击鼠标右键，在弹出的快捷菜单中执行"扭曲"命令，然后调整每个控制点的位置，使月饼平面图的形状与刚绘制的手提袋的正面形状相吻合，如图12-427所示。置入金色的绳子素材 12.png，摆放在手提袋上半部分并栅格化，如图12-428所示。

图 12-427

（5）选择金色绳子图层，执行"图层"→"图层样式"→"投影"命令，在弹出的"图层样式"对话框中设置"混合模式"为"正片叠底"，颜色为褐色，"不透明度"为75%，"角度"为92度，"距离"为5像素，"大小"为5像素，如图12-429所示。设置完成后单击"确定"按钮，效果如图12-430所示。

图 12-428

图 12-429

图 12-430

（6）载入平面图选区，单击工具箱中的"渐变工具"按钮，编辑一种白色到透明的渐变，设置类型为线性，设置完成后自右上向左下拖曳，填充渐变，如图12-431所示。然后将该图层的"混合模式"设置为"柔光"，如图12-432所示。让反光效果更加自然，效果如图12-433所示。

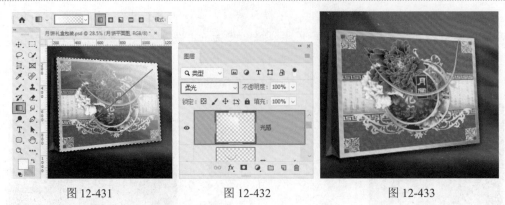

图 12-431   图 12-432   图 12-433

（7）新建一个"礼盒"图层组，在其中创建新图层，复制一个"月饼平面图"图层，在"扭曲"状态下进行扭曲变形，让其呈现立体感，如图 12-434 所示。然后使用"多边形套索工具"在右侧侧面绘制一个礼盒侧面选区，并填充红色，如图 12-435 所示。

（8）绘制的侧面形状图层选中，执行"图层"→"图层样式"→"投影"命令，在弹出的"图层样式"对话框中设置"混合模式"为"正片叠底"，颜色为黑色，"不透明度"为 75%，"角度"为 92 度，"距离"为 5 像素，"大小"为 5 像素，如图 12-436 所示。然后启用"渐变叠加"样式，设置"渐变"颜色为深红到红色渐变，"样式"为"线性"，"角度"为 –4 度，"缩放"为 75%，如图 12-437 所示。设置完成后单击"确定"按钮，效果如图 12-438 所示。

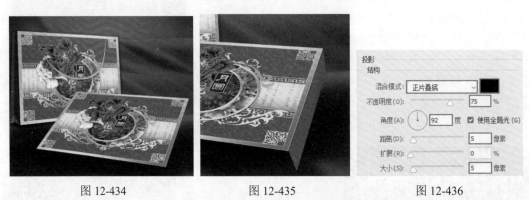

图 12-434   图 12-435   图 12-436

（9）用同样的方法再次使用"多边形套索工具"绘制底面的选区，并为其填充黄色系渐变，如图 12-439 所示。

图 12-437   图 12-438   图 12-439

（10）将该黄色渐变图形选中，执行"图层"→"图层样式"→"内阴影"命令，在弹出的对话框中设置"混合模式"为"正片叠底"，颜色为黑色，"角度"为92度，"距离"为10像素，"大小"为21像素，如图12-440所示。接着启用"斜面和浮雕"图层样式，设置"样式"为"内斜面"，"方法"为"平滑"，"深度"为100%，"方向"为"上"，"大小"为5像素，"角度"为92度，"高度"为53度，"高光模式"为"线性加深"，"颜色为深红色，"不透明度"为23%，"阴影模式"为"正片叠底"，颜色为黑色，"不透明度"为71%，如图12-441所示。设置完成后单击"确定"按钮，效果如图12-442所示。

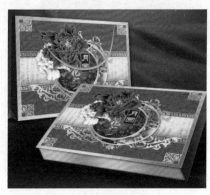

图 12-440　　　　　　图 12-441　　　　　　图 12-442

（11）在黄色图层下方新建图层，继续使用"多边形套索工具"绘制一个平行四边形，并填充暗红色系渐变，如图12-443所示。接着在该图层选中的状态下执行"图层"→"图层样式"→"内阴影"命令，在弹出的对话框中设置"混合模式"为"正片叠底"，颜色为黑色，"不透明度"为83%，"角度"为92度，"距离"为12像素，"大小"为59像素，如图12-444所示。

（12）启用"斜面和浮雕"样式，设置"样式"为"内斜面"，"方法"为"雕刻清晰"，"方向"为"上"，"深度"为806%，"大小"为5像素，"角度"为92度，"高度"为53度，"高光模式"为"滤色"，颜色为白色，"阴影模式"为"正片叠底"，颜色为红色，如图12-445所示。设置完成后单击"确定"按钮，效果如图12-446所示。

图 12-443　　　　　　图 12-444　　　　　　图 12-445

（13）载入平面图选区，使用同样的方式为该礼盒的右上角添加一个白色到透明的线性渐变，并设置该图层的"混合模式"为"柔光"，如图12-447所示。此时本案例制作完成，效果如图 12-448 所示。

图 12-446　　　　　　　　图 12-447　　　　　　　　　图 12-448

视频讲解

12.10　照片处理：古典水墨风情

[PSD]案例文件 / 第 12 章 / 古典水墨风情
[icon]视频教学 / 第 12 章 / 古典水墨风情 .mp4

案例概述：

本例主要通过"特殊模糊"滤镜减少人
物照片的细节，并使用"可选颜色""黑白""曲
线""自然饱和度"等命令将画面中多余的颜
色去除，只保留黑、白、红与肤色，使画面
呈现水墨画的感觉，对比效果如图 12-449 和
图 12-450 所示。

操作步骤：

（1）执 行"文件"→"打 开"命 令，打
开素材 1.jpg，如图 12-451 所示。

图 12-449　　　　　　　　图 12-450

（2）复制人像素材图层，对其执行"滤镜"→"模糊"→"特殊模糊"命令，在弹出
的"特殊模糊"对话框中设置"半径"为 84，"阈值"为 80，如图 12-452 所示。设置完
成后单击"确定"按钮，效果如图 12-453 所示。

图 12-451　　　　　　　　图 12-452　　　　　　　　图 12-453

（3）通过模糊操作导致人物皮肤细节缺失，还需要将细节适当地显示出来。执行"窗

口"→"历史记录"命令，打开"历史记
录"面板，标记复制图层，如图 12-454 所
示。接着选择工具箱中的"历史记录画笔
工具"，在选项栏中设置大小合适的"柔边
圆"画笔，设置完成后在画面中涂抹，还
原人像五官的细节，效果如图 12-455 所示。

图 12-454　　　　　图 12-455

（4）对人物的裙子进行适当的模糊
处理。复制该图层，再次执行"滤镜"→
"模糊"→"特殊模糊"命令，在弹出的对话框中设置"半径"为 100，"阈值"为 100，
设置完成后单击"确定"按钮，如图 12-456 所示，效果如图 12-457 所示。

（5）通过操作可以看到在将裙子模糊的同时，画面的其他部位也同样被模糊处理了。
所以选择该图层，添加图层蒙版，然后使用大小合适的"柔边圆"画笔，设置前景色为黑
色。设置完成后在除了裙子以外的部分涂抹，将模糊效果隐藏，如图 12-458 所示，效果
如图 12-459 所示。

图 12-456　　　　图 12-457　　　　图 12-458　　　　图 12-459

（6）对人物裙子颜色的色调进行调整。执行"图层"→"新建调整图层"→"可选颜
色"命令，创建一个"可选颜色"调整图层。在"属性"面板中设置"颜色"为"红色"，
"洋红"为 67%，"黄色"为 68%，"黑色"为 17%，如图 12-460 所示。设置"颜色"为
"中性色"，"洋红"为 89%，"黄色"为 99%，"黑色"为 51%，如图 12-461 所示。设置完
成后使用大小合适的黑色"柔边圆"画笔，在调整图层蒙版中涂抹背景部分，隐藏调整效
果，使之只对裙子部分起作用，效果如图 12-462 所示。

图 12-460　　　　　　图 12-461　　　　　　图 12-462

（7）对裙子进行去色处理。执行"图层"→"新建调整图层"→"黑白"命令，创建一个"黑白"调整图层。在"属性"面板中设置"红色"为 46，"黄色"为 28，"绿色"为 35，"青色"为 300，"蓝色"为 300，"洋红"为 -81，如图 12-463 所示。设置完成后使用大小合适的黑色"柔边圆"画笔，在该调整图层的蒙版中涂抹裙子以外的区域，将调整效果隐藏，效果如图 12-464 所示。

（8）提高背景的亮度。执行"图层"→"新建调整图层"→"曲线"命令，创建一个"曲线"调整图层。在"属性"面板中调整曲线形状，如图 12-465 所示。使用黑色画笔在曲线调整图层蒙版中涂抹人像部分，隐藏调整效果，如图 12-466 所示。

图 12-463   图 12-464   图 12-465

（9）增加裙子颜色的深度。再次创建一个"曲线"调整图层，在"属性"面板中调整曲线的弯曲形状，如图 12-467 所示。调整完成后使用黑色画笔在曲线调整蒙版中涂抹人物裙子以外的区域，使调整效果只对该部分起作用，效果如图 12-468 所示。

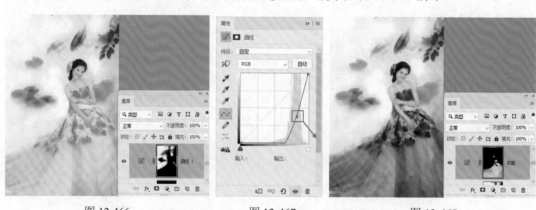

图 12-466   图 12-467   图 12-468

（10）通过操作，人物的唇彩几乎没有了，接着需要为其添加橘色的唇彩。执行"图层"→"新建调整图层"→"可选颜色"命令，创建一个"可选颜色"调整图层。在"属性"面板中设置"颜色"为"红色"，"青色"为 -25%，"洋红"为 12%，"黄色"为 57%，"黑色"为 -20%，如图 12-469 所示。设置"颜色"为"中性色"，"洋红"为 19%，"黄色"为 32%，"黑色"为 14%，如图 12-470 所示。设置完成后为该调整图层的图层蒙版填充黑色，隐藏调整效果。然后使用较小笔尖的白色"硬边圆"画笔，在人物唇部涂抹，将添加的唇彩显示出来，效果如图 12-471 所示。

（11）再次创建一个"黑白"调整图层，在"属性"面板中设置"红色"为40，"黄色"为60，"绿色"为40，"青色"为60，"蓝色"为20，"洋红"为80。设置完成后使用大小合适的黑色"柔边圆"画笔在蒙版中的人像部位涂抹，隐藏黑白调整效果，如图 12-472 和图 12-473 所示。

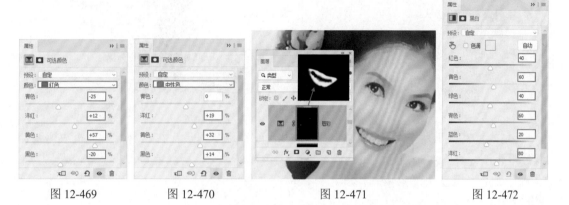

图 12-469　　　　图 12-470　　　　　　图 12-471　　　　　　图 12-472

（12）适当降低人物肤色的饱和度，让其更加白皙。执行"图层"→"新建调整图层"→"自然饱和度"命令，创建一个"自然饱和度"调整图层。在"属性"面板中设置"自然饱和度"为–38，如图 12-474 所示。调整完成后为该调整图层的图层蒙版填充黑色并隐藏调整效果，然后使用大小合适的白色"柔边圆"画笔在人物皮肤部位涂抹，将调整效果显示出来，如图 12-475 所示。

图 12-473　　　　　　　　　图 12-474　　　　　　　　图 12-475

（13）此时人物头发存在细节纹理消失的问题，需要重新添加一些手绘感的发丝。选择工具箱中的"画笔工具"，在选项栏中单击打开"画笔预设"选取器，设置"大小"为3像素，"硬度"为100%，选择常规画笔组下的"柔边圆"画笔，接着单击工具箱中的"钢笔工具"按钮，在选项栏中设置"绘制模式"为"路径"，设置完成后绘制发丝的路径。然后单击鼠标右键，在弹出的快捷菜单中执行"描边路径"命令，如图 12-476 所示。在弹出的"描边路径"对话框中设置"工具"为"画笔"，选中"模拟压力"复选框，设置完成后单击"确定"按钮，如图 12-477 所示。用同样的方法绘制其他的发丝，效果如图 12-478 所示。

（14）将书法文字素材置入，放在人物左侧部位，同时将该图层进行栅格化处理，如图 12-479 所示。

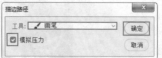

| 图 12-476 | 图 12-477 | 图 12-478 |

（15）提高画面的整体亮度。创建一个"曲线"调整图层，在"属性"面板中调整曲线的形状，如图 12-480 所示。通过调整导致人像部分过亮，所以使用大小合适的黑色"柔边圆"画笔在调整图层蒙版中涂抹，隐藏部分调整效果，如图 12-481 所示。此时本案例制作完成，效果如图 12-482 所示。

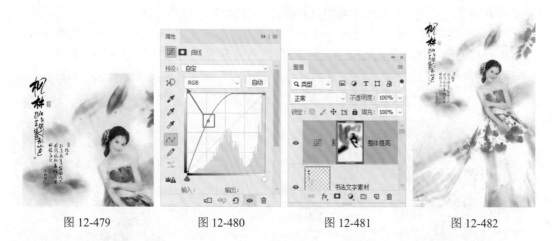

| 图 12-479 | 图 12-480 | 图 12-481 | 图 12-482 |

12.11   照片处理：使老年人像年轻化

PSD 案例文件 / 第 12 章 / 使老年人像年轻化

📺 视频教学 / 第 12 章 / 使老年人像年轻化 .mp4

案例概述：

本案例主要使用"修补工具""仿制图章工具"等去除人物面部的皱纹和小面积的瑕疵，并通过"液化"命令对人物面部形态和结构进行提升。除此之外，还需要对人物的肤色、唇色以及发色进行调色处理，模拟年轻的面容，对比效果如图 12-483 和图 12-484 所示。

| 图 12-483 | 图 12-484 |

操作步骤：

Part 1　皮肤基本处理

（1）打开背景素材文件 1.jpg，如图 12-485 所示。新建图层组，复制人像图层，将其置于"调整组"中。单击"图层"面板底部的"添加图层蒙版"按钮，为调整图层组添加图层蒙版。使用"矩形选框工具"在蒙版右侧绘制矩形选框，并为其填充黑色，如图 12-486 所示。这样可以让后面的操作效果只在人像的左半部分显示，可以清楚地观察到调整前后的对比效果。

（2）提亮人物肤色。执行"图层"→"新建调整图层"→"曲线"命令，创建一个"曲线"调整图层。在"属性"面板中将曲线向左上角拖动，如图 12-487 所示。随着拖动可以看到人物肤色亮度明显提高，如图 12-488 所示。

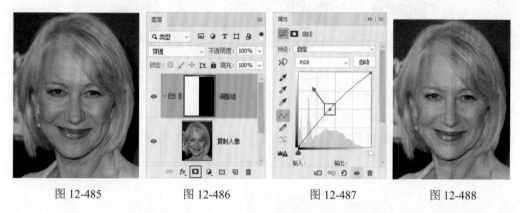

图 12-485　　　　　图 12-486　　　　　图 12-487　　　　　图 12-488

（3）对人物面部较大的皱纹进行去除。在选中曲线调整图层的状态下，使用快捷键 Shift+Ctrl+Alt+E 盖印图层。然后选中工具箱中的"仿制图章工具" ，在画面中按住 Alt 键，在较光滑的皮肤处单击，设置取样点，如图 12-489 所示。松开 Alt 键，在皱纹的部分进行涂抹，随着涂抹，可以看到皱纹被取样的皮肤遮挡住，即皱纹被去除，如图 12-490 所示。然后使用同样的方法对其他大的皱纹进行去除，效果如图 12-491 所示。

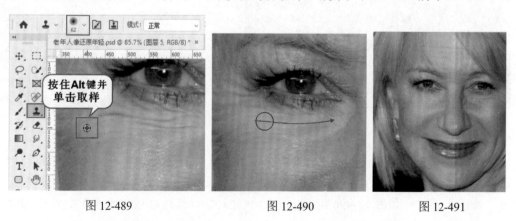

图 12-489　　　　　图 12-490　　　　　图 12-491

（4）使用外挂滤镜对人物进行磨皮，然后使用"吸管工具"在面部单击，单击 OK 按钮完成操作，如图 12-492 所示。通过操作，在将人像进行磨皮处理的同时，其他部位也被处理，所以为其添加图层蒙版，使用大小合适的黑色"柔边圆"画笔在人物皮肤之外的部分涂抹，隐藏调整效果，如图 12-493 所示。

图 12-492   图 12-493

（5）需要对人物面颊两侧适当收缩。执行"滤镜"→"液化"命令，在弹出的"液化"对话框中，单击左侧工具箱中的"向前变形工具"按钮，在右侧设置合适的画笔笔尖大小。设置完成后将人物面部向内适当收缩，并对眼睛的外轮廓进行调整。单击"确定"按钮结束操作，如图 12-494 所示，效果如图 12-495 所示。

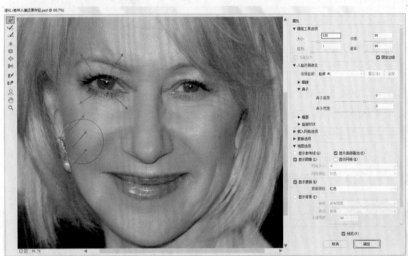

图 12-494   图 12-495

（6）对肤色进行调整。执行"选择"→"色彩范围"命令，打开"色彩范围"对话框。然后使用"吸管工具"，单击肤色偏暗的部位，设置"颜色容差"为 28，设置完成后单击"确定"按钮，如图 12-496 所示。此时得到人像面部偏暗部位的选区，如图 12-497 所示。

（7）在当前人物面部选区状态下，创建一个"曲线"调整图层，接着在"属性"面板中将曲线适当向左上角拖动，如图 12-498 所示。随着拖动可以看到，选区内图像的亮度被提高了，效果如图 12-499 所示。

图 12-496　　　　　　图 12-497　　　　　　图 12-498

（8）对人物额头和脖子部位的皱纹进行去除。将图层盖印，选择工具箱中的"修补工具"，在画面中绘制刘海处有皱纹部分的选区，接着按住鼠标左键向光滑的部分拖曳，如图 12-500 所示。拖曳到合适的位置后可以看到额头上有皱纹的部位得到了修复，效果如图 12-501 所示。然后使用同样的方法调整其他部分的皱纹，效果如图 12-502 所示。

图 12-499　　　　　　图 12-500　　　　　　图 12-501　　　　　　图 12-502

Part 2　五官美化

（1）对人物的眼睛进行调整。使用工具箱中的"矩形选框工具"框选眼睛部分，然后使用快捷键 Ctrl+J 将其复制到新图层，如图 12-503 所示。

（2）去除眼睛周围细小的皱纹。使用"吸管工具"吸取眼部周围的颜色，使用较小笔尖的"柔边圆"画笔，在人物眼部有皱纹的部位涂抹，随着涂抹，可以看到皱纹减少，如图 12-504 所示。在涂抹的过程中需要注意的是，由于眼部周围的颜色不统一，所以在涂抹的过程中要随时吸取涂抹部位的颜色，这样才能让调整效果更加自然。

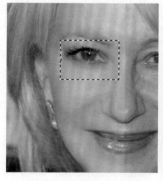
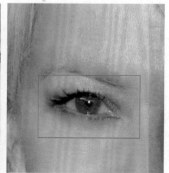

图 12-503　　　　　　图 12-504

（3）为人物添加纤长的眼睫毛。执行"编辑"→"预设"→"预设管理器"命令，在弹出的对话框中单击"载入"按钮，在弹出的"载入"对话框中选择睫毛笔刷素材，单击"载入"按钮，如图 12-505 和图 12-506 所示。回到"预设管理器"对话框中，可以看到载入的画笔笔刷样式 3，单击"完成"按钮，即完成睫毛画笔笔刷的载入，如图 12-507 所示。

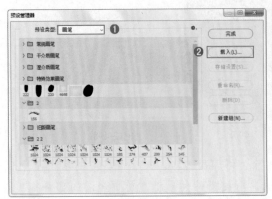

图 12-505   图 12-506

（4）单击工具箱中的"画笔工具"按钮，在选项栏中选择合适的睫毛，同时设置前景色为黑色。设置完成后在画面中单击，绘制睫毛，如图 12-508 所示。

图 12-507   图 12-508

（5）此时新添加的睫毛与人物眼睛轮廓不相符合，需要进行调整。使用"自由变换"快捷键 Ctrl+T 调出定界框，单击鼠标右键，在弹出的快捷菜单中执行"变形"命令，在变形状态下调整睫毛的形状，使其与眼睛形状吻合，如图 12-509 所示。调整完毕后按 Enter 键，完成调整，效果如图 12-510 所示。

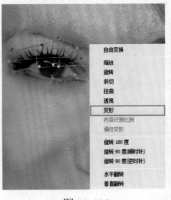

图 12-509   图 12-510

（6）为添加的睫毛适当更改颜色。执行"图层"→"图层样式"→"颜色叠加"命令，在弹出的"图层样式"对话框中设置颜色为深棕色，"不透明度"为 42%，如图 12-511 所示。设置完成后单击"确定"按钮结束操作，如图 12-512 所示。然后用同样的方法制作底部的睫毛效果，如图 12-513 所示。

图 12-511　　　　　　　图 12-512　　　　　　　图 12-513

（7）由于人物的眼白部位比较浑浊，且色调不统一，需要进行调整。执行"图层"→"新建调整图层"→"色相/饱和度"命令，创建一个"色相/饱和度"调整图层。在"属性"面板中设置"饱和度"为 −59，如图 12-514 所示。此时调整效果应用到了整个画面，所以为该图层的图层蒙版填充黑色，隐藏调整效果。然后使用较小笔尖的白色"柔边圆"画笔在眼睛浑浊的部位涂抹，将调整效果显示出来，如图 12-515 所示。

（8）提高眼白的亮度。载入"色相/饱和度"调整图层蒙版选区，继续创建一个"曲线"调整图层。在"属性"面板中将曲线适当向左上角拖动，如图 12-516 所示。随着拖动可以看到眼白的亮度被提高了，效果如图 12-517 所示。

 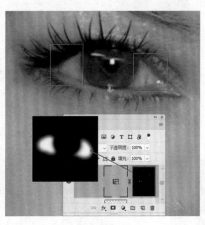 

图 12-514　　　　　　　图 12-515　　　　　　　图 12-516

（9）更改黑眼球的颜色。新建图层，使用大小合适的"柔边圆"画笔，设置前景色为蓝色。设置完成后在人物瞳孔位置涂抹，如图 12-518 所示。然后设置其"混合模式"为"柔光"，"不透明度"为 67%，使添加的颜色与瞳孔较好地融为一体，效果如图 12-519 所示。

（10）对人物的肤色进行调整，适当减少肤色中的黄色调。创建一个"可选颜色"调整图层，在"属性"面板中设置"颜色"为红色，"黄色"为 −34%，如图 12-520 所示。使用大小合适的黑色"柔边圆"画笔在人物眼睛和唇部涂抹，隐藏调整效果，如图 12-521 所示。

（11）提高人物的整体亮度。创建一个"曲线"调整图层，在"属性"面板中将曲线向左上角拖动，如图 12-522 所示。随着拖动可以看到人物亮度明显提高，效果如图 12-523 所示。

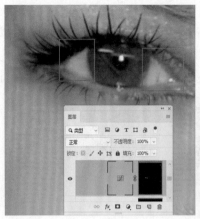

图 12-517   图 12-518   图 12-519

图 12-520   图 12-521   图 12-522

　　（12）由于存在唇形不规则的问题，需要进行调整。置入嘴部的素材，对其适当变形，使其与人物嘴部形态相匹配，调整完成后进行栅格化处理，如图 12-524 所示。此时置入的素材有多余部分，需要进行隐藏。选择该图层，为其添加图层蒙版，然后使用大小合适的黑色"柔边圆"画笔在多余的部位涂抹，进行隐藏，效果如图 12-525 所示。

图 12-523   图 12-524   图 12-525

　　（13）此时置入的唇部颜色与原始人物唇色不一致。创建一个"色相/饱和度"调整图层，在"属性"面板中设置"色相"为 -10，如图 12-526 所示。使用大小合适的黑色

"柔边圆"画笔在嘴唇周围涂抹，将添加的效果隐藏，如图 12-527 所示。

（14）由于人物原始眉毛较为稀疏且没有形状，所以需要置入新的眉毛素材。将置入的眉毛素材放在人物眉毛上方并栅格化，然后使用同样的方法添加图层蒙版，隐藏眉毛以外的部分，使眉毛融合到当前画面中，如图 12-528 所示，效果如图 12-529 所示。

图 12-526

图 12-527

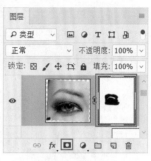
图 12-528

（15）此时画面中人物颧骨的位置存在下垂的问题，需要进行调整。使用大小合适的"柔边圆"画笔，设置"不透明度"为 10%，前景色为肤色。设置完成后在颧骨处适当涂抹，弱化此处皮肤的松弛感，如图 12-530 所示。此时本案例制作完成，效果如图 12-531 所示。

图 12-529

图 12-530

图 12-531

12.12　照片处理：珠宝照片处理

 视频讲解

[PSD] 案例文件 / 第 12 章 / 珠宝照片处理
📺 视频教学 / 第 12 章 / 珠宝照片处理 .mp4
案例概述：
　　本案例主要使用多种"调整图层"以及混合模式处理珠宝照片的色彩，对于局部的瑕疵，还可以配合适当的绘图操作进行处理，对比效果如图 12-532 和图 12-533 所示。

图 12-532

图 12-533

操作步骤：

Part 1　调整戒指形态

（1）新建一个大小合适的空白文档。接着选择工具箱中的"渐变工具"，在"渐变编辑器"对话框中编辑一个从粉色到白色的径向渐变，设置完成后单击"确定"按钮，如图 12-534 所示。然后为背景图层填充渐变色，如图 12-535 所示。

（2）置入戒指素材 1.jpg，调整大小后放在画面中间位置。在这里可以看到拍摄的戒指照片对比度较低，并且出现不同程度的偏色情况（本案例的重点在于塑造戒指的金属质感与宝石的水晶质感）。将光标放在定界框一角，按住鼠标左键进行适当的旋转，让戒指处于水平摆放的状态，如图 12-536 所示。操作完成后按 Enter 键完成变换，同时将该图层进行栅格化处理。

图 12-534　　　　　　　　图 12-535　　　　　　　　图 12-536

（3）通过观察可以看到，该戒指的左右两端不是完全对称的。使用"矩形选框工具"，在画面中绘制左半部分选区，按 Ctrl+J 快捷键将选区内的部分复制并粘贴到新图层，如图 12-537 所示。将复制得到的新图层再次复制一份，使用"自由变换"快捷键 Ctrl+T 调出定界框，在选项栏中选中"切换参考点"选项，接着将中心控制点移至定界框右侧中间位置，然后单击鼠标右键，在弹出的快捷菜单中执行"水平翻转"命令，如图 12-538 所示。操作完成后按 Enter 键完成操作，如图 12-539 所示。

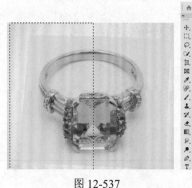
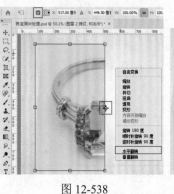
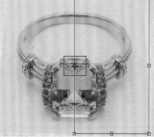

图 12-537　　　　　　　　图 12-538　　　　　　　　图 12-539

（4）合并所有戒指图层，如图 12-540 所示。由于戒指素材带有灰色背景，需要将其从中抠出。选择工具箱中的"钢笔工具"，在选项栏中设置"绘制模式"为"路径"，设置完成后沿着戒指边缘绘制路径，如图 12-541 所示。接着按 Ctrl+Enter 快捷键将路径转换为选区，然后基于选区为该图层添加图层蒙版，隐藏背景部分，如图 12-542 所示。

Part 2　细节颜色调整

（1）提高戒指的亮度。执行"图层"→"新建调整"→"曲线"命令，创建一个"曲线"调整图层。在"属性"面板中调整曲线的形状，如图 12-543 所示，效果如图 12-544 所示。

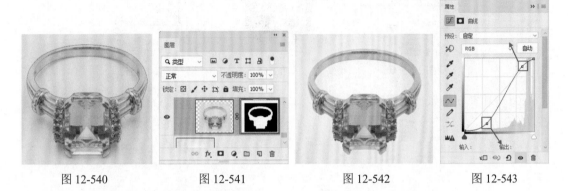

图 12-540　　　　图 12-541　　　　图 12-542　　　　图 12-543

（2）还原黄金部分的颜色。创建一个"色相饱和度"调整图层。在"属性"面板中设置"色相"为 13，如图 12-545 所示。此时整个戒指都呈现黄金效果，所以使用大小合适的黑色"柔边圆"画笔在该调整图层的蒙版上涂抹宝石部分，隐藏调整效果，如图 12-546 和图 12-547 所示。

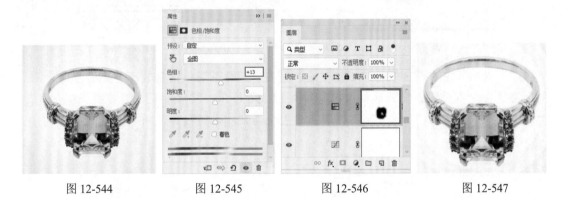

图 12-544　　　　图 12-545　　　　图 12-546　　　　图 12-547

（3）调整宝石的颜色。新建图层，使用"钢笔工具"绘制宝石的路径形状，将其转换为选区，为其填充合适的颜色，如图 12-548 所示。然后为其添加图层蒙版，并使用黑色画笔在宝石中间部位涂抹，将下方的宝石效果部分显示出来，如图 12-549 所示。

（4）将该图层选中，设置其"混合模式"为"正片叠底"，"不透明度"为 40%，如图 12-550 和图 12-551 所示。

（5）提高宝石的亮度与对比度。载入宝石选区，创建一个"曲线"调整图层。在"属性"面板中调整曲线的形状，如图 12-552 所示。此时宝石的质感得到了强化，如图 12-553 所示。

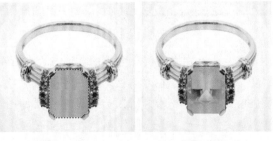

图 12-548　　　　图 12-549

图 12-550　　　　图 12-551　　　　图 12-552

（6）对宝石的颜色色调进行调整。继续载入宝石选区，创建一个"色相 / 饱和度"调整图层。在"属性"面板中设置"色相"为 -39，如图 12-554 所示，效果如图 12-555 所示。

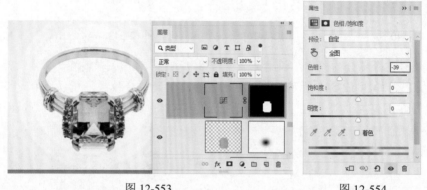

图 12-553　　　　　　　　　　图 12-554

（7）对宝石左右两侧的小宝石亮度进行调整。新建图层，使用较小笔尖的白色"柔边圆"画笔在左右两侧小宝石部位涂抹，如图 12-556 所示。然后设置该图层的"混合模式"为"柔光"，"不透明度"为 72%，使添加的白色与戒指融为一体，效果如图 12-557 所示。

图 12-555　　　　　　图 12-556　　　　图 12-557

（8）此时左右两侧小宝石的色调与大宝石不一致，需要进行调整。继续创建"色相 / 饱和度"调整图层，在"属性"面板中设置"色相"为 -25，如图 12-558 所示。此时调整效果应用到了整个戒指，所以为该调整图层的图层蒙版填充黑色，隐藏调整效果。然后使用较小笔尖的白色"柔边圆"画笔在小宝石区域涂抹，将调整效果显示出来，如图 12-559 和图 12-560 所示。

（9）目前大宝石下方部位有明显的暗部，需要提高其亮度。创建"曲线"调整图层，在"属性"面板中首先选择RGB通道，对曲线进行调整，如图 12-561 所示。接着选择"红"通道，将曲线向左上角拖动，增加宝石中的红色调，如图 12-562 所示。继续为曲线调整图层蒙版填充黑色，使用白色画笔在蒙版中绘制宝石中较暗的区域，如图 12-263 所示。

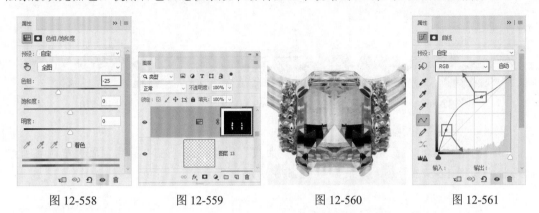

图 12-558　　　　　　图 12-559　　　　　　图 12-560　　　　　　图 12-561

（10）此时调整效果应用到了整个戒指，选择该调整图层的图层蒙版，为其填充黑色，隐藏调整效果。然后使用大小合适的白色"柔边圆"画笔，在大宝石下方部位涂抹，将调整效果显示出来，如图 12-564 所示，效果如图 12-565 所示。

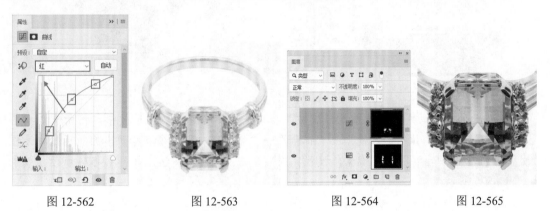

图 12-562　　　　　　图 12-563　　　　　　图 12-564　　　　　　图 12-565

Part 3　瑕疵修复

（1）此时可以看到戒指上有一些细小的瑕疵，下面进行处理。新建图层，使用"吸管工具"吸取正常的黄金颜色作为前景色，然后使用"画笔工具"在瑕疵部分进行绘制，效果如图 12-566 所示。接着用同样的方法在顶部和两侧部位进行涂抹，以遮挡瑕疵，如图 12-567 所示。

（2）制作转角处的白色高光。新建图层，使用"钢笔工具"在画面中绘制合适的路径形状，如图 12-568 所示。然后将其转换为选区，并为其填充白色。然后使用快捷键 Ctrl+D 取消选区，效果如图 12-569 所示。

图 12-566　　　　　　图 12-567

（3）使用同样的方法制作顶部和底部的阴影效果，如图 12-570 和图 12-571 所示。

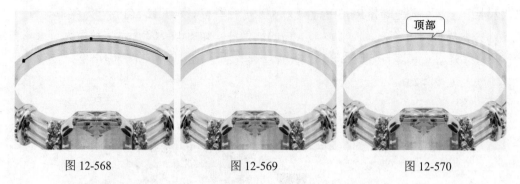

图 12-568　　　　　　　图 12-569　　　　　　　图 12-570

Part 4　画面整体调整

（1）为整个画面提高亮度。创建一个"曲线"调整图层，在"属性"面板中调整曲线的形状，如图 12-572 所示，效果如图 12-573 所示。

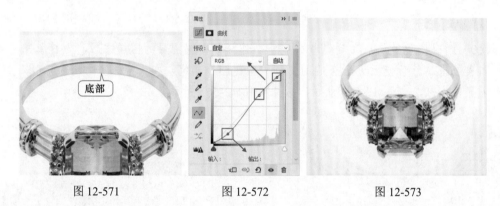

图 12-571　　　　　　　图 12-572　　　　　　　图 12-573

（2）通过操作对戒指的调整已经完成，接着需要突出戒指的细节效果。将所有戒指图层合并为同一图层，执行"滤镜"→"锐化"→"智能锐化"命令，在弹出的对话框中设置"数量"为 80%，"半径"为 5 像素，设置完成后单击"确定"按钮，如图 12-574 所示，效果如图 12-575 所示。

图 12-574　　　　　　　　　　　　　图 12-575

（3）制作戒指的倒影。复制戒指图层并命名为"倒影"，将其向下适当移动，作为戒指的倒影效果。同时设置其"不透明度"为 20%，如图 12-576 所示，效果如图 12-577 所示。

（4）在文档的空白位置添加文字，增加画面的细节效果。选择工具箱中的"横排文字工具"，在选项栏中设置合适的字体、字号和颜色，设置完成后在画面右上角单击并输入文字。此时本案例制作完成，最终效果如图 12-578 所示。

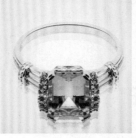

图 12-576	图 12-577	图 12-578

12.13　创意设计：欧美风格混合插画

视频讲解

[PSD] 案例文件 / 第 12 章 / 欧美风格混合插画
📺 视频教学 / 第 12 章 / 欧美风格混合插画 .mp4

案例概述：

本例是将实拍的人物元素与矢量感的图形、色块进行融合，从而制作风格强烈的混合插画效果。画面中的人物部分通过使用调色命令制作出黑白效果，画面中的色块部分则需要通过混合模式进行融合，如图 12-579 所示。

操作步骤：

Part 1　人物处理

（1）执行"文件"→"打开"命令，打开背景素材 1.jpg，如图 12-580 所示。

（2）置入人物素材，放在画面中间位置并栅格化，同时将其命名为"人"。此时可以看到该素材带有背景，需要将人物从背景中抠出。选择工具箱中的"钢笔工具"，在选项栏中设置"绘制模式"为"路径"，设置完成后在画面中沿着人物的边缘绘制路径。然后使用快捷键 Ctrl+Enter 将路径转换为选区，最后基于选区为该图层添加图层蒙版，将背景隐藏，如图 12-581 所示，效果如图 12-582 所示。

图 12-579	图 12-580	图 12-581	图 12-582

（3）对人物进行去色处理。执行"图层"→"新建调整图层"→"色相/饱和度"命令，创建一个"色相/饱和度"调整图层。在"属性"面板中设置"饱和度"为 -100。接着单击面板底部的"此调整剪切到此图层"按钮，使调整效果只针对下方图层，如图 12-583 所示，效果如图 12-584 所示。

（4）将人物头部的花朵装饰的颜色显示出来。选择该调整图层的图层蒙版，使用大小合适的黑色"柔边圆"画笔在花朵装饰部位进行涂抹，将调整效果隐藏，如图 12-585 所示，效果如图 12-586 所示。

图 12-583   图 12-584   图 12-585   图 12-586

（5）提高人物的整体亮度。再次执行"图层"→"新建调整图层"→"曲线"命令，创建一个"曲线"调整图层。在"属性"面板中调整曲线形状，如图 12-587 所示。同样为其创建剪贴蒙版，效果如图 12-588 所示。

Part 2   添加细节装饰元素

（1）更改人物头发的颜色。新建图层，使用大小合适的"柔边圆"画笔，同时设置前景色为紫色。设置完成后在人物头发部位进行涂抹，如图 12-589 所示，然后设置该图层的"混合模式"为"叠加"，让其与人物头发较好地融为一体。同时为其创建剪贴蒙版，使其只对人物图层起作用，如图 12-590 所示，效果如图 12-591 所示。

图 12-587   图 12-588   图 12-589   图 12-590

（2）再次新建图层，设置前景色为灰色，接着使用大小合适的"硬边圆"画笔在人物眼睛处单击并绘制圆形，如图 12-592 所示。然后设置该图层的"混合模式"为"颜色加深"，如图 12-593 所示，效果如图 12-594 所示。

图 12-591   图 12-592

（3）选择工具箱中的"钢笔工具"，在选项栏中设置"绘制模式"为"形状"，"填充"为橘色，"描边"为无。设置完成后在人物左侧脸颊和膝盖部位绘制形状，如图 12-595 所示。然后设置该图层的"混合模式"为"颜色加深"，效果如图 12-596 所示。

图 12-593　　　　　　图 12-594　　　　　　图 12-595

（4）置入光效素材，将其放置在画面中人物右侧小腿部位，并将其栅格化。接着使用"钢笔工具"，在光效素材上绘制一条路径，同时将路径转换为选区，如图 12-597 所示。然后基于选区为光效素材图层添加图层蒙版，将不需要的素材隐藏。同时设置该图层的"混合模式"为"颜色减淡"，如图 12-598 所示，效果如图 12-599 所示。

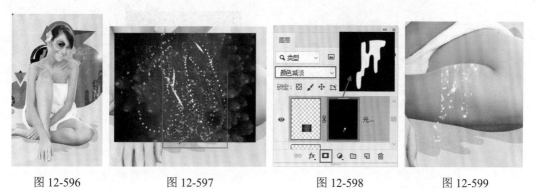

图 12-596　　　　　图 12-597　　　　　　图 12-598　　　　　图 12-599

Part 3　添加装饰文字

（1）新建图层，首先选择工具箱中的"椭圆选框工具"，在画面中人物左脚部位按住 Shift 键的同时按住鼠标左键并拖动，绘制一个正圆选区。接着选择工具箱中的"渐变工具"，在"渐变编辑器"对话框中编辑一种粉紫色的渐变，设置完成后单击"确定"按钮。设置"渐变类型"为"角度渐变"，如图 12-600 所示。接着在选区内按住鼠标左键由中心向右进行绘制，释放鼠标，效果如图 12-601 所示。

（2）单击工具箱中的"横排文字工具"按钮，在选项栏中设置合适的字体、字号，设置文字颜色为白色，设置完成后在渐变正圆上方单击并输入文字，文字输入完毕后按 Ctrl+Enter 快捷键确认操作，如图 12-602 所示。

（3）为输入的文字添加投影效果。将文字图层选中，执行"图层"→"图层样式"→"投影"命令，在弹出的"图层样式"对话框中设置"混合模式"为"正片叠底"，"不透明度"为75%，"角度"为120度，"距离"为5像素，如图 12-603 所示。设置完成后单击"确定"按钮，效果如图 12-604 所示。

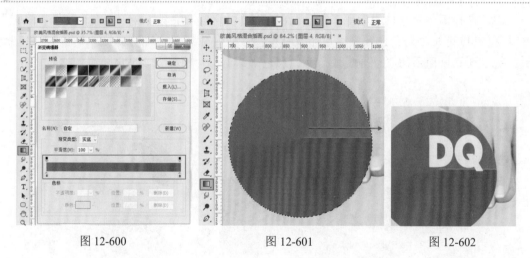

| 图 12-600 | 图 12-601 | 图 12-602 |

（4）再次置入光效素材，将其放置在渐变正圆左下角位置并栅格化。接着使用"椭圆选框工具"，设置选区模式为"减去"，绘制一个同心圆环选区，效果如图 12-605 所示。然后基于选区添加图层蒙版，将素材中不需要的部分隐藏，如图 12-606 所示，效果如图 12-607 所示。

| 图 12-603 | 图 12-604 | 图 12-605 | 图 12-606 |

（5）为圆环光效添加投影效果。将为文字添加的"投影"图层样式复制一份，然后选择该图层，进行图层样式的粘贴，效果如图 12-608 所示。由于该素材颜色较重，而添加的投影也是黑色的，所以效果不是很明显，在操作时可以将画面适当放大来观察效果。

（6）置入光效素材 4.jpg，调整大小，使其充满整个画面并栅格化。接着为其添加图层蒙版，使用大小合适的黑色"柔边圆"画笔在画面中涂抹，隐藏不需要的部分。然后设置该图层的"混合模式"为"滤色"，如图 12-609 所示。此时本案例制作完成，效果如图 12-610 所示。

| 图 12-607 | 图 12-608 | 图 12-609 | 图 12-610 |